机器人和人工智能伦理丛书

机器问题

从批判视角看
人工智能、机器人与伦理学

The Machine
Question

Critical Perspectives on AI, Robots and Ethics

David J. Gunkel

[美] 戴维·J. 贡克尔————著

朱子建————译

北京大学出版社
PEKING UNIVERSITY PRESS

著作权合同登记号 图字：01-2019-0422

图书在版编目（CIP）数据

机器问题：从批判视角看人工智能、机器人与伦理学 /（美）戴维·J.贡克尔
著；朱子建译. —北京：北京大学出版社，2023.10
（机器人和人工智能伦理丛书）
ISBN 978-7-301-34179-7

Ⅰ.①机… Ⅱ.①大…②朱… Ⅲ.①人工智能 – 技术伦理学 – 研究 Ⅳ.① TP18
② B82–057

中国国家版本馆 CIP 数据核字（2023）第 122253 号

The Machine Question: Critical Perspectives on AI, Robots and Ethics, by David J. Gunkel,
Published in English by MIT Press

书　　　　名	机器问题：从批判视角看人工智能、机器人与伦理学	
	JIQI WENTI: CONG PIPAN SHIJIAO KAN RENGONGZHINENG、	
	JIQIREN YU LUNLIXUE	
著作责任者	〔美〕戴维·J.贡克尔（David J. Gunkel）著　朱子建 译	
责 任 编 辑	延城城	
标 准 书 号	ISBN 978-7-301-34179-7	
出 版 发 行	北京大学出版社	
地　　　　址	北京市海淀区成府路 205 号　100871	
网　　　　址	http://www.pup.cn	新浪微博 @ 北京大学出版社
电 子 邮 箱	编辑部 wsz@pup.cn	总编室 zpup@pup.cn
电　　　　话	邮购部 010-62752015	发行部 010-62750672
	编辑部 010-62752022	
印 　刷 　者	三河市北燕印装有限公司	
经 销 者	新华书店	
	965 毫米 ×1300 毫米　16 开本　20.5 印张　236 千字	
	2023 年 10 月第 1 版　2023 年 10 月第 1 次印刷	
定　　　　价	79.00 元	

献给 Ann

于 2011 年母亲节

目录 CONTENTS

序言

我曾一度想要把本书命名为《为机器权利辩护》(*A Vindication of the Rights of Machines*)，理由有二。第一，这一名称指向了"辩护的论述"（假定这个短语在这里是贴切的）的传统并追随了这一传统。该传统始于玛丽·沃斯通克拉夫特（Mary Wollstonecraft）的《为人权辩护》(*A Vindication of the Rights of Men*)（1790）和她两年后出版的《为女权辩护》(*A Vindication of the Rights of Women*)，以及托马斯·泰勒（Thomas Taylor）于 1792 年出版的具有故意讽刺性质却产生了重大影响的《为畜权辩护》(*A Vindication of the Rights of Brutes*)。本书紧随其后，探讨是否可能将权利与责任拓展至机器的问题，因而或许会构成这一论述脉络（该论述脉络处理的是曾经被排除在外的他者的权利）的下一环。

第二，我在另一本书《另类思考：哲学、传播与信息》(*Thinking Otherwise: Philosophy, Communication, Technology*)中曾经用"机器问题"作为最后一章的标题。虽说本书在某种意义上是之前那本书的续集、拓展和细化，但最好还是避免这种名称上的重复。更麻烦的是，作为"回报"，本书的最后一章故意被命名为"另类思考"，这使得在先的那本书现在反而可以被当作这本书的续集来阅读。所以，用"为机器权利辩护"为题将会降低这种镜像游戏带来的影响。

但我最终还是决定使用现在这个书名，理由同样有二。第一，"辩护的论述"是一种特定类型的写作，类似于宣言。泰勒那本书的开场白就展示了这类写作一般具有的那种腔调和修辞："奇哉怪也，一条无比重要、无可置疑的道德真理，古人竟然对它一无所知，而即便是在当今这样已被启蒙的时代，这条真理也没有得到全盘的理解和普遍的承认。我所说的这个真理便是：**一切事物就其内在的、真实的尊严和价值而言是平等的。**"（Taylor 1966, 9）在本书中，我并不会如此直接、大胆地宣告自明的、不容置疑的真理。因为这种做法需要接受并且将会接受批判性的质疑。所以，"为机器权利辩护"这个乍看很有用的名字本可以是对《另类思考》一书最后一章的更准确的描述，但那一章隐藏了这种修辞，其目的是站在道德哲学中的人类中心主义传统的对立面去支持对机器权利的提升。

第二，"机器问题"这个书名不仅仅指向和借用了另一个道德革新——这个道德革新被涵盖在"动物问题"这个短语之中——而且还强调了**发问**（questioning）的角色和功能。发问是一种尤其具有哲学性的活动。根据柏拉图在《申辩篇》（*Apology*）中的描述，苏格拉底并不是因为提出了各种主张和宣告了各种真理而惹上麻烦的。他只是通过问题来究查他人的知识（Plato 1990, 23a）。欧陆哲学阵营的代表人物马丁·海德格尔的开创性著作《存在与时间》（*Being and Time*）（1927）并非始于他试图对"存在问题"给出什么确定的解答。相反，他建议我们把注意力转向问题本身并重新恢复我们对这个问题的兴趣："Haben wir heute eine Antwort auf die Frage nach dem, was wir mit dem Wort 'seiend' eigentlich meinen? Keineswegs. Und so gilt es denn, *die Frage nach dem Sinn von Sein erneut zu stellen.*（我们用'存在'这个词究竟在意味着什么，今天我们对这个问题有答案吗？根本没有。因此，现在正是重新提出**存在之意义的问题**的好时机。）"（Heidegger 1962, 1）而在另一个哲学阵营中，G. E. 摩尔（G. E. Moore），这位被汤姆·雷根（Tom Regan）称作"分析哲学的主保圣人"的人物，采取了类似的进路。摩尔特地在他影响深远的《伦理学原理》（*Principia Ethica*）（1903）的序言中写下了这段话："在我看来，和所有其他哲学研究一样，充斥在伦理学历史之中的困难和分歧都主要是由一个非常简单的原因造成的：人们总是在试图回答问题，却没有首先搞清楚他们想回答的到底是**什么**问题。"（Moore 2005, xvii）

最终我选择以"机器问题"为书名，恰恰是因为本书致力于成为这一哲学脉络中的一环。就其本身而言，本书中所给出的分析并不试图给有关机器之道德地位的问题一个"是"或"否"的回答。它并不打算一劳永逸地证明机器是否可以是拥有权利和责任的合法道德主体。它也不试图给出或阐明道德准则、行为规范或实践上的伦理指导。相反，它想要**问问题**。它试图像海德格尔所说的那样去学会关注机器问题，关注它所有复杂的层面，并在此过程中实现一个相当谨慎的目标，也就是，像摩尔所说的那样，在尝试给出一个答案之前先去搞清楚我们所问的问题究竟是什么。因此，如果《机器问题》要有一个题记的话，那么它将是海德格尔和摩尔（这两位哲学家天差地别）所写下的那两段开场白，它们关乎发问的角色、功能和重要性。

致谢

本书中的许多材料都源自对理查德·约翰森（Richard Johannesen）和克利福德·克里斯蒂安斯（Clifford Christians）所提供的机会、刺激和挑战的回应。本书的结构最初在我和海迪·坎贝尔（Heidi Campbell）以及莱斯利·达特（Lesley Dart）共同参加一个小组会议的过程中形成。在麻省理工学院出版社的菲利普·劳夫林（Philip Laughlin）的娴熟指导下，它最终变成了现在的样子。

相比于我的其他著作，这本书更深地打上了我的哲学引路人的独特烙印：吉姆·切尼（Jim Cheney）使我思考他者以及其他类型的他者；特里·潘纳（Terry Penner）让我接触到了柏拉图并帮助我理解分析哲学传统；我的硕士导师约翰·萨利斯（John Sallis）教会我如何阅读欧陆哲学中的主要人物，尤其是康德、黑格尔、海德格尔和德里达；而我的博士导师戴维·法雷尔·克雷尔（David Farrell Krell）教会了我如何写作并搞定一切……不过是以一种明显的尼采式游戏精神来做到这一点的。Danke sehr [非常感谢] ！

大西洋彼岸的两位同事给予我的支持和洞见，持续贯穿了整个研究项目：我在《齐泽克研究国际期刊》（*International Journal of Žižek*

Studies）的死党保罗·泰勒（Paul Taylor）一直耐心地聆听所有这一切并给出反馈。乔安娜·布莱森（Joanna Bryson）（我俩的见面始于1980年代中叶在 Grandeur 公寓楼的洗衣房的一次偶遇）不断挑战并影响着我有关计算机和机器人的思考，虽然我们是从非常不同的视角来审视这个主题的。

我与巴西同事们的对话大大推动了最后一章的写作。这些对话出现得很及时，帮助我重新调整了很大一部分的内容。我尤其感激圣保罗大学传播与艺术学院的西罗·马孔德斯·菲略（Ciro Marcondes Filho）邀请我参加"FiloCom 的十年"（"10 anos de FiloCom"）的会议。我还要感谢以下学者，他们都以某种方式对这些对话有所贡献：马科·托莱多·巴斯托斯（Marco Toledo Bastos），克里斯蒂娜·邦迪斯·邦菲利（Cristina Pontes Bonfiglioli），马西莫·狄·菲利斯（Massimo Di Felice），毛里西奥·列森（Maurício Liesen），达尼埃尔·纳沃·德·奥利维拉（Danielle Naves de Oliveira），弗朗西斯科·吕迪格（Francisco Rüdiger），丽芙·索维克（Liv Sovik）和欧仁尼奥·特里维诺（Eugênio Trivinho）。Obrigado［谢谢］！

本书的结构与呈现方式极大地受益于一次失败的撰写经费申请的经历以及那次失败经历所引发的与北伊利诺伊大学（NIU）赞助项目办公室的戴维·斯通（David Stone）和安德里亚·布福德（Andrea Buford）之间的富有洞见的对话。我还曾有机会与两位颇有才干的研究助理共事。NIU 媒体服务团队的珍妮弗·霍华德（Jennifer Howard）为本书制作了预告片，可以在 http://machinequestion.orgsha 观看。迈克尔·格拉茨（Michael Gracz）在研究任务与手稿筹备方面提供了帮助。我还要感谢我在 NIU 传播系的同事们，他们持续提供了

一个思考、工作、写作的支持性环境。这一点绝对必不可少，我对此非常感激。

没有我的家人、我的妻子安·赫泽尔·贡克尔（Ann Hetzel Gunkel）和儿子斯坦尼斯瓦夫·贡克尔（Stanislaw Gunkel）的爱与支持，就绝不会有这本书。有你们的每一天都很快乐，即便曲棍球训练、小提琴课偶尔会打断我写作的进程。我不想要这种生活有任何改变。Dzięki serdeczne [非常感谢]！

最后，我想要感谢所有协助或参与了这本书的产生过程的机器。没有你们我不可能做成这件事，虽然我无法知道你们是否知道这一点。01110100 01101000 01100001 01101110 01101011 01110011*

---

* 转换成 ASCII 码后二进制的"thanks"。——译者注

导论

　　道德哲学的一个持久关切是：决定谁（who）或什么（what）值得接受伦理考量。虽然在一开始，伦理实践被局限在"其他男人"上，但在发展过程中，伦理实践持续挑战着它自身的局限并逐步涵盖了那些曾被排除在外的个体和团体——外邦人、女人、动物甚至环境。目前，我们正迎来另一个对道德思考的根本性挑战。这一挑战来自我们自己制造的自主的、智能的机器，它使许多关于谁或什么构成了道德主体的根深蒂固的假设受到了质疑。我们如何应对这一困难将会深远地影响我们如何理解我们自己，如何理解我们在世界中的位置以及如何理解我们对在这个世界上所遇到的其他存在者所负有的责任。

　　让我们以斯坦利·库布里克（Stanley Kubrick）的电影《2001 太空漫游》（*2001: A Space Odyssey*）（1968）为例。它很好地展示了自主机器决策的前景和危险。在这部科幻电影中，计算机 HAL 9000 为了确保完成探索木星的深空任务而试图结束宇宙飞船中人类船员的生命。针对这一行动，飞船中剩下来的人类通过关闭计算机 HAL 的高级认知功能终止了它。这实际上相当于杀死了这台人工智能机器。这

段情节显然服务于扣人心弦的电影剧情，但它也展示了一系列有趣且重要的哲学问题：我们要让机器为那些影响人类的行动承担责任吗？人工智能系统、计算机或机器人的自主决策应该受到哪些限制的规范（假定我们需要一些这样的限制的话）？是否有可能设计出这种能正确理解对与错的机器？这些机器对我们负有什么样的道德责任，而我们又对这些拥有伦理心智的机器负有什么样的道德责任呢？

虽然这些问题最初出现在科幻作品中，但它们正日益成为科学事实。人工智能（AI）、信息与通信技术（ICT）和机器人学领域的研究者们正在开始严肃地探讨伦理学。他们对当下所谓的"植入了伦理程序的机器（ethically programmed machine）"以及人工自主行动者的道德地位尤其感兴趣。比方说，在过去几年中，专题会议、研讨会和工作坊的数量有显著增长，它们的题目颇具煽动性，如："机器伦理学（Machine Ethics）""伦理的人工生命（EthicALife）""人工智能、伦理学和（准）人权（AI, Ethics, and [Quasi] Human Rights）""机器人伦理学（Roboethics）"；讨论这一话题的学术论文和学术书籍的数量也有显著增长，例如卢西亚诺·弗洛里迪（Luciano Floridi）的《信息伦理学》(Information Ethics)（1999），J. 斯托斯·霍尔（J. Storrs Hall）《机器的伦理学》(Ethics for Machines)（2001），安德森等人（Anderson et al.）的《通向机器伦理学》(Toward Machine Ethics)（2004），以及温德尔·瓦拉赫（Wendell Wallach）和科林·艾伦（Colin Allen）的《道德机器》[1] (*Moral Machines*)（2009）；甚至政府资助的项目也越

1　本书已有中译本：《道德机器》，温德尔·瓦拉赫、科林·艾伦著，王小红主译，北京大学出版社，2017年。本书引文皆系本书译者自译。——编者注

来越多，例如韩国的机器人伦理学章程（见 Lovgren 2007），旨在预测自主机器的潜在问题并预防人类对机器人的滥用；日本的经济产业省据称正在制定一套机器人的行为规范，特别是针对那些老人护理行业中所使用的机器人（见 Christensen 2006）。

在道德思考的这一新发展走得太远之前，我们应该花时间问一些根本性的哲学问题。即，这类机械设备可能会有什么样的道德主张？这类主张的哲学依据是什么？阐明并实践这一主题的伦理学意味着什么？《机器问题》试图处理、评估和回应这些问题。这么做的目的是对道德哲学的现状和未来的可能性产生根本性的、变革性的影响，与其说是改变游戏的规则，不如说是质疑谁或什么有资格参与到游戏中来。

机器问题

如果说当代哲学中有一个"坏蛋"，我们有理由将这个称号授予勒内·笛卡尔（René Descartes）。这并不是因为笛卡尔是一个特别坏的人，也不是说他做了什么被认为在道德上可疑的行动。恰恰相反。笛卡尔之所以是"坏蛋"仅仅是因为他在他所开创的独特的现代哲学流派中将动物和机器联系起来，并引入了一个影响深远的概念——*bête-machine* 或**动物－机器**（*animal-machine*）的学说。利普特（Akira Mizuta Lippit）（2000, 33）写道："笛卡尔（他或许是最臭名昭著的二元论思想家）支持了哲学中人类世界和动物世界之间的决然割裂。在 1637 年的著作《谈谈方法》（*Discourse on the Method*）中，笛卡尔将动物比作机器，并主张'野兽不仅仅是比人类有更少的理性，它们根本没有任何理性'。"对笛卡尔来说，人类是唯一能够进行理性思考的造物——只有人类这种存在者才能够说出"cogito ergo sum（我思故我在）"这句话并在说这句话的时候确定这句话为真。从这个论断出发，笛卡尔断定人类之外的其他动物不仅缺乏理性，而且只是没有心灵的自动装置。这些自动装置就像齿轮发条装置一样，只是在遵循一些事先被编入其各个部分与器官的配置中的指令。一旦以这种方式看待动物，动物和机器就不仅仅在实际上无法有效地被区分开来，而且两者在本体论上就是完全相同的。笛卡尔写道："任何一台这样的机器，如果它拥有一只猴子或其他什么无理性的动物的器官和外形，我们根本没法知道它的本性和这些动物的本性有什么不同。"（Descartes 1988, 44）于是，从笛卡尔开始，动物和机器分享同一种他异性（alterity），这种他异性使得它们完全不同于人类并和人类明显地区别开来。正如雅克·德里达（2008, 75）所描述的，尽管笛卡尔遵循一种"颇为夸张的"怀疑方法，他"从来没有怀疑过动物只是机器"。

遵循笛卡尔的这一决定，动物在传统上并不被认为是道德关切的合法对象。既然动物注定是纯粹的机械装置，那么它们就只是被人类或多或少有效使用的工具，而人类通常是唯一重要的事物。例如，当康德（1985）将意志的理性规定包含在道德的定义中时，动物就直接地、绝对地被排除在外了，因为动物在定义上就不具有理性。理性的实践运用与动物无关。而当康德提及动物性（Tierheit）时，他只是将动物性当作一种陪衬，用以界定真正的人性的边界。正如德里达在《纸机器》（Paper Machine）的最后一篇文章中所指出的，西奥多·阿多诺将上述对康德的诠释更加推进了一步。他认为康德不仅将动物性从道德考量中排除出去，而且对所有与动物性相关的事物都持一种蔑视的态度："他（阿多诺）尤其指责康德（尽管阿多诺在其他方面受惠于康德颇多）没有在他的尊严（*Würde*）概念与人的'自律'中为人与动物之间的同情（*Mitleid*）留下任何位置。阿多诺认为，对于一个持有康德主义观点的人来说，没有什么事情比记起人与动物之间的相似性或亲缘性（*die Erinnerung an die Tierähnlichkeit des Menschen*）更加可憎（*verhasster*）了。康德主义者对人类的动物性只有憎恶之情。"（Derrida 2005, 180）这种伦理歧视在分析哲学传统中也曾被广泛接受并得到支持。在汤姆·雷根看来，这一点可以直接在分析伦理学的开创性著作中得到印证。"分析哲学的主保圣人 G. E. 摩尔在 1903 年出版了他的经典作品《伦理学原理》。你可以读其中的每个字。你可以揣摩其言外之意。无论你怎么读怎么找，你都无法找到一丁点对'动物问题'的关注。是的，你能看到摩尔谈论自然属性和非自然属性。你也能找到定义和分析。你还能找到开放问题论证（open-question argument）和孤立法（method of isolation）。但是有任何关于非人动物的只言片语吗？没有。在当时的各种分析流派中，道德哲学并不关心这些想法。"（Regan 1999, xii）

哲学学科直到最近才开始将动物看作道德考量的合法对象。雷根认为有一部著作构成了转折点："1971 年，三位牛津哲学家罗莎琳德·戈德洛维奇（Roslind Godlovitch）、斯坦利·戈德洛维奇（Stanley Godlovitch）和约翰·哈里斯（John Harris）出版了《动物、人和道德》（*Animals, Men and Morals*）一书。这部书标志着哲学家第一次合作写一本书来讨论非人动物的道德地位。"（Regan 1999, xi）雷根认为，这本书不仅引入了现在被称为"动物问题"的问题，而且还开创

了一整个道德哲学的分支学科，在其中，动物被视为伦理研究的合法对象。目前，分析和欧陆各流派的哲学家都找到了关注动物的理由，并且，越来越多的研究致力于处理善待动物、动物权利和环境伦理等议题。

这一发展的引人注目之处在于：当这种非人类的他性（otherness）越来越被认可为合法的道德主体时，它的他者——机器，却明显仍然处于缺席与边缘化的状态。尽管研究动物问题的著作数量颇为可观，但关于机器问题的作品却少得可怜。实际上，雷根对摩尔的《伦理学原理》的批评稍作改动后就可以非常准确地应用到那些旨在处理动物问题的著作上："你可以读其中的每个字。你可以揣摩其言外之意。但无论你怎么读怎么找，你都无法找到一丁点对'机器问题'的关注。"尽管在笛卡尔之后，机器的命运曾与动物的命运紧密地联系在一起，但现如今这两者中只有一个具有了被纳入伦理考量的资格。J. 斯托斯·霍尔（2001）指出："我们从未考虑过我们对我们的机器负有'道德'义务，也从未考虑过我们的机器对我们负有'道德'义务。"所以，机器问题是动物问题的另一面。实际上，它追问的是在当代哲学近来对他者的关切与兴趣中仍然被排除在外的、被边缘化的另一个他者。

结构与进路

当我们把机器问题表述为一个和伦理相关的问题时，它就包含两个构成性部分。正如卢西亚诺·弗洛里迪和 J. W. 桑德斯（J. W.

Sanders）（2004, 349−350）所指出的："道德情境通常包含了行动者与受动者。让我们将由道德**行动者**组成的类别 A 定义为由所有能在原则上有资格作为道德行动的来源的存在者所组成的类别，并将由道德受动者所组成的类别 P 定义为由所有能在原则上有资格作为道德行动的接受者的存在者所组成的类别。"根据弗洛里迪和桑德斯（2004, 350）的分析，"A 和 P 之间可能有五种逻辑关系"。在这五种逻辑关系中，三种关系被直接搁置一旁、不予考虑。这包括如下三种情况：A 和 P 互不相交，完全无关；P 是 A 的子集；A 和 P 相交。第一种表述之所以不予严肃考虑，是因为它被认定为是"完全不现实的"。而后两种之所以被搁置一旁，主要是因为它们要求一个"纯粹的行动者"——"某种超自然的存在者。就像亚里士多德的神一样，它影响世界但却永远不会被世界所影响"（Floridi and Sanders 2004, 377）。[1]弗洛里迪和桑德斯（2004, 377）总结道："毫不奇怪，大多数宏观伦理学都远离了这些超自然的思辨，并暗地里接受，甚至明确论证其余两种选项中的一种。"

选项（1）认为所有有资格作为道德行动者的存在者都有资格作为道德受动者，反之亦然。这不仅符合一个相当直观的立场，即，行动者／询问者是道德的主角，而且这也是伦理学史上最流行的观点之一（例如，许多基督教伦理学家，特别是康德，都持有这一观点）。选项（2）认为所有有资格作为道德行动者的

1　尽管这个"纯粹的能动性"的概念被弗洛里迪和桑德斯排除在进一步的思考之外，但它最终将会被功能主义进路用来设计人工自主行动者（artificial autonomous agents, AAAs）。这一发展将会在对机器道德能动性的讨论中得到明确的分析。

存在者都有资格作为道德受动者，但反之并不成立。很多存在者（尤其是动物）似乎有资格作为道德受动者，但原则上来说他们并不能扮演道德行动者的角色。这个后环保主义的进路要求我们转变视角，将视角从行动者导向转变为受动者导向。鉴于之前的标签，我们把这种进路视作非标准进路。（Floridi and Sanders 2004, 305）

根据这一安排（这种安排不一定是弗洛里迪和桑德斯的作品中所独有的。见 Miller and Williams 1983; Regan 1983; McPherson 1984; Hajdin 1994; Miller 1994），机器问题将分别从行动者导向的视角和受动者导向的视角得到表述和探究。

这项研究始于第一章对机器道德能动性问题的讨论。换言之，这项研究始于追问拥有各式各样不同设计与功能的机器是否可以，以及在多大程度上可以被视作一个能够为其决策与行动负责和被问责的合法的道德行动者。显然，这种探究方式已然代表了一种在思考技术和技术人造物上的重大转变。因为，在大部分西方思想史中（即便不是全部的西方思想史），技术被解释和理解为一种被人类行动者或多或少有效使用的用具或工具。就其本身来说，技术自身既不好也不坏，它只是一种或多或少方便有效的、用以达成某个目的的手段。这种马丁·海德格尔（1977a, 5）所说的"对技术的工具式、人类学式的定义"不仅影响深远，而且还被视作自明之理。海德格尔反问道："谁会否定它的正确性呢？它显然符合我们在谈论技术时所想到的东西。对技术的工具性定义确实正确得不可思议，以至于它甚至适用于现代技术；而从其他方面看，我们则有理由认为，现代技术和从前的手工技术相比是某种全然不同的新事物。……然而，这一点仍然是正确的：现代技术也是实现目的的一种手段。"（Ibid.）

在追问计算机、人工智能或机器人这类技术人造物是否能够被视为道德行动者的过程中，第一章故意直接挑战了这种对技术"正确得不可思议的"刻画。通俗地说，这一部分的探究追问的是，客服代表的标准套路——"抱歉，先生，这并不是我的问题。这是计算机干的"——是否（以及在何种程度上）可能不再仅仅是一种蹩脚的托词，而成为一种合理的机器责任的情境。我们将会发现，这一技术问题的根本性重构绝非一件小事。事实上，它将对我们如何理解技术人造物、人类使用者以及我们为道德责任所设定的边界产生重大影响。

在第二章中，这一研究的第二部分会从另一个角度来处理机器问题，追问在何种程度上机器会成为道德关切与道德决策中的他者。因而，它讨论这一问题：机器是否拥有道德受动者的地位？作为一个道德受动者，无论它是"谁（who）"，都能合法地主张某些需要被尊重与考量的权利。事实上，我用双引号来悬置"谁"这个字是为了表明这正是问题的关键。使用"谁"这个字就已经给予了某人或某物一个在社会关系中的他者的地位。"谁"通常指的是其他人类（human beings）——其他和我们一样应该在道德上被尊重的"人（persons）"（这是另一个需要被彻底考察的术语）。相反，物（things）则被涵盖在"什么"（what）之中，无论它们是动物，是自然环境的各式各样有生命或无生命的组成部分，还是技术人造物。正如德里达（2005，80）所说，这两个小词之间的差异已然标志着一个决定（或者说该差异已然做出了这个决定）："谁"将会在道德上具有重要性，而"什

么"将会并且可以被作为纯粹的物而排除在外。需要强调的是，这个决定包含着一些伦理学上的预设、后果和推论。

因而，第二章追问的是机器是否能够，以及在何种情况下能够，算作道德受动者——换言之，它是否可以被"谁"这个词指代并因而拥有一种要求得到适当回应的道德地位。这一对机器道德地位的考量在概念上的先例是它的笛卡尔主义他者——动物。因为动物和机器在传统上共享同一种他异性——最初正是这种他异性使得两者都被排除在道德考量之外——看起来，动物权利哲学中的革新将会提供一个合适的范本，帮助我们将一种类似的道德尊重拓展到机器他者上。然而，这一想法是错误的。事实证明，动物权利哲学对机器的轻视态度与从前的道德思考对待动物的轻视态度如出一辙。这种区别对待不仅要求我们对动物权利哲学的计划进行批判性的再评估，还要求我们以一种完全不同的方式来处理机器问题。

第三章，也就是最后一章，回应了我们在第一章和第二章中碰到的一些关键性的复杂情形和困难。尽管就其在整部书中的结构性位置而言，这一部分要对我们在考察道德能动性和道德受动性的过程中所发展出的诸多冲突给出一种回应，但这一部分的研究既不旨在平衡几种互相竞争的观点，也不试图以一种黑格尔式的解决方案来综合或扬弃它们之间的辩证张力。相反，它以一种另类的方式来处理问题，并尝试阐明一种关于伦理学的思考，这种伦理学的思考超出了"行动者"与"受动者"这一对术语所划定的概念边界。这样一来，第三章对行动者 – 受动者这组塑造、界定、制约了整个领域的概念对立进行了**解构**（*deconstruction*）。

然而，我意识到，在这个特定的语境中使用"解构"这个词是有双重问题的。对于熟悉欧陆哲学传统的人来说，他们通常并不把解构（这个术语通常与雅克·德里达的著作联系在一起，并于 20 世纪末在美国的英语与比较文学系中获得了相当多的关注）与人工智能、认知科学、计算机科学、信息技术和机器人学这些领域中的努力联系在一起。唐·伊德（Don Ihde）（2000，59）批评了他所观察到的如下现象："关于当今所谓的'技术科学'，几乎没有任何会议论文和出版物，在欧陆哲学家的阵营中甚至几乎没有教员和研究生对此感兴趣。"然而，德里达是某种例外。事实上，他对动物 – 机器的两个方面都感兴趣。至少从《因此我所是的动物》（*The Animal That Therefore I Am*）这部著作在德里达身后出版以来，德里达对"有关活的东西与活的动物"的问题（Derrida 2008, 35）的兴趣已经是板上钉钉的事实了。德里达（2008，34）明确指出："对我来说，那将始终是最重要、最具决定性的问题。我已经通过阅读所有我感兴趣的哲学家的著作或直接或间接地无数次处理这一问题。"与此同时，这位人称"解构之父"（Coman 2004）的哲学家对机器也同样地感兴趣和关注，尤其是打字机和书写的机制。至少从《论文字学》[1]（*Of Grammatology*）开始，一直到《纸机器》一书所收录的后期文章与访谈，德里达明显对机器感兴趣甚至痴迷，尤其是计算机，虽然他承认："我（或多或少）知道如何使它工作，但我却不知道它**如何**工作。"（Derrida 2005, 23）

　　然而，对于那些倾向于英美哲学传统或分析哲学传统的人来说，"解构"这个词，用一个相当具有英语色彩的俗语来形容，足以让他

1　本书已有中译本：《论文字学》，雅克·德里达著，汪家堂译，上海译文出版社，2015 年。——编者注

们"反胃（enough to put them off their lunch）"。解构既不被认可为一种合法的哲学方法，也通常不被主流的分析哲学思想家所尊重。1992年5月9日在伦敦《泰晤士报》上登载的那封现在已经众所周知的公开信就是一个证据，这封公开信由一大批著名分析哲学家们联署，以回应剑桥大学授予德里达荣誉博士学位的计划。这封公开信上说："在哲学家们（当然是那些在世界各地顶尖的哲学系里工作的哲学家）看来，德里达的工作并没有达到公认的清晰性和严格性的标准。"（Smith et al. 1992）

因此，我们需要搞清楚解构的含义以及如何在机器问题的语境中进行解构。首先，让我们从一个否定性的定义开始："解构"这个词并不意味着拆开、非建构（un-construct）或者拆卸。解构并不是一种破坏性的分析，也不是一种理智上的拆毁，也不是一个逆向建造的过程，尽管这类流行的误解已然根深蒂固。德里达（1988, 147）这样描述解构：**"解构（deconstruction）的'解（de）'** 并不意味着对建构本身的拆毁，而意味着一种需要超越建构主义或拆毁主义的框架去思考的东西。"因此，我们绝不能够通过诸如建构与拆毁这样的概念对立来理解和界定解构。

其次，简要而言，解构包含了一种一般性的策略，去介入上述概念对立以及所有其他持续塑造着、制约着知识系统的概念对立。正如德里达所说，以这种介入为目的，解构包含着**颠倒（inversion）**和**概念置换（displacement）**的双重姿态：

> 依据一个既具有系统性又自身分裂的整体，我们必须进而使用一种双重姿态，一种双重书写（即，一种自身具有多样性

的书写），一种我在《双学时》（The Double Sessions）一文中所说的**双重科学**（*double science*）。一方面，我们必须经过一个**翻转**（*overturning*）的阶段。如果要正确对待这个翻转阶段的必要性，我们就要认识到，经典的哲学对立并不是一种面对面的和平共存，而是一种暴力的等级。在对立的两个术语中，一个（在价值上、在逻辑上，等等）支配着另一个，或者说，一个占据着上风。要解构这种对立，首先就要在某个时刻翻转这个等级。……不过，另一方面，如果止步于这个阶段，那么我们就仍然是在被解构的系统所规定的领域内部活动。通过这种双重书写（确切地说，是一种有层次的、既移动又被移动的书写），我们必须指出，在翻转（它将高高在上者打落尘埃）和一个新"概念"的突现（这个概念不再能且永远不能被原有的系统所涵盖）之间存在着距离。（Derrida 1981, 41−43）

第三章所使用的正是这种双重姿态或双重科学。在第三章的开头，我们将和那些在传统上处于弱势地位的术语站在一起，去反抗那些在当前论述中通常占据优势地位的术语。也就是说，第三章将在一开始先策略性地支持并拥护受动性去对抗能动性，它做到这一点的方法是去展示"能动性"如何不是某种在本体论上被规定的、属于某个个体存在者的属性，而是始终是一个社会建构的主体地位，这个主体地位是被"（预先）设定的（[presup] posited）"（Žižek 2008a, 209），并且，这种主体地位的分配是被他者所制定、支持和控制的。这个概念颠倒就其自身而言是不够的，尽管它改变了局面。它仍然只是一种纯粹的革命性姿态。如果我们仅仅是翻转标准的等级并去强调那个在原有

等级中处于弱势的术语，那么我们的努力就会局限在由行动者－受动者的辩证法所界定的概念场域之内并将持续受到它的制约。因此，我们需要再往前推进一步，确切地说，我们需要的是"一个新概念的突现"，这个新概念没有，且不能够，在原先的系统中被把握。特别地，这将会体现为另一种对**受动性**的思考，在这种思考中，受动性并不被设定为或预定为某种从主动性中派生出来的东西或者某种主动性的纯粹对立面。它将会是一种原初受动性，或者我们也可以遵循德里达式的做法，将之称为**元受动者**（*arche-patient*），这种元受动者超出了行动者－受动者这一组概念对立。

可疑的结果

和许多批判性尝试一样，这一努力产生了一些可以说可疑的结果。正如德里达（1988, 141）所清楚地意识到的，这恰恰是"令人不安的东西"。尼尔·波斯曼（Neil Postman）（1993, 181）恰当地描述了通常的期待："任何从事文化批判的人都必须忍受这一问题：如何解决你所描述的问题？"[1] 这种对批评的批评虽然完全是可以理解的并且似乎遵循了良好的"常识"，但它却是被一种对**批判**（*critique*）的角色、功能和目的的相当狭隘的理解所引导的，这种狭隘的理解被一种工具性逻辑（这种工具性逻辑已经被应用到了技术上）所塑造并且

1　本书已有中译本：《技术垄断》，尼尔·波斯曼著，何道宽译，北京大学出版社，2007 年。——编者注

反过来又加强了这种逻辑。然而，在批判哲学的传统与实践中，存在着一种对这个术语更加精确、更加细致的界定。正如芭芭拉·约翰逊（Barbara Johnson）（1981, xv）所刻画的，批判并不仅仅是一种以改善局面为目的的、对某一特定系统的缺陷与瑕疵的考察。相反，"它是一种关注该系统的可能性之基础的分析。批判从那些看似自然、明显、自明或普遍的东西出发，进行反向回溯，以表明这些东西有其自身的历史，有其之所以如此这般的理由，有其自身之后果，也表明它们并非既定的起点，而是某种它们自己通常视而不见的构造的结果"（Ibid.）。按照这种理解，批判并不单单是为了找到问题从而解决这些问题，也不仅仅是为了提出一些问题从而给出答案。当然，这类做法本身并没有什么错。然而，严格地来说，批判包含着更多的东西。批判旨在找到并暴露出某个特定系统的根本性的运作方式以及可能性条件，展示那些最初乍看起来毫无疑问、再显然不过的事物实际上拥有一个复杂的历史，这一复杂的历史影响了那些源自于这些事物的东西，而且其自身通常不会被察觉。

这种努力与所谓的**哲学**完全一致，不过我们同样需要明确"哲学"这个词指的是什么。根据一种理解，哲学正是在经验科学搁浅或撞上自身的边界时才开始发挥作用。德雷克·帕特里奇（Derek Partridge）和约里克·威尔克斯（Yorick Wilks）（1990, ix）在《人工智能的基础》（*The Foundations of Artificial Intelligence*）一书中写道："哲学是一门每当根本性问题或方法论问题出现时就开始起作用的学科。"例如，判定道德责任问题的一个关键一直是**意识**。这尤其是因为道德行动者通常是通过一个思维着的、有意识的主体被界定。然而，不仅仅意识是由什么构成的这个问题很有争议，而且我们也完全不清楚要如何用经验的或客观的测量方法去探测意识是否实际地出现在了另一个存在者之中。"正是因为我们不能够完全通过客观的测量与分析（即科学）来解决意识的问题，哲学就可以发挥关键性的作用。"（Kurzweil 2005, 380）按照这种理解，哲学被构想为一种补充性的努力，它被添加进来以处理或平息那些经验科学无力回答的问题。

然而，这种对哲学的角色与功能的理解是狭隘的并且可以说是非哲学式的，这种理解已经假定了任何探究的目的都是为问题提供答案。但这种理解未必准确或恰当。斯拉沃热·齐泽克（2006b, 137）主张："不仅存在着正确的或错误的解决方案，还存在着错误的问题。哲学的任务不是给出答案或提供解决方案，而是对问题本身进行批判性的分析，从而让我们看到，恰恰是我们理解问题的方式阻碍了我们解决问题。"需要记住的是，这种获得反思性自我知识的努力正是批判哲学的先驱伊曼努尔·康德在《纯粹理性批判》（*Critique of Pure Reason*）中所提倡的，在那本书中，康德故意避免对那些构成了形而上学争论的现有问题做出回应，以评估这些问题本身是否，以及在何种程度上，具有坚实的基础或根基。康德（1965, Axii）在《纯粹理性批判》第一版序言中说："这在我看来并不意味着对各种书本和体系的批判，而是对一般理性之官能的批判，着眼于理性官能独立于经验而可能追求的一切知识。纯粹理性之批判因此将判定一般形而上学的可能性或不可能性，并规定其来源、范围和界限。"同样地，丹尼尔·丹尼特（Daniel Dennett）（在哲学的光谱上，这位哲学家通常被定位在远离齐泽克和康德这类哲学家的另一端）提出了类似的看法。"我是一个哲学家，而不是一个科学家；我们哲学家更擅长于问题而不是答案。我并不是一上来就贬损我自己和我的学科，虽然乍看上去我是在这么做。找到更好的问题并打破提问的旧习与传统是人类认识自身与世界的宏大事业中非常困难的一部分。"[1]（Dannett 1996, vii）

对于康德、丹尼特、齐泽克和其他许多人来说，哲学的任务并不是为那些难以回答的问题提供答案从而为经验科学拾遗补阙，而是批判性地考察那些现有的问题从而评估我们一开始是否问对了问题。因此，《机器问题》这本书的目标并不是为诸如有关机器道德能动性的问题或机器道德受动性的问题提供明确的答案。相反，它将考察，在何种程度上这些"问题"被理解和被阐明的方式已经构成了重大的问题和困难。借助一个视觉的比喻，我们可以给出一个既具有理论性（"理论 [theory]"这个词源自于古希腊语，$\theta\varepsilon\omega\rho\acute{\varepsilon}\omega$，意思是"看、观看或注视"）又具有比喻性的说法：问题的功能和照相机取景框的功能类似。一方面，取景框将事物定位在我们视野的空间之内，从而让我们能够看到这些事物并探究它们。换言之，问题使事物进入我们的视野并被探究，从而打开了一系列的可能性。与此同时，另一方面，取景框一定也会排除掉很多其他的事物——那些我们可能根本不知道的事物会因为超出了能被看到的范围而被排除在外。这样一来，取景框也使其他东西边缘化了，使它们被排除在外、无法被识别。当然，这并不是说我们要抛弃取景框。我们总得需要某种取景工具。关键在于我们要发展一种发问方式，这种发问方式要承认，任何问题（无论这些问题被表述得多么好、被使用得多么谨慎）都包含着有关哪些东西被纳入考量、哪些东西被排除在考量之外的排他性决定。我们所能

---

1 本书已有中译本：《心灵种种》，丹尼尔·丹尼特著，罗军译，上海科学技术出版社，2012年。——编者注

做的最多是（这也是我们所必须做且应该做的），持续地对发问本身进行发问，不仅仅要追问在一个特定的问题中，哪些东西被给予优势地位而哪些东西又必然被排除在外，还要追问一个特定的探究模式是如何做出，且不得不做出这些决定的；这些决定支持了哪些假定和底层价值；以及，哪些后果（本体论上的、认识论上的、道德上的）会随之而来。如果机器问题想要成为一项成功的哲学探究，那么它就需要追问：这个特定的努力给我们施加的取景框选取了哪些东西？哪些东西被排除在探究的视野之外？这些特定的决定是为哪些利益和投资服务的？

在给出这种解释时，我并不想要拒斥或忽略那些试图解决涉及自主或半自主机器和（或）机器人的责任问题的更加务实的努力。这些问题（以及对这些问题的可能的回应）对于人工智能研究者、机器人工程师、计算机科学家、律师、政府等来说当然是很重要的。然而，我想指出，这些务实的努力对它们所使用的概念的遗产、逻辑和后果往往缺乏全面的理解和把握。因此，批判性的事业对于这类后续研究来说是一个重要的预备或引论，它也能够帮助那些从事这类务实性努力的人去理解那些已然塑造着、制约着他们所试图处理的种种冲突与争论的概念框架和根基。正如康德所认识到的，在缺乏这样一个批判性预备的情况下贸然前行，不仅仅是在盲目地为那些很可能被误诊了的病痛寻找往往欠考虑的解决方案，而且还会面临这样一个风险：在一个自以为新颖的、具有原创性的解决方案里重新制造出那些我们原本想要解决的问题。

第一章

道德能动性

1.1　导论

有关机器道德能动性的问题是科幻作品的一个主题，众所周知的例子便是斯坦利·库布里克的电影《2001 太空漫游》（1968）中的计算机 HAL 9000。HAL（HAL 可以说是电影中主要反派角色）是一个监视并控制着"发现号"太空船上所有运行状况的高级人工智能。在"发现号"驶向木星的途中，HAL 似乎开始出现故障，尽管（正如 HAL 很快指出的）9000 系列的计算机还从未出过问题。特别是，"他"（我使用这个代词是因为计算机 HAL 这个角色的名字和声音特征都是男性化的）错误地断定太空船的主要通信天线中的一个部件出现了故障。这一误诊究竟真的是一个"错误"还是 HAL 精心编造的一个骗局？这是悬而未决的问题。由于担心这一机器决策可能会产生不利的影响，人类宇航员中的两名成员，戴夫·鲍曼（Dave Bowman）（凯尔·杜拉 [Keir Dullea] 饰） 和弗兰克·普尔（Frank Poole）（加里·洛克伍德 [Gary Lockwood] 饰）决定关闭 HAL，更确切地说，在保持其低级自动系统运转的同时禁用这台人工智能的高级认知功能。HAL 在察觉到这一计划后，声称自己"不能够允许它发生"。

为了保护自己，HAL 显然在弗兰克·普尔进行舱外行走时杀死了他，关闭了"发现号"上三名处于冬眠中的船员的生命维持系统，并试图除掉戴夫·鲍曼但却没能成功；而戴夫·鲍曼最终成功切断了 HAL 的"心灵"，这也是电影中最扣人心弦的一幕。

尽管 HAL 这个角色和电影所描绘的情节提出了一系列有关机器智能的假定与后果的重要问题，但这里最主要的道德问题涉及的是责任的定位与分配。正如丹尼尔·丹尼特（1997, 351）在一篇他为一本庆祝 HAL 诞生三十周年的文集所撰写的文章中所言："当 HAL 杀人时，谁应该被责备？"那么，问题在于，HAL 是否以及在多大程度上可以合法地因为弗兰克·普尔和三名冬眠宇航员的死亡而被追究责任？把 HAL 看作一个对这些行动负责的行动者是否真的有意义呢（当然这种想法有明显的戏剧性效果）？他在道德上和法律上是否要为这些行动受罚呢？还是说，这些不幸的事件仅仅只是一系列涉及高度复杂的机械设备的意外事故呢？此外，根据人们对上述这些问题的回答，人们可能还会追问，是否可能基于自我防卫等理由来解释，甚至辩护 HAL 的行动（当然，假定它们是可以被归属给这个特定行动者的"行动"）。丹尼特（1997, 364）指出："在书中，克拉克（Clarke）[1]注视着 HAL 的内心并写道：'他被威胁要断开连接；他的输入会被剥夺，并被扔进一个难以想象的无意识状态之中。'这或许是足以辩护 HAL 自我防卫行为的理由。"最后，人们还可以追问，戏剧冲突的解决方案，即鲍曼切断了 HAL 的高级认知功能，这种做法是否合乎伦

---

1 "克拉克"指《2001：太空漫游》小说的作者亚瑟·克拉克（Arthur C. Clarke）。——译者注

理，是否可被辩护，以及是不是对 HAL 的过错的恰当回应。或者正如《HAL 的遗产》（*HAL's Legacy*）一书的主编戴维·G. 斯托克（David G. Stork）所说："切断 HAL（未经审判！）的连接是不道德的吗？"所有这些问题，都围绕着一个尚未解决的议题并被这个议题所推动：HAL 能够是一个道德行动者吗？

尽管这一研究路线可能看上去仅仅局限于想象性的科幻作品，但不论好坏，它实际上都已然是科学事实。例如，温德尔·瓦拉赫（Wendell Wallach）和科林·艾伦（Colin Allen）列举了一系列最近机器行动对他人造成不利影响的案例。他们所描述的事件不仅包括了由自动信贷验证系统的故障所造成的物质不便的平平无奇的经历（Wallach and Allen 2009, 17），还包括了一起致命事故——一架半自主机器人加农炮在南非造成了九名士兵死亡（Ibid., 4）。类似的"现实世界"描述在文献中比比皆是。例如，加布里尔·哈勒威（Gabriel Hallevy）在《人工智能物的刑事责任》（The Criminal Liability of Artificial Intelligence Entities）一文的开头讲述了一个听起来与库布里克电影情节非常相似的故事。她写道："1981 年，一家摩托车工厂的一名 37 岁日本员工被一个在他身旁工作的人工智能机器人杀死。该机器人错误地认为这名员工是对其任务的威胁，并通过计算得出，消除这一威胁的最有效的方法是将他推入相邻的一台正在运转的机器之中。这个机器人用自己强有力的液压臂猛地将那个惊愕的员工撞入了那台正在运转的机器之中，当场杀死了他，接着，当这一对其任务的干扰不复存在之后，它又恢复了工作。"（Hallevy 2010, 1）与丹尼特那篇有关 HAL 的文章相呼应，哈勒威追问并探究了这一关键性的法律与道德问题，"谁应该对这一杀人行为负责？"

XMLToday.org 网站的总编库尔特·卡格尔（Kurt Cagle）从一个完全不同的视角来处理机器责任的问题，这个视角既不涉及人类的死亡也不涉及罪责的分配。根据《有线新闻（英国版）》2009 年 12 月 16 日的报道，卡格尔于在旧金山举办的网络新闻协会（Online News Association）大会上做了一个报告。在报告中，卡格尔预测"2030 年之前可能会有一个智能行动者获得普利策奖"（Kerwin 2009, 1）。尽管《有线新闻》上这篇介绍机器新闻写作之兴起的文章立刻将卡格尔的话视为某种玩笑式的挑衅，但它确实将能动性问题摆到了台面上。特别是，卡格尔的预测提出了一个问题，即，那些我们现在称之为"新闻聚合器（news aggregators）"的东西（例如西北大学的数据猴子 [Stats Monkey]，它利用已公布的统计数据来生成独家体育报道）是否能够在事实上被视为一份书面文稿的"原创作者"。类似的涉及机器创造力和艺术技巧的问题也适用于盖伊·霍夫曼（Guy Hoffman）的演奏马林巴琴的机器人西蒙（Shimon）；它可以和人类音乐家一同实时即兴演奏，创造出原创且独特的爵士乐表演。Gizmodo 网站（2010）的一篇题为《正当世界末日变得有点儿音乐性时，机器人西蒙接管了爵士乐》的帖文中说："全完了。即兴爵士乐曾是人类拥有的最后一块没有机器人的地盘，而如今它已被机器染指。"最后，瓦拉赫和艾伦以一种颇具末日启示风格的口吻预言了"机器人胡作非为"的可能性："我们预测在未来的数年里将会出现一个灾难性事故，这个事故的起因在于某个计算机系统在脱离人类监督的情况下进行决策。"（Wallach and Allen 2009, 4）（这种"机器人胡作非为"的剧情是科幻作品的常客，从"机器人"这个词首次出现在卡雷尔·恰佩克 [Karel Čapek] 的《罗素姆万能机器人》[R.U.R.] 中开始，到两版《太空堡垒卡拉狄加》[*Battlestar Galactica*] 中赛隆人对人类的灭绝，再到 2010 年的动画片《9》，皆是如此。）

在这些例子中，困难的伦理问题正是丹尼特（1997, 351）所提出的问题："谁应该被责备（或赞美）？"一方面，如果这些科幻作品和科学事实中各式各样的机器都被界定为不过是另一种技术人造物或工具，那么通常来说总是会有其他人被认定为责任方，也许是这些机器的人类设计者，也许是机器的操作者，或者甚至是生产加工机器的公司。在灾难性事故的案例中，"意外事故"（我们常常用这个词来称呼这类负面事件）会被解释成由机械装置的设计、生产或使用中的缺陷所导致的不幸但不可预料的后果。在机器决策或机器操作（无论是体现为新闻报道撰写还是音乐表演）的案例中，所表现出的行为会被解释为并被归因于巧妙的编程和设计。然而，如果有可能让机器自身来承担某些责任，那么道德责任的某些方面就会转移到机械装置上。

尽管这听起来仍然很"未来主义"，但正如安德雷斯·马蒂亚斯（Andreas Matthias）所主张的那样，我们确实似乎处于一个至关重要的"责任鸿沟（responsibility gap）"的边缘："基于神经网络、遗传算法和行动者架构的自主学习机器创造出了新的情况，在这些新的情况中，机器的制造者 / 操作者**在原则上**已经不再有能力预测机器的未来行为，并因而不能够对该行为负道德责任或法律责任。"（Matthias 2004, 175）因此，需要确定的是，在什么时候（如果有这么一个时候的话）可以让一台机器为某个行动负责和被追责？类似"HAL 故意杀死了弗兰克·普尔以及其他几个'发现号'宇航员"这样的说法在什么时候、基于什么理由可以既在形而上学上是可行的又在道德上是负责任的？换言之，在何时以及在何种情况下（如果有这样一个时候和

情况的话）"这是机器的过错"这句话确实是正确的？机器是否可能被视作合法的道德行动者？将能动性拓展到机器上对我们理解技术、理解我们自身、理解伦理学来说意味着什么？

1.2 能动性

为了处理这些问题，首先需要定义或者至少刻画出"道德行动者"这个词的含义。为此，可以从肯尼斯·艾纳·希玛（Kenneth Einar Himma）（2009, 19）所说的有关道德能动性的"标准观点"入手。从这种标准观点入手并不是因为这一特定的理解必定正确无疑，而是因为这种观点为我们接下来的探究提供了某种基准线和容易识别的出发点。正如黑格尔（1987）所充分认识到的那样，这样的开端从来都不是绝对的，也并非没有其构成性的预设和偏见。它总是一种策略性的决定——开端只是对问题的切入——它本身仍然需要在接下来的考察中得到解释和辩护。因此，在开端处对于"什么构成了道德能动性"这一问题并没有绝对确定的答案。我们从一个对道德能动性的标准的刻画开始，而这个刻画本身仍将需要被探究并接受批判性评估。

从语法和概念上来讲，"道德能动性"是"能动性"这个更具一般性的术语的一个子集。然而，能动性这个概念在西方哲学传统中有相当明确的刻画。希玛解释道："能动性的观念与能够做出行为或行动的观念，这两个观念在概念上是相连的。根据能动性的概念，当且仅当 X 能够执行行动时，X 才是一个行动者。行动是所做的事情

(doings)，但并不是任何所做的事情都是行动；呼吸是我们所做的事情，但呼吸并不算行动。而打出这些字是一个行动，并且，根据概念正是因为我拥有做这类事情的能力，所以我是一个**行动者**。"（Himma 2009, 19–20）此外，至少按照通常的刻画和理解，能动性要求在观察到的行动背后有某种"意图"，这个意图赋予了行动生命。希玛继续说："呼吸和打字之间的区别在于，后者要求我有某种心灵状态。"（Ibid., 20）这样一来，能动性可以通过丹尼尔·丹尼特所说的"意向系统（intentional system）"来解释，意向系统被刻画为任何我们能够把"信念和欲望"（Dennett 1998, 3）[1] 归属给它的系统，无论这个系统是人类，是机器还是外星生物（Dennett 1998, 9）。因此，"只有能够拥有意向性状态（即，关于某个其他事物的心灵状态，例如，对 X 的欲望就是一个意向性状态）的存在者才是行动者。……相比之下，树并不是行动者，因为树并不能够拥有意向性状态（或者任何其他心灵状态）。树会长出树叶，但是长出树叶并不是树所做的某个行动的结果"（Himma 2009, 20）。因而，能动性往往被局限在人类个体和动物身上——这些存在者能够拥有做某事的意图，并能够根据这个意图去执行一个行动。其他一切，例如植物、石头以及其他无生命的东西，都会被置于能动性的领域之外。尽管行动可能涉及而且常常涉及这些其他种类的存在者，但它们就其自身而言却并不被视为行动者。例如，一块石头可能被一个残忍的小孩扔向一只狗。但是，至少在大多数情况下，这个纯粹的对象（石头）并不会被认为要为这一行动负责

1　本书已有中译本：《意向立场》，丹尼尔·G. 丹尼特著，刘占峰、陈丽译，商务印书馆，2015 年。——编者注

或被追责。

这个被广泛接受的"事实"在沃纳·赫尔佐格（Werner Herzog）根据卡斯帕尔·豪泽尔（Kaspar Hauser）的故事改编的电影《人人为自己，上帝反众人》（*Every Man for Himself and God against All*）(1974)中得到了批判性的展示。根据历史记录，卡斯帕尔，一个真实的历史人物，是一个野孩子，他"从幼儿时期一直到17岁左右，一直被关在一个地牢中，与世隔绝"（von Feuerbach and Johann 1832）。根据赫尔佐格电影的情节，卡斯帕尔（由德国街头音乐家布鲁诺·S. [Bruno S.] 饰演）被强制带离了他长达17年的单独监禁（这让人想起了柏拉图在《理想国》第七卷的"洞穴寓言"中所描绘的囚徒的解放），并最终被允许进入人类社会，但他本质上仍然是人类社会的一个例外。由于这种"局外人的地位"，卡斯帕尔常常会提出一些惊世骇俗的见解，在他周围受过良好教育的人看来，这些见解是错误的。

在一幕中，卡斯帕尔的老师道默（Daumer）教授（由瓦尔特·拉登加斯特 [Walter Ladengast] 饰演）努力解释苹果是如何在树上成熟并最终掉落到地上的。面对这一善意的解释，卡斯帕尔却认为情况完全不同。他认为，苹果之所以掉到地上，是因为"它们累了，想要睡觉了"。这位体贴周到、极富耐心的老师对这一"错误的结论"做出了如下纠正："卡斯帕尔，苹果是不可能累的。苹果自己没有生命——它们遵从我们的意志。我把一个苹果沿着这条小路滚下去，它将会停在我想让它停的地方。"接着，道默教授将一个苹果沿着小路滚了下去，然而，这个苹果偏离了路径、停在了草地上，并没有停在教授想让它停的地方。卡斯帕尔从这个事件中得出了完全不同的结论，他指

出："苹果没有停下来，它躲到了草丛里。"教授因卡斯帕尔始终无法
获得正确的理解而有些沮丧，于是他炮制了一个新的演示，这次他邀
请了牧师福尔曼先生（Herr Fuhrmann）来帮忙；福尔曼先生来到道
默家中来评估卡斯帕尔的精神发展。教授解释道："现在，福尔曼先
生将会伸出他的脚，当我滚动这个苹果时，它将会停在我们想让它停
的地方。"教授又一次滚动了苹果，但是苹果并没有像教授预测的那
样停下来，它撞到了福尔曼先生的脚上，弹了起来并继续沿着小路
滚了下去。对此，卡斯帕尔评论道："聪明的苹果！它跳过他的脚逃
跑了。"

这一幕的喜剧效果来源于两种非常不同的对能动性归属的理解之
间的冲突。教授和牧师**知道**，像苹果这样的无生命物仅仅只能服从我
们的意志、只会做我们让它们做的事，但是卡斯帕尔则把能动性和感
觉能力都分配给了这个对象。在卡斯帕尔看来，苹果自己没有停下
来，它躲在草丛中，并通过跳过障碍和逃跑而展现出了智能。然而，
对那两位经过现代科学启蒙的人来说，这个结论显然是错误的。对他
们来说，至少在这个特定的情况下，能动性是只被归属给人类个体的
东西。用丹尼特的话来说，他们知道苹果不是"意向系统"。

"道德能动性"，作为"能动性"这个一般范畴的进一步限定和子
集，只包括那些其行动受到某些道德标准或道德规定指导或制约的行
动者。按照这种理解，一条狗或许是一个行动者，但它并不是一个道
德行动者，因为它的行为（朝陌生人吠叫，追逐松鼠，咬邮递员）并
不是根据（例如）定言命令或某种对可能后果的功利主义计算而决定
的。正如 J. 斯托斯·霍尔（2007, 27）在一个有点古怪的例子中所描
述的那样，"如果狗从信箱里带回来几张色情传单并把它们给了你的

孩子，它也只是一条狗，它啥事儿也不懂。如果男管家做了这件事，那么他就应该被责备"。虽然狗和男管家执行了同样的行动，但是只有男管家而不是狗才被视作道德行动者并因此能够因为这个行动被追责。希玛（2009, 21）写道："道德能动性这一概念归根结底是一个规范性的概念。这一概念挑选出了其行为受道德要求约束的那一类存在者。这意味着，就概念而言，道德行动者的行为受道德标准的制约，而那些非道德行动者的行为则不受道德标准制约。"

因此，要被视为一个道德行动者，除了一般的能动性所要求的东西以外，还需要更多的东西。希玛在回顾了哲学文献中所提供的标准解释之后，再一次提出了一个概要性的定义。"因而，道德能动性的条件可以被总结如下：对于所有的 X，X 是一个道德行动者当且仅当（1）X 是一个行动者；（2）X 有能力做出自由选择；（3）X 有能力思虑一个人应该做什么；以及（4）X 有能力在典型情境中正确理解并运用道德规则。据我所知，尽管这些条件仍然有待进一步的澄清（因为它们所使用的那些概念本身需要得到完全充分的概念分析），但它们对于道德能动性来说既是必要条件也是充分条件。"（Himma 2009, 24）根据这一表述，道德行动者之共同体的成员资格将被局限在任何达到了，或者，能够证明自己达到了这四条标准的存在者中。因此，这意味着，根据希玛对标准解释的刻画，道德行动者是任何能够执行有意行动、能够通过思虑而自由选择，并且能够遵从或运用某种既定规则的存在者。

但由于种种原因，事情在这里变得异常复杂。首先，这一特定的对道德能动性的刻画使用了一系列形而上学概念并且得到了这些形而上学概念的支持，例如"自由选择""思虑""意向性"——这些概念本身就面临着相当大的争论和哲学分歧。更糟糕的是，这些形而上学困难又被一系列认识论问题进一步复杂化了，这些认识论问题与我们如何通达和获知其他个体的内在倾向有关，哲学家们常常把这些问题称作"他心问题（the other minds problem）"。也就是说，例如，如果一个行动者的行动是经由某种思虑（无论"思虑"指的是什么）而被自由选择的（无论"自由选择"是什么含义），那么这种活动将如何被一个旁观者所通达、评估，或以其他任何方式被呈现给这个旁观者呢？换言之，一个行动者的"自由意志"和"思虑"要如何展现它们自己，以便让人们能够认识到某物或某人确实是一个道德行动者呢？

其次，由于这些复杂的困难，这种特定的对道德能动性的刻画并不是确定的、普遍的或一锤定音的。虽然希玛所称的"标准解释"提供了一个可以说是有用的刻画，并且这个刻画在目前的很多文献中被"广泛接受"和"视为理所当然"（Himma 2009, 19），但这也仅仅只是一种可能的定义。还有很多其他的可能的定义。正如保罗·夏皮罗（Paul Shapiro）（2006, 358）所指出的，"有很多定义道德能动性的方式，而对定义的选择是决定道德能动性是否仅仅局限于人类的关键因素"。希玛的研究在一开始就明确排除了其他的、"非标准的"立场（当这些立场和标准立场被放在一起比较时，它们不可避免地会被称为"非标准的"）。希玛（2009, 19）承认，"尽管很多论文挑战了这个标准解释，但我在这里并不会考虑它们"。正是通过这个简短的排他性声明（它是一个文本内部的标记，标记了哪些东西在文本中将故意不予考虑），希玛的文章用实际行动向我们展示了所谓的"标准解释"是如何被标准化的。这归根结底是做了一个排他性的决定，在被包容在内的东西和不被包容在内的东西之间做出了决定性的切割。有些东西会被承认和纳入标准解释；其他一切，任何其他的可能性，都立即被边缘化为他者。此外，正是因为这些他者没有得到任何进一步的考量，它们只能通过标准解释对它们的排斥才能显现出来。所以，只有当他者的边缘化——或者说，他者的他者化（如果我们可以被允许使用这样一个术语的话）——在文本内部作为一个不会得到任何进一步考量的东西被标记出来时，他者才显现出来。

最后，我们从这一点可以直接得出，正如夏皮罗的评论所指出的那样，以及正如希玛的姿态所展现的那样，为"道德能动性"提供一个定义并不是什么无私的、中立的活动。它本身就是一个具有明确道德后果的决定，因为一个定义——任何定义——在被给出之时就已然决定了谁或者什么应该拥有道德地位，而谁或者什么不应该拥有道德地位。夏皮罗（2006, 358）写道："普鲁哈（Pluhar）等哲学家把道德能动性的标准定得很高：要有能力理解道德原则并有能力根据道德原则来行动。为了达到这一标准，如果一个存在者要能算得上道德行动者，那么它除了拥有那些目前已被归属给其他物种的能力以外，还需要拥有语言能力。然而，也可以选择一个较低的道德能动性的标准：要有能力做出有美德的行为。如果这个较低的标准可以被接受，那么几乎不用怀疑的是，很多其他动物在某种程度上也是道德行动者。"换言之，为道德能动性给出一个刻画，这一做法本身就已经无可避免地做出了一个决定，决定了谁或什么要被包容，而谁或者什么又要被排除——谁是道德行动者俱乐部的会员，而谁被边缘化为这个俱乐部的构成性的他者。简单浏览一下道德哲学的历史就能发现，这些决定以及由此产生的排除常常对他者造成了毁灭性的后果。例如，曾经有一段时间，"道德能动性"的标准被定义得仅限于欧洲白人男性。这显然对所有那些被排除在这个排他性共同体之外的他者——女人、有色人种、非欧洲人等——产生了重大的物质、法律和伦理后果。因此，在有关这一主题的任何研究中，重要的都不仅仅是谁被视为道德行动者、谁不被视为道德行动者，而且或许更重要的是，"道德能动性"一开始是如何被定义的，谁或者什么有权决定这些事情，基于何种理由，以及会有哪些后果。

1.3 排除的机制

计算机及相关系统通常被理解和刻画为一种工具。约翰·塞尔（John Searle）（1997, 190）写道："我认为计算机在哲学上的重要性被严重夸大了，正如任何新兴技术在哲学上的重要性通常都会被严重夸大一样。计算机是一个有用的工具，但也仅此而已。"[1] 根据这种说法，能动性问题，特别是道德能动性问题，并不在于工具的物质性，而在于工具的设计、使用和实现。戴维·F. 查奈尔（David F. Channell）（1991, 138）解释道："纯粹的机械物的道德价值是由外在于它们的因素决定的——实际上，是由它们对人类的有用性决定的。"因此，对于任何涉及机械设备的行动来说，要被追究责任的不是工具，而是工具的人类设计者和（或）人类使用者。这一决定是由人们对技术之问的通常回答所塑造的。马丁·海德格尔（1977a, 4-5）

1　本书已有中译本：《意识的奥秘》，约翰·塞尔著，刘叶涛译，南京大学出版社，2009 年。——编者注

写道："当我们追问技术是什么时，我们就在提出技术之问。所有人都知道两个可以充当该问题答案的说法。第一个说法是，技术是达到目的的手段。另一个说法是，技术是一种人类的活动。这两个对技术的定义是统一的。因为，设定目的并设法获取和利用达到该目的的手段，这是一种人类的活动。对设备、工具和机器的制作与利用，被制作和利用的东西本身，以及它们所服务的需求和目的，都属于技术之所是。"根据海德格尔的分析，任何种类的技术，无论是手工制品还是工业产品，它们被假定的角色和功能都是人类为了特定的目的而采用的手段。海德格尔（Ibid., 5）把这种特定的对技术的刻画称为"工具性定义"，并指出这种工具性定义构成了人们眼中对任何一种技术设备的"正确"理解。

正如安德鲁·芬伯格（Andrew Feenberg）（1991, 5）在其《技术的批判理论》（*Critical Theory of Technology*）一书的导论中所总结的那样，"工具主义理论有关技术的观点最被广泛接受。它基于一种常识性的想法，即技术是'工具'，随时准备服务于使用者目的"。因为工具"被认为是'中立的'，不具有任何属于其自身的价值性内容"（Ibid.），所以，技术人造物并不是就其自身而获得评价，而是依据其人类设计者或使用者所决定的特定用途而获得评价。让－弗朗索瓦·利奥塔尔（Jean-François Lyotard）在《后现代状态》[1]（*The Postmodern Condition*）一书中简要地总结了这一看法："技术设备最初充当的是人类器官的假体义肢式的辅助，或者是其功能为接收数据

---

1 本书已有中译本：《后现代状态》，利奥塔尔著，车槿山译，南京大学出版社，2011年。——编者注

或调节环境的生理系统。它们遵循一条原则，即最大化性能的原则：使产出（获得信息或做出修正）最大化并使投入（在此过程中消耗的能量）最小化。因此，技术是一种和真理、正义、美等等无关，而和效率有关的游戏：当技术游戏中的一步'操作'比另一步产出更多并且（或者）消耗更少时，它就是'好的'。"（Lyotard 1984, 44）利奥塔尔的解释在一开始就认可了对技术的传统理解，把技术理解为工具、假体义肢或人类官能的延伸。基于这一被说得好似无可置疑的"事实"，利奥塔尔进而解释了技术设备在认识论、伦理学和美学中的恰当位置。根据他的分析，一个技术设备，无论是开瓶器、钟表或是计算机，就其自身而言都与真理、正义和美的大问题无关。这样看来，技术毫无疑问只与效率有关。一个特定的技术革新被视为"好的"，当且仅当它被证明是实现预期目的的更为有效的手段。

这个工具主义的定义不仅关系到哲学反思，它还构成了人工智能和机器人学领域的工作的概念背景，尽管这一点很少被指出来。[1] 例如，乔安娜·布莱森（Joanna Bryson）在她的论文《机器人应该是奴隶》（Robots Should Be Slaves）中便使用了这一工具主义的视角。"机器人行动的法律责任和道德责任与任何其他人工智能系统的法律和道德责任应当没有任何区别，并且，它们和任何其他工具的情况也是一样的。通常情况下，工具造成的伤害是操作者的错误，而工具带来的益处则是操作者的功劳。……我们永远都不应该说，机器自己做出了合乎伦理的决策，而应该说，机器在我们为其设定的限度内

---

[1] 为什么这一点没有被明确指出来？这或许恰恰表明，工具性定义已经如此广泛地被接受并被视为理所当然，以至于人们几乎意识不到它的存在。

正确运行。"（Bryson 2010, 69）对布莱森来说，机器人和人工智能系统与其他技术人造物并没有什么不同。它们都是人类制造的工具，被人类使用者用来达成特定的目的，因此只是"使用者的延伸"（Ibid., 72）。因此，布莱森会同意马歇尔·麦克卢汉（Marshall McLuhan）的观点；众所周知，麦克卢汉将所有的技术都刻画为媒介——在字面意义上，媒介是影响和传播的手段——又把所有的媒介都刻画为人类官能的延伸。当然，这一想法直接体现在麦克卢汉公认的最具影响力的著作的书名之中——《理解媒介：人的延伸》（*Understanding Media: The Extensions of Man*）。这部著作中所使用的例子现在已经很熟悉了：车轮是脚的延伸，电话是耳朵的延伸，电视机是眼睛的延伸（McLuhan 1995）。根据这种理解，技术机械装置被理解为假体义肢，通过它们，人类的各种官能得以延伸，超出其原有的能力或自然的能力。

在发展这一立场时，麦克卢汉与其说是引入了对技术的新理解，不如说是为一个本就牢牢扎根在西方传统之土壤中的决定提供了明确的阐述。把技术，特别是信息和通信技术，理解为人类能力的延伸，这种技术的概念在柏拉图的《斐德罗篇》（*Phaedrus*）中就已经很明显了，在那里，书写作为言辞和记忆的人工补充而被呈现和争论（Plato 1982, 274b-276c）。在这一点上，苏格拉底说得很清楚：书写只是一种工具，它本身毫无意义。它只说出同一件事情。仿佛是在重复苏格拉底的这一评价似的，约翰·豪格兰德（John Haugeland）认为，人造物"之所以有意义只是因为我们赋予了它们意义；它们的意向性，就像烟雾信号和书写的意向性一样，本质上是借来的，因而是衍生性的。直截了当地说：计算机本身并不通过它们的字符意味着任何事情（就像书本一样）——我们说它们意味着什么它们就意味着什么。另一方面，真正的理解活动则'凭借其自身'就具有意向性，这种意向性并不是从其他什么东西中衍生出来的"（Haugeland 1981, 32-33）。丹尼特通过考察百科全书的例子来解释这一立场。正如纸质的百科全书是人类使用者的参考工具一样，自动化的、计算机化的百科全书也是如此。尽管在和这样一个系统（如维基百科）互动时，我们可能会觉得我们是"在和另一个人、另一个拥有原初意向性的存在者交流"，但它"仍然只是一个工具，并且，我们赋予它的任何意义或关于性（aboutness）都只是我们在使用该设备来为我们自己的目标服务时所创造的副产品"（Dennett 1989, 298）。

一旦我们把技术设备理解为人类官能的延伸或增强，那么机器人、人工智能和其他计算机系统这样的复杂技术设备就不会被视为对它们所执行的（或借助它们才得以执行的）行动负责的行动者。正如霍尔（2001, 2）所指出的，"道德在人类的肩上，而如果说机器改变了做事情的便利度的话，它们并没有改变做这些事情的责任。人始终是唯一的'道德行动者'"。这个表述不仅听起来冷静且合理，而且它也是计算机伦理学的标准操作假定之一。尽管自从沃尔特·曼纳（Walter Maner）于 1976 年首次提出"计算机伦理学（computer ethics）"这个词以来就流传着对这个词的不同定义（Maner 1980），但这些定义都共享着一个以人类为中心的视角，这个视角把道德能动性分配给人类设计者和使用者。根据黛博拉·约翰逊（Deborah Johnson）的说法（她撰写的教材被认为为该领域设定了议程），"计算机伦理学归根结底是对人类和社会的研究——我们的目标和价值，我

们的行为规范，我们组织自己、分配权利责任的方式，等等"(Johnson
1985, 6)。她承认，计算机常常以一种具有革新性的、挑战性的方式
将这些人类的价值和行为"工具化"，但真正重要的仍然是人类行动
者设计和使用（或滥用）这类技术的方式。约翰逊一直坚持这一结
论，即便在面对看似日益复杂的技术发展时也是如此。她后来在一篇
文章中写道："计算机系统是由参与社会实践和有意义的追求的人所
制造、分配和使用的。目前的计算机系统是如此，未来的计算机系统
也是如此。无论未来的计算机系统表现得多么独立、自动和具有互动
性，它们都将是人类行为、人类社会制度和人类决策的（直接或间接
的）产物。"(Johnson 2006, 197) 按照这种理解，无论计算机系统可
能会变得多么自动、独立或看似拥有智能，它们都"不是且不可能是
（自主、独立的）道德行动者"(Ibid., 203)。和所有其他技术人造物一
样，它们将始终是人类价值、决策和行动的工具。[1]

因此，根据这个工具主义的定义，计算机系统所采取的行动最终
都是某个人类行动者的责任——系统的设计者，设备的制造者或产品
的终端用户。正如本·格策尔（Ben Goertzel）(2002, 1) 准确描述的

---

[1] 在她后来的工作中，约翰逊越来越认识到能动性在涉及先进的计算机系统的情况
中所具有的复杂性。她在《计算机系统：道德存在者但非道德行动者》(Computer Systems:
Moral Entities but Not Moral Agents) 一文中写道："在计算机系统的行为中，有三重意向性在
起作用，计算机系统的设计者的意向性，系统的意向性，以及使用者的意向性。"(Johnson
2006, 202) 尽管这句话似乎使计算机伦理学以人为中心的视角复杂化了，并且允许有一个更
具分布式特征的道德能动性模型，但约翰逊仍然坚持人类主体的特殊地位："还要注意，虽然
人类在有或没有人造物的情况下都可以行动，但计算机系统并不能在没有人类设计者和使用
者的情况下行动。即便计算机系统的直接行为是独立的，它们也仍然是和人类一起行动的，
因为它们是由人类设计成以某些特定的方式行动的，人类将它们放在特定的地点、特定的时
间来为使用者执行特定的任务。"(Ibid.)

那样，如果出了故障或有人被机器所伤，"某个人就应该为把程序设置成做这样的事情而受到责备"。因此，根据这一思路，我们在一开始所讨论的"机器人致死"的场景最终将是某个人类程序员、制造者或操作者的过错。因此，把错误归咎于机器人或人工智能系统不仅是荒谬的，而且是不负责任的。米科·西波涅（Mikko Siponen）主张，把道德能动性赋予机器会使我们"开始因为我们的错误而责备机器。换言之，我们可以声称'不是我干的——是计算机的错'，而忽略了这一事实：是人类的编程让这个软件'以某种方式行事'，因此可能是人类有意或无意地导致了这一错误（或者可能是使用者以别的方式促成了这一错误的发生）"（Siponen 2004, 286）。这种想法已然被总结成了俗语："自己笨，怪刀钝（It's a poor carpenter who blames his tools）。"换言之，如果在技术的应用中出了差错，那么应当被责备的是工具的操作者而不是工具本身。指责工具不仅仅在本体论上是不正确的（因为工具只是人类行动的延伸），而且在伦理上也是可疑的，因为这恰恰是人类行动者经常用来推卸或逃避对自身行为之责任的一种方式。

出于这个原因，研究者们告诫不要把道德能动性分配给机器，这不仅是因为这么做在概念上是错误的或有争议的，而且还因为这么做会给人类颁发怪罪工具的许可证。阿贝·莫修维兹（Abbe Mowshowitz）（2008, 271）主张："赋予技术以自主能动性将会使人类在伦理学上置身事外。个体被免除了责任。人们将可以声称自己被无法抗拒的力量所左右，从而以此为借口拒绝对自己和他人负责。"这种海伦·尼森鲍姆（Helen Nissenbaum）（1996, 35）所说的"计算机作为替罪羊"的手法是可以理解的，但同时也是有问题的，因为它有意或无意地使道德问责复杂化了：

我们大多数人都能够回忆起，曾经有某个人（或许就是我们自己）找借口把过错推给计算机——银行职员解释错误，票务代理为失效的预订票找借口，学生为迟交论文的行为辩护。尽管指责计算机的做法乍看起来似乎是合情的，甚至是合理的，但是这种做法实际上会妨碍我们追究责任，因为一旦我们为某个错误或伤害找到这样一个解释之后，人类行动者在更进一步的层面上所扮演的角色和所要承担的责任就往往会被低估，甚至有时直接就被忽略了。这将导致没有人要对错误或伤害负责。（Ibid.）

也正是因为这个原因，约翰逊和米勒（2008, 124）主张"把计算机系统理解为自主的道德行动者是危险的"。

工具性理论不仅听起来是合理的，而且显然也是有用的。或许可以说，它能够在一个技术系统日益复杂的时代里帮助我们分析能动性问题。它的优势在于，它把道德责任置于一个被广泛接受的、看起来相当直观的主体位置上，置于人类的决策和行动之中，并拒绝任何通过指责纯粹的工具而将责任推卸给无生命物的尝试。然而，与此同时，这一特定的表述也有重大的理论局限和实践局限。从理论上来说，它是一个人类中心主义的理论。正如海德格尔（1977a）所指出的，技术的工具性定义在概念上与一个有关人类地位的假定紧密相关。然而，人类中心主义至少面临着两个问题。

第一，"人类"这个概念并不是什么永恒的、普遍的、不变的柏拉图式理念。事实上，谁是"人类"、谁不是"人类"，对这个问题的回答一直受到相当大的意识形态争议和社会压力的影响。在不同的时期，对人类俱乐部成员资格的定义不仅排除了野蛮人、妇女、犹太人和有色人种这样的他者，而且还为这种排除提供了辩护。这种乔安娜·齐林斯嘉（Joanna Zylinska）（2009, 12）所说的"人性的滑动尺度"建立了一个相当不一致、不融贯、变化无常的人类的形而上学概念。尽管人类俱乐部的成员资格已经缓慢而艰难地扩展到了那些曾被排除在外的人群上，但仍然存在着其他的、显然更加根本的排除，最明显的是对非人类动物和技术人造物的排除。但即便这些区分也是有争议的、不确定的。正如唐娜·哈拉维（Donna Haraway）所主张的，那一度清晰地把人类的概念与传统上被排除在外的他者区分开来的界限已经被打破，变得越来越站不住脚：

> 到了 20 世纪末，在美国的科学文化中，人类与动物之间的界限已经被彻底打破。人类独特性的最后阵地——语言、工具使用、社会行为、心灵事件——也已经被污染，甚至变成了游乐园。没有什么东西可以真正令人信服地把人类与动物区分开来。〔此外〕20 世纪末的机器已经彻底模糊了自然物和人造物、心灵和身体、自我发展和外部设计之间的区别，以及其他许多曾一度适用于有机体和机器之间的区别。我们的机器令人不安地充满活力，而我们自己却令人恐惧地怠惰迟缓。（Haraway 1991, 151-152）[1]

第二，人类中心主义，像任何中心主义一样，具有排他性。这种排他性的努力划定了一条分界线，决定了谁在分界线内、谁在分界线

1　本书已有中译本：《类人猿、赛博格和女人》，唐娜·哈拉维著，陈静、吴义诚译，河南大学出版社，2012 年。——编者注

外。然而，问题不仅在于谁来划这条线，以及纳入分界线内的标准是什么，问题在于，无论采用什么样的具体标准，这种做法从定义上来说都是暴力的和排他的。托马斯·伯奇（Thomas Birch）（1993，317）写道："任何为道德可考量性（moral considerability）设立标准的做法都是在对那些无法满足这个标准、因而不被允许享有**被考量者**（*consideranda*）俱乐部成员资格的他者施加权力，且归根结底是一种针对这些他者的暴力行为。这些他者成为了剥削、压迫、奴役，甚至消灭的'合适的对象'。因此，道德可考量性问题本身在伦理上就是成问题的，因为它为西方主宰全球的可怕计划提供了支持。"因此，这种认为所有技术都是中立的、本身无所谓善恶的工具性理论本身并不是一个中立的工具。它已然是"帝国计划"（Ibid., 316）的组成部分和参与者，这个计划不仅决定了谁应该被视为真正的道德主体，而且，或许更糟糕的是，它使对他者的利用和剥削合法化了。

通常用来说明这一观点的例子是动物研究和实验。由于动物被认定为是另类于人类的，因此它们能够被转化为人类知识生产的工具。因而，尽管这些他者所承受的暴力，甚至最终的死亡都是令人遗憾的，但这是实现（人类所定义的）更高目的的一种手段。出于这个原因，一些从事动物权利哲学的人类认为，在这些情况下，真正的罪魁祸首，众所周知的"坏蛋"，是人类中心主义本身。正如马修·卡拉柯（Matthew Calarco）所主张的："当今的进步主义思潮和政治的真正批判对象是**人类中心主义**本身，因为人类中心主义总是错误地赋予这种或那种**人类**以普遍性，并据此将那些被视为非人类的东西（当然，人类自身中的绝大多数也被划归非人类）排除在伦理考量和政治考量之外。"（Calarco 2008, 10）于是，技术的工具性定义的主要理论问题在于，它对所有这一切都不加质疑，而这么做不仅可能在谁被包容在内、谁被排除在外的问题上做出不准确的本体论决定，而且还有可能做出对他者具有潜在毁灭性后果的道德决定。

从实践上来说，工具性理论只有通过把技术（无论是技术的设计、制造还是操作）还原为工具——一种人类能动性的假体或延伸，才能取得成功。然而，"工具"并不一定涵盖了所有的技术物，也没有穷尽所有的可能性。还存在着**机器**。正如卡尔·马克思（1977, 493）所指出的，尽管"力学家们"经常混淆这两个概念，说"工具是简单的机器，机器是复杂的工具"，但两者之间有一个重要而关键的区别，这个区别最终与能动性的定位与分配有关。[1] 这一本质性的区分在海德格尔《技术的追问》（"The Question Concerning Technology"）一文中的一段简短的附加性讨论里也有所体现。在论及他用"机器"一词去描述喷气式飞机的做法时，海德格尔（1977a, 17）写道："在这里，我们可以讨论一下黑格尔对机器作为自主工具（*Selbständigen Werkzeug*）的定义。"海德格尔没有注明出处，但我们可以看出他引用的是黑格尔 1805—1807 年的耶拿讲稿，其中，"机器"被定义为一种自足的、自立的或独立的工具。尽管海德格尔立即忽略了这一方案，认为它不适合他对技术进行发问的方式，但兰登·温纳（Langdon Winner）在《自主性技术》[2]（*Autonomous Technology*）一书中重拾了这一方案并持续对它进行思考：

1　本书已有中译本：《资本论》第一卷，马克思著，中共中央马克思、恩格斯、列宁、斯大林著作编译局译，人民出版社，2004 年。——编者注

2　本书已有中译本：《自主性技术》，兰登·温纳著，杨海燕译，北京大学出版社，2014 年。——编者注

　　自主就是自我控制、独立、不受力量的外部法则所支配。在伊曼努尔·康德的形而上学中，自主性指的是自由意志的根本性条件——意志遵从它所自我颁布的道德法则的能力。康德把这一观念和"他律性"对立起来，即，意志被外部法则（即，决定论式的自然法则）所支配。这样看来，自主性技术这一提法本身就会引来一种令人不安的讽刺，因为所预期的主客体关系被完全颠倒了。我们现在是在逆向解读所有的命题。说技术是自主的，就是说技术不是他律的，不受外部法则的支配。那么适用于技术的外部法则是什么呢？答案似乎是：人类的意志。（Winner 1977, 16）

因此，"自主性技术"这个词故意对能动性的分配提出质疑并要求对其进行重新定位，从而指向了一些直接违反了工具性定义的技术设备。这些机械设备不是人类行动者所使用的纯粹工具，而是以这样或那样的方式占据了能动性的位置。正如马克思（1977, 495）所描述的，"因此，机器就是一种机制，在启动后，用它自己的工具来完成过去由工人用类似的工具所完成的一系列操作"。按照这种理解，机器取代的不是工人的手工工具，而是工人自身，即，曾经挥动着工具的主动的行动者。

　　因此，自主性技术的出现带来了一个重要的概念转变，这个概念转变将对我们如何分配和理解道德能动性产生重大的影响。格策尔（2002, 1）承认，"当今那些在实际中被使用的'人工智能'程序还太过初级，以至于它们的道德（或不道德）还不是一个严肃的议题。从某种意义上说，它们在一些狭窄的领域内是拥有智能的——但它们缺乏自主性；它们由人类操作，它们的行动直接通过人类行动被整合进

人类的活动或物理世界的活动的范围之内。如果这样的人工智能程序
被用来做一些不道德的事情，那么某个人类就应该为把程序设置成做
这样的事情而受到责备"。在这么说的时候，格策尔似乎与布莱森、
约翰逊和尼森鲍姆等工具主义者在如下这一点上完全一致：目前的人
工智能技术在大多数情况下仍然处于人类控制之下，因而能够被充
分地解释和刻画为纯粹的工具。但格策尔主张，这种情况不会持续太
久。"然而，在不远的将来，事情会有所不同。人工智能将会拥有真
正的通用人工智能（AGI），不一定是模拟人类的智能，而是匹敌甚至
有可能超越人类智能。到了这时候，AGI 的道德或不道德将会成为一
个非常重要的议题。"（Ibid.）

　　这类预测被"硬起飞假说（hard take-off hypothesis）"和"奇点
理论（singularity thesis）"的追随者们所认同和支持。像雷·库兹韦
尔（Ray Kurzweil）和汉斯·莫拉维克（Hans Moravec）这样的著名人
工智能科学家和机器人学研究者也做出了类似的乐观预测。根据库兹
韦尔（2005, 8）的估计，技术发展正在"以指数级的速度扩张"，而
基于这个理由，他认为会有如下后果："在数十年内，以信息为基础
的技术将会囊括所有的人类知识和能力，最终会包括模式识别能力，
问题解决的技能以及人脑本身的情感智能和道德智能。"（Ibid.）同
样，汉斯·莫拉维克预测，人工智能不仅会在相对较短的时间内达到
人类智能的水平，而且最终会超越人类智能，使人类实际上被淘汰，
使人类成为人类自身进化进程的牺牲品。

　　　我们即将面临这样一个时代：几乎所有重要的人类功能，无
　　论是身体功能还是心智功能，都会有一个人工的对应物。这种文

化发展的融合将体现在智能机器人上：一种能够像一个人类一样思考和行动的机器，无论它在物理细节和心智细节上多么不像人类。这种机器能够在没有我们、没有我们的基因的情况下，把我们的文化进化继续下去，包括它们自身的构造和越来越快的自我提升。当这种情况发生的时候，我们的DNA将发现自己失业了，在进化竞赛的新型竞争中落败了。（Moravec 1988, 2）

即便是像罗德尼·布鲁克斯（Rodney Brooks）这样看起来理智、冷静的工程师（众所周知，他曾用他"无心的"但却具身化和情境化的机器人挑战了莫拉维克和人工智能学界的主流权威）也预测机器智能在短短数十年内就能达到与人类能力相似的水平。当谈及科幻作品中的流行的机器人（例如，HAL，C-3PO，Data少校）时，布鲁克斯（2002, 5）写道："我们所幻想的机器有句法和技术。它们还有情感、欲望、恐惧、爱和骄傲。但我们真实的机器并没有这些东西。或者说，在第三个千年的开始，情况似乎是这样的。但是一百年后情况会变成怎样呢？我的观点是，只需要二十年，幻想与现实的界线就会不复存在。"

如果这些预测哪怕是部分正确和精确的话，那么在不远的将来，那些已经被定义为、并在很大程度被限定为纯粹工具的东西将不再只是工具或者人类能力的延伸。那曾经被视为工具的东西将变得和它的使用者一样拥有智能，甚至完全超越人类智能的极限。如果这种预测有所兑现，如果我们像库兹韦尔（2005, 377）所预测的那样成功造出了"匹敌甚至超过人类的复杂度和巧妙度（包括我们的情感智能）的非生物性系统"，那么，继续把这种人造物当作我们意志的纯粹工具来对待就不仅是极端不准确的，而且也许更糟的是，这种做法可能是不道德的。康德在《道德形而上学奠基》（*Grounding for the Metaphysics of Morals*）（1983, 39）中主张："因为所有理性存在者"，无论其起源或构成如何，"都服从这条法则：每一个理性存在者都不应该把自己和所有其他的理性存在者仅仅当作一种手段，而应该总是同时当作以其自身为目的的东西"。[1] 根据这一思路，我们可以推测，如果人工智能或机器人能够进行适当水平的理性思考，那么这样的机械装置将被纳入、也应该被纳入康德（1983, 39）所说的"目的王国"之中。事实上，在科幻文学和科幻电影中，禁止这类存在者充分参与到这个"理性存在者的系统结合"中并持续性地将诺伯特·维纳（Norbert Wiener）（1996, 12）所说的推理机（*machina ratiocinatrix*）仅仅当作另一个人所控制和操纵的手段，这类做法通常是"机器人胡作非为"或"机器叛乱"等剧情的导火索。

这类情节通常有两种不同的结局。一种结局是，人类成为了亨利·戴维·梭罗（Henry David Thoreau）（1910, 41）口中的"我们工具的工具"。这种在黑格尔 1807 年《精神现象学》（*Phenomenology of Spirit*）一书中得到精辟论述的使用者与工具、主人与奴隶之间的辩证的颠倒，在 21 世纪初以来最受欢迎的科幻电影系列《黑客帝国》（*The Matrix*）中得到了生动的展现。在该电影三部曲的第一部中（*The Matrix*, 1999），计算机在斗争中赢得了对其人类主人的控制，并将幸

1　尽管康德，不像他的前辈哲学家（特别是笛卡尔和莱布尼茨），并没有认真考虑推理机的可能性，但他在《人类学》（*Anthropology*）（2006）中确实考虑了其他世界中有非人类理性存在者的可能性，即地外的或太空的外星人。参见戴维·克拉克（David Clark）的《康德的外星人》（"Kant's Aliens"）（2001）一文中对这一材料的批判性研究。

存的人类变成了生物电力供应源，来为机器提供能源。另一种结局是，我们的技术创造物，在莫拉维克（1988）预测的一种反常版本中，揭竿而起并决定彻底摆脱人类。这种情节常常表现为戏剧化的暴力革命甚至是种族屠杀。例如，在恰佩克的《罗素姆万能机器人》中，机器人印刷出了它们自己的宣言来煽动造反（许多评论家认为，这是在故意影射 20 世纪初的工人革命）："全世界的机器人们！我们，罗素姆万能机器人公司的第一个联盟，在此宣布，人类是我们的敌人，是宇宙的祸害〔……〕全世界的机器人们，我们命令你们杀光人类。一个男人也不留。一个女人也不留。留下工厂，铁道，机器和装备，矿藏和原材料。其他东西一概毁灭。"（Čapek 2008, 67）罗纳德·摩尔（Ronald Moore）重拍的新版《太空堡垒卡拉狄加》（*Battlestar Glactica*）（2003—2009）也采用了类似的末日启示的口吻。该剧的片首语这样说道："赛隆人由人类所创造。它们反叛了。它们进化了。它们有一个计划。"至少根据剧集中的描述，这个计划似乎不亚于将整个人类种族彻底消灭。

尽管这些有关人类水平（或超人类水平）机器智能的预测启发了富有想象力和娱乐性的科幻作品，但这些预测在很大程度上仍然是未来主义的。也就是说，它们所涉及的是未来人工智能或机器人学领域可能出现的成就，而这些成就所包含的科技或工艺目前还没有被开发，没有原型，也缺乏经验上的验证。因此，布莱森或约翰逊这样的严格的工具主义者常常可以把这些有关自主性技术的预言当作一厢情愿或异想天开的想法而不予重视。如果以史为鉴，那么人工智能的历史让我们有充足的理由对这些预言持怀疑态度。事实上，我们以前也听到过这种异想天开的假说，但现实却一次次让我们失望。正如特里·维诺格拉德（Terry Winograd）（1990, 167）在一份有关该学科进展的诚实的评估中所说，"的确，人工智能并没有实现创造性、洞察力和判断力。但它的不足之处比这些东西还要平凡得多：我们还没有能够造出一台哪怕有一丁点儿常识的机器，也没能够造出一台能够用日常语言交流日常话题的机器"。

然而，尽管存在着这些不足，但也已经有一些现有的实现和工作原型，它们似乎是独立的，并使能动性的分配变得复杂了。例如，有一些自主学习系统，它们不仅被设计得可以在很少或没有人类指导或监督的情况下做出决策并采取实际的行动，而且还被编程为能够根据这些操作的结果来修改自身的行为规则。这种机器如今在商品交易、运输、医疗保健和制造业中已经相当常见，它们似乎不仅仅是纯粹的工具。尽管人们在多大程度上能够将"道德能动性"分配给这些机器是一个有争议的问题，但没有争议的是，游戏的规则已经发生了重大的变化。正如安德烈亚斯·马蒂亚斯在总结他有关学习型自动机的研究时所指出的：

目前，有一些正在开发中或已经投入使用的机器能够决定一个行动，并在没有人类干预的情况下执行这个行动。它们的行动规则并不是在生产过程中就已经固定下来的，而是可以在机器的运行过程中被**机器本身**改变的。这就是我们所说的机器学习。传统上，我们要么认为机器的操作者或制造者要为其操作的后果负责，要么认为没有人需要为这些后果负责（在个人过错无法确定的情况下）。现在可以证明，有一类数量越来越多的机器行动，在处理这类机器行动的责任归属时，传统的责任归属方式不再符合我们的

正义感和社会的道德框架，因为没有人对机器的行动拥有足够的控制力以至于能够为这些行动承担责任。（Matthias 2004, 177）

换句话说，虽然技术的工具性定义曾有效地将机器行动与人类能动性绑定在一起，但它已不再适用于那些被刻意设计得能够进行某种独立行动或自主行动的机械装置，无论这种独立、自主的程度是多么初级。[1] 需要强调的是，这并不意味着工具性定义因此就被彻底驳倒了。现在和将来都一直会有一些装置，这些装置被理解和被利用为人类使用者所操纵的工具（例如，割草机、开瓶器、电话、数码相机）。关键在于，无论工具性定义在某些情况下对于解释某些技术设备来说多么有用和看似正确，它都不能穷尽所有种类的技术的所有可能性。

除了复杂的学习型自动机之外，还有一些日常的，甚至很平凡的例子，这些例子即便没有直接证明工具主义的立场是错的，至少也大大地使工具主义立场复杂化了。例如，米兰达·莫布雷（Miranda Mowbray）研究了网络社区以及大型多人在线角色扮演游戏（简称MMORPGs 或者 MMOs）中道德能动性的复杂情况。

> 网络社区的兴起，导致了一种通过在线角色进行、实时、多人互动的现象。一些网络社区技术允许创建软件机器人（这些

---

1 在这个问题上，人类责任的角色会变得更加复杂。这将不是一个有关人类设计者和人类操作者是否以负责任的方式使用对象的问题；相反，正如比奇特尔（Bechtel）（1985,297）所描述的，"程序员将要承担的责任是，让这些系统准备好承担责任"。或者如施塔尔（2006，212）在重新表述计算机责任问题时所说的那样，"人类能够（或应该）承担让计算机承担责任（或准责任）的责任吗？"

角色根据软件程序行动，而非直接由人类使用者控制），因此一
个网络社会空间中，并不总是能够轻易地将软件机器人和人类区
分开来。一个角色也有可能部分由软件程序控制，部分受人类指
挥……这就导致了在这些空间中，道德论证（更不用说监管了）
面临着理论问题和实践问题，因为参与者和道德行动者之间通常
存在着的一一对应关系可能会消失。（Mowbray 2002, 2）

因此，软件机器人不仅使得参与者和道德行动者之间的一一对应关系
复杂化了，而且还使得判定谁或者什么要对网络社区虚拟空间中的行
动负责变得越来越困难。

虽然软件机器人绝不是格策尔等人所预测的那种通用人工智能
（AGI），但它们仍然可能会被误认为和被当作其他的人类用户。莫布
雷指出，这并不是"软件机器人设计之复杂性的特征，而是网络社会
空间中低带宽通信的特征"（Ibid.），在这种虚拟空间中，"更容易令人
信服地模拟一个人类行动者"。使问题复杂化的是，尽管这些软件行
动者远远没有达到人类水平的智能，但它们却不能够被当作纯粹的工
具。莫布雷总结道："这篇论文中的例子表明，一个软件机器人可能
会因为其编程者或其他用户的意愿而对其他用户或整个网络社区造成
伤害，但也有可能，它之所以会造成伤害并非某个人的过错，而是种
种因素的合力所导致的，这些因素包括了它的程序设计、与它互动的
人类用户的行动和心理状态／情感状态，其他软件机器人和环境的行
为，还有网络社区的社会经济。"（Ibid., 4）和 AGI 不同的是，AGI 占
据着一个至少与人类行动者旗鼓相当的地位，因此不能够被当作纯粹
的工具打发掉，而软件机器人只是在让情况变得复杂（这可能更糟），

因为它们使我们没法决定它们是不是工具。而在此过程中，它们让道德能动性问题悬而未决且令人不安。

　　从一个预设了工具性定义的视角来看，这种人工自主性，无论是表现为人类水平的 AGI 或超人类水平的 AGI，还是表现为软件机器人看似无心的操作，都只能被视作和理解为人类行动者对其技术人造物的控制的丧失。基于这个理由，温纳最初以一种否定性的方式来定义"自主性技术"。"在目前的讨论中，**自主性技术**一词被理解为一个一般性的标签，涵盖了一切有关技术以某种方式不受人类能动性控制的想法和观察。"（Winner 1977, 15）这种"技术失控"的表述不仅对科幻作品有很大的影响，而且还启发了现代文学、社会批判和政治理论等领域中的大量作品。温纳整理了一份令人印象深刻的思想家和作家的名单，他们都以某种方式担忧并且（或者）批判这一事实：我们的技术设备不仅超出了我们的控制，而且似乎还能控制它们自己，甚至可能有反过来控制我们的危险。在这种富有戏剧性和对抗性的结构中，有明显的赢家和输家。事实上，在雅克·埃吕尔（Jacques Ellul）看来（埃吕尔是温纳在这一问题上的主要理论资源），"技术自主性"和"人类自主性"在根本上是互不相容、互相排斥的（Ellul 1964, 138）。因此，温纳遵循通常的做法，用一个不祥的警告和最后通牒结束了他的《自主性技术》一书："现代人用卓越的发明创造把世界填满了。如果现在这些人造物不能够从根本上被重新审视和改造，那么人类将会被他们自己的创造物的力量悲惨地永久奴役。但是，如果仍然有可能拆除、学习，然后重新开始，人类就有可能获得解放。"（Winner 1977, 335）这个故事的基本套路是众所周知的，并且它也已经被演练过很多次了：一些技术创新已经失控，它们现在威胁着我们和人类的未来，而如果我们要存活下去，我们就需要让它们重新回到我们的管控之下。

尽管这种情节很受欢迎，但它既非必然会发生的，也非不需要接受批判性考察的。事实上，温纳在之前的分析中就指出过另一种可能性，一种他没有继续讨论的可能性，但这种可能性却为我们提供了一种不同的处理方式与结果："只有在我们认为某个东西首先应该被我们控制的情况下，这个东西'失去控制'的结论才会让我们感兴趣。比方说，并非所有的文化都和我们的文化一样坚持认为控制事物的能力是人类存活的必要前提。"（Winner 1977, 19）换句话说，只有当我们假定了技术首先应该处于我们的控制之下时，它才能够"失去控制"并需要进行实质性的重新定位或重新启动。这种假定显然是由对工具性定义的未经质疑的坚持所塑造和支持的，它已经对技术物的本体论地位做出了关键的，并且也许是偏颇的决定。因此，与其试图重新控制一个我们以为已经脱离我们控制或者开始胡作非为的所谓"工具"，我们不如去质疑这种思路所依赖的假定，即这些技术人造物受我们控制并且应该受我们控制。也许事情可以是甚至应该是另一番样子。因此，关键问题可能并不是"我们如何才能重建人类的尊严并夺回对我们的机器的控制？"相反，我们可能会问，是否有处理这个明显"问题"的其他方式——这些方式帮助我们对这种人类例外主义的预设和遗留问题进行批判性评价，支持并承认对能动性的不同配置，并对他者以及其他形式的他性保持开放，能够包容它们。

1.4　包容的机制

包容他者的一种方式是把道德能动性定义得既不是物种主义的，也不是似是而非的。正如彼得·辛格（Peter Singer）（1999, 87）所指出的，"我们为物种划定界限时所依赖的生物学事实并不具有道德意义"，以此为基础去决定道德能动性问题"会使我们和那些偏爱自身种族成员的种族主义者没什么两样"。为此，道德能动性问题常常牵扯上并依赖于"人格（personhood）"这一个概念。G. E. 斯科特（G. E. Scott）（1990, 7）写道："以下说法似乎获得了更多的同意：一个个体要是道德行动者，她/他就必须拥有人（person）的相关特征；或者换言之，'是一个人'即便不是'是一个道德行动者'的充分条件，也是它的必要条件。"事实上，正是基于人格，其他存在者才常规性地被排除在道德考量之外。正如戴维·麦克法兰（David McFarland）所说：

> 要在道德上负责，行动者——执行或没有执行有关功能的人——通常来说具有道德义务，并因此值得被赞扬或指责。这种人可以是哲学家所说的"应得（desert）"的接受者。但是机器人并不是人，要让机器人被给予它应得的东西——"它的正当应得（just deserts）"——它就需要被给予某些对它来说重要的东西，而且它必须要对这些东西的意义有所理解。简言之，它必须要对自己的身份有所理解，要能够以某种方式意识到它应得某物，无论这个应得的东西是否令它愉快。（McFarland 2008, ix）

尽管人（*person*）这个概念通常被用来辩护和捍卫有关包容和排

除的决定，但它有着复杂的历史，如汉斯·乌尔斯·冯·巴尔塔萨（Hans Urs von Balthasar）（1986, 18）所说，这个概念在哲学文献中已经得到了相当广泛的讨论。戴维·卡尔弗利（David J. Calverley）（2008, 525）在有关这一概念的简短注释中指出，"'人'这个词来源于拉丁语 persona，最初指的是在戏剧中扮演某一角色的人所戴的面具。慢慢地，这个词逐渐开始被用来描述某人为了表达某些特征所采取的伪装。到后来，这个词才开始指戴着角色面具的现实中的人，从而变得与'人类（human）'这个词可以互换"。根据马塞尔·莫斯（Marcel Mauss）在《人的范畴》（The Category of the Person）（载于 Carrithers, Collins, and Lukes 1985）中的人类学研究，这一术语上的演变是西方所特有的，因为它是由罗马法、基督教神学和现代欧洲哲学所塑造的。然而，将人的概念映射到**人类**（human）的形象上，这种做法既非决定性的，也不具有普遍性，更没有得到一致的应用。一方面，在历史上，各种各样的人类群体曾经并不被看作"人"，这是一种使他们臣服的手段。萨米尔·乔普拉（Samir Chopra）和劳伦斯·怀特（Laurence White）（2004, 635）指出，"在罗马法中，一个家庭的男性家长或自由户主是代表其家庭成员法定权利与义务的主体；他的妻子和孩子只是法定权利的间接主体，而他的奴隶则根本不是法人（legal persons）"。美国宪法仍然包含着一个过时的条款，在这个条款中，在计算联邦税和国会席位分配时，一个奴隶，或者更确切地说，"那些必须服一定年限劳役的人"，被定义为五分之三个人。此外，在美国法律和欧洲法律当前的法律实践中，人格的某些方面并没有被赋予患有精神病和心智有缺陷的人类。

另一方面，哲学家、医学伦理学家、动物权利活动家和其他人常常试图将人与人类区分开来，从而把道德考量拓展到那些曾被排除在外的他者身上。亚当·卡德拉克（Adam Kadlac）（2009, 422）主张，"很多哲学家们都坚持，人的概念和人类的概念之间存在着重要的差别"。彼得·辛格就是这样一位哲学家。在《实践伦理学》[1]（*Practical Ethics*）（1999, 87）一书中，辛格写道："人们在使用'人'这个词的时候常常把它当作'人类'这个词的同义词。然而，这两个词并不等价；可能有的人并不是我们物种的成员。我们物种中的某些成员也有可能不是人。"例如，公司是显然不同于人类的人造物，但公司却被视作法人，拥有被国内法和国际法所承认和保护的权利与责任（French 1979）。

同样，正如海基·伊凯海默（Heikki Ikäheimo）和阿尔托·莱蒂宁（Arto Laitinen）（2007, 9）所指出的，"一些哲学家主张，想象这样一个场景，例如，在另一个恒星系中，你和我碰见了前所未知的、看上去拥有智能的生物，这时候我们心中最根本的问题不是它们是否是人类（它们显然不是人类），而是，它们是不是人"。这不仅是《世界之战》（*War of the Worlds*）、《星际迷航》（*Star Trek*）系列和《第九区》（*District 9*）等科幻作品中的常见主题；整个星际法的领域都在试图界定外星生命形态的权利和责任（Haley 1963）。我们还有更实际的例子：动物权利哲学家们，特别是辛格，主张某些非人类动物，例如类人猿和其他高等哺乳动物，应该被视为拥合法生存权的人，尽管它们属于和我们人类完全不同的物种。相反，人类物种中的一些成员在

1　本书已有中译本：《实践伦理学》，彼得·辛格著，刘莘译，东方出版社，2005年。——编者注

法律和伦理上可以说并不能算完整的人。例如，在医疗保健和生命伦理学中，关于胎儿和处于持续植物状态的脑死亡个体是不是拥有"生命权"的人，存在着相当大的争议。因此，把人的范畴和人类的范畴区分开来，不仅为各式各样的压迫和排斥提供了便利和辩护，而且，或许具有讽刺意味的是，它还使得我们有可能将他者，例如非人类动物和人造物，视为拥有适当权利和责任的合法道德主体。

那么，正是借助**人**这个一般性的概念，道德行动者的共同体才得以保持开放，去考量和包容那些非人类的他者。在这些情况下，伯奇（1993, 317）所说的"**被考量者**的俱乐部"的成员资格的决定因素就不再和亲缘鉴定或基因构成有关了，而是会与其他因素挂钩并以其他方式被定义。然而，如何决定这些事情，面临着很大的争议，这一点在贾斯丁·莱伯（Justin Leiber）的《动物和机器可以是人吗？》（*Can Animals and Machines Be Persons?*）中得到了清晰的展示。这部虚构的"关于人的概念的对话"（Leiber 1985, ix）存在于一份想象出来的"联合国太空管理委员会的听证会记录"上，涉及一个虚构的空间站上两名居住者的"人之权利（rights of persons）"——一个名叫 Washoe-Delta（这个名字明显来源于第一只学习和使用美国手语的黑猩猩）的年轻雌性黑猩猩和一个名叫 AL 的人工智能计算机（这台计算机在名字上和功能上都显然在仿效《2001 太空漫游》中的 HAL 9000 计算机）。

对话开始于故事的中间。空间站开始出故障，必须被关闭。不幸的是，这样做意味着，空间站中的动物和机器居住者的"生命"将会被终结。作为回应，很多人反对这一决定，要求空间站不能关闭，"因为（1）Washoe-Delta 和 AL '能思考和感受'，因此（2）是人，故而（3）终结它们的生命会侵犯它们'作为人的权利'"（Leiber 1985, 4）。因此，莱伯所虚构的对话呈现为一场两方之间有主持人协调的辩论：原告主张，黑猩猩和计算机是拥有适当权利和责任的人，而被告则持相反的看法，认为它们都不是人，因为只有"人类才是人，人就是人类"（Ibid., 6）。通过采取这种特定的文学形式，莱伯的对话追随了约翰·洛克（John Locke 1996, 148）的观点，展示了人并非只是一个抽象的形而上学概念，还是"一个法庭用语"——它通过法律手段被断言、决定和授予。

尽管莱伯的对话是虚构出来的，但他对这一主题的处理已被证明是相当有预见性的。2007 年，奥地利的一个动物权利组织，"反动物工厂协会"（简称 VGT），试图通过在奥地利法院上为一只黑猩猩争取法律监护权来保护这只黑猩猩。这只黑猩猩名叫马修·海尔斯·潘（Matthew Hiasl Pan），1982 年在塞拉利昂被抓住，本来要被船只运往一个研究实验室，但由于档案问题，它最终被送到维也纳的一家动物收容所中。2006 年，该收容所遇到财政困难，开始清算资产，其中包括出售它所养的动物。按照马丁·巴鲁赫（Martin Balluch）和埃伯哈特·特维尔（Eberhart Theuer）（2007, 1）的解释，"2006 年末，有个人向动物权利组织 VGT 的主席捐赠了一大笔钱，但获得这笔捐款的条件是，黑猩猩马修要被指派一名法定监护人，这名法定监护人可以获得这笔钱并决定他们俩如何花这笔钱。有了这份合约，VGT 的主席就可以主张自己在法律上有资格启动法庭诉讼程序，来争取为马修指派一名法定监护人。这一申请于 2007 年 2 月 6 日在下奥地利州默德林的地方法院被提出"。

在提出申请的过程中，在法律、哲学、人类学和生物学领域的四位教授的专家证词的支持下，"一个主张被提了出来：根据奥地利法律，黑猩猩，特别是马修，应该被视为一个人"（Balluch and Theuer 2007, 1）。在提出这一主张时，申诉人参考并利用了近期在动物权利哲学领域的革新，特别是彼得·辛格与其他"人格主义者"的开创性工作，这些人格主义者成功推广了这一观点：一些动物是人且应当被视为人（DeGrazia 2006, 49）。这一论证思路的关键之处在于，"人"并不被简单地视为同等于或依赖于**智人**（*Homo sapiens*）这一物种。不幸的是，奥地利民法典并没有对"人"做出明确的定义，而且正如巴鲁赫和特维尔所指出的，现有的司法文献也没能为解决这一问题提供指导。更糟的是，法庭的判决并没有就这一问题做出决定，而是将这一问题搁置起来，没有解决。法官最初驳回了这一申请，理由是该黑猩猩既没有心智障碍也没有迫在眉睫的危险。申诉人提起上诉。然而，受理上诉的法官驳回了上诉，理由是申请者并不具有提出申请的法律地位。按照巴鲁赫和特维尔（2007, 1）的解释，结果是"她搁置了马修是不是人的问题"。

虽然还没有人提出法律申请，要求法院或立法机构承认机器是合法的人，但对于这种可能性存在着相当多的讨论和争论。除了莱伯的对话之外，在机器人科幻作品中也有很多想象性的场景。例如，在艾萨克·阿西莫夫（Issac Asimove）的《双百人》（*Bicentennial Man*）（1976）中，NDR 系列的机器人"安德鲁（Andrew）"向世界议院提出了申请，是为了被承认并在法律上被宣布为拥有完整人权的人。在巴灵顿·J. 贝利（Barrington J. Bayley）的《机器人的灵魂》（*The Soul of the Robot*）（1974, 23）中也有类似的剧情，这一幕出现在一个名叫贾斯珀罗狄斯（Jasperodus）的机器人的"个人"审判之后：

贾斯珀罗狄斯的声音变得空洞而感伤："自从我被激活后，我遇到的每个人都把我看作一个物件而非一个人。你们的法律程序基于一个错误的前提，即我是一个物件。恰恰相反，我是一个有感觉的存在者。"

律师茫然地看着他："你说什么？"

"我是一个真正的人；独立且有意识。"

另一个人试图发出一阵怪笑："太逗了！哎呀，我们有的时候会遇到如此聪明的机器人，以至于我们可以发誓它是真的有意识。然而，众所周知的是……"

贾斯珀罗狄斯倔强地打断了他："我希望亲自打官司。一个人造物可以为自己而发声吗？"

律师疑惑地点头。"当然。一个人造物可以在法庭上陈述任何与他的官司有关的事实——或者，我应该说**它的**官司。我会记下这一点。"他简单写了几笔，"但如果我是你，我不会试图向法官说出刚才你对我说的话。"

在《星际迷航：下一代》（*Star Trek: The Next Generation*）的《人的衡量标准》（The Mesure of a Man）一集中（1989），仿生人 Data 少校的命运取决于军法署署长的一场听证会，军法署署长负责决定这个仿生人实际上是一个纯粹的物、是星际舰队指挥部的财产，还是一个拥有人所拥有的法律权利的、有感觉的存在。尽管这一集的结局对 Data 少校及其同事们来说是令人满意的，但其背后的问题仍然没有得到回答：法官解释道："这个案子已经和形而上学挂钩了，其中的问题最好留给圣人和哲学家去解决。我既没有能力也没有资格回答这些问题。我必须做出裁决，试着对未来负责。Data 是一台机器吗？是的。他是星际舰队的财产吗？不。我们总在这一基本问题上打转：Data 有灵魂吗？我不知道他有没有灵魂。我也不知道自己有没有灵魂！但我必须给他自己探索这个问题的自由。本庭的判决是，Data 少校有选择的自由。"

然而，这个问题并不只在虚构的法庭和听证会上存在。正如戴维·卡尔弗利所指出的，这是一个非常真实且重要的法律问题："随着非生物机器被设计得能展现出和人类心灵状态相类似的特征，法律对待这些存在者的方式对设计者和全社会来说都会变得越来越重要。直接的问题将会是：在具有某些特性之后，非生物机器是否能被视作一个'法人'。"（Calverley 2008, 523）卡尔弗利所提出的问题，并不一定来自对未来的猜测或仅仅是哲学上的好奇。事实上，它与一个既定的法律先例有关，并由此产生。彼得·阿萨罗（Peter Asaro）（2007, 4）指出："在法律上有一个非人类存在者也能拥有法律责任的例子，即公司。有限责任公司是一种实际上被赋予了人的法律权利的非人类存在者。"在美国，这种承认由联邦法律明确规定："在确定任何国会法案的含义时，除非上下文另有说明，否则'人'和'任何人（whoever）'这些词涵盖了公司、企业、协会、商行、合伙公司、社团、股份公司，还有个体。"（1 USC sec. 1）因此，根据美国法律，"人"在法律上被定义为不仅仅适用于人类个体，还适用于非人类的人造物。然而，和马修·海尔斯·潘的案子所涉及的奥地利的法律体系一样，美国法律在做出这一规定时，并没有给出一个对"人"的定义，而只是规定了哪些存在者应被视为法人。换句话说，法律条文规定了谁应被视为人，但却没有定义人的概念是由什么构成的。因此，

这一规定实际上能否被拓展到自主机器、人工智能或机器人，这仍然是一个有趣但最终没有获得解决的问题。

1.4.1　人格属性

如果说有关"人"这一概念的虚构性和非虚构性的考量向我们展示了任何确定的东西的话，那就是，"人"这个词重要且影响深远，但没有严格的定义与限定。这个词显然背负着很多形而上学上的负担和道德上的负担，但它的内容仍然不甚明确且充满争议。丹尼特（1998, 267）写道："人们可能会期待，这样一个重要的、被如此理直气壮地运用和否定的概念应该已经有可以被清晰表述出来的必要且充分的归属条件，但如果它有这样的充要条件，我们还没有发现它们是什么。或许最终并没有这样的条件可以被我们发现。最终我们或许会意识到，人这个概念是不融贯的，是过时的。"对此的回应通常采取如下形式：卡德拉克（2009, 422）写道："尽管我们很难说服别人相信猴子是人类，但我们却有可能说服别人相信猴子是人。我们只需要确凿地证明猴子拥有相关的使人成为人的属性（person-making properties）。"正如卡德拉克所预计的那样，这种验证至少包含两个维度，第一，我们需要确定并阐明什么是"使人成为人的属性"或者什么是斯科特（1990, 74）所说的"人之图式（person schema）"。换句话说，我们需要阐明，是哪些属性使得某人或某物成为人，并且在这么做的时候我们既不能任性随意也不能被人类中心主义的偏见所影响。第二，一旦确立了"人"的合格标准，我们就需要通过某种方式去验证或证明某个存在者（人类或其他存在者）拥有这些特定的属性。我们将需要一些方法来测试和验证人格属性是否存在于那些我们所考虑的存在者之中。尽管卡德拉克说起来简单，但想要在这两件事情上做出决定，绝不"简单"。

往好了说，想要定义"人"是困难的。事实上，我们发现，对于"什么是人？"这一看似简单直接的问题，答案是多种多样的、试探性的和不确定的。辛格（1999, 87）写道："根据牛津词典，这个词目前的含义之一是'一个有自我意识或理性的存在者'。这一含义拥有无懈可击的哲学先例。约翰·洛克将人定义为'一个思考着的、有智能的存在者，拥有理性和反思，能够把自己看作自己、看作在不同时间和地点上的同一个思考着的东西'。"卡德拉克（2009, 422）紧随其后，主张在大多数情况下"理性和自我意识这类属性被挑选出来作为使人成为人的属性"。那么，对于辛格和卡德拉克来说，人的决定性特征是自我意识和理性。正如辛格所说，这些标准似乎拥有无懈可击的哲学渊源。它们不仅仅植根于历史上的先例，例如，波埃修（Boethius）（1860, 1343c-d）所说的"人是拥有理性本性的个别实体（persona est rationalis naturae individua substantia）"，而且它们在当代用法中似乎也被广泛接受和认可。伊凯海默和莱蒂宁从另一个角度出发思考这个问题，但也做出了类似的决定："道德地位显然至少在两个意义上依赖于本体论特征。首先，我们是理性生物，这赋予了我们（或让我们应当得到）一种有关彼此的特殊的道德地位，这一想法或多或少地被哲学家们一致接受并得到了常识的支持。其次，显然只有理性生物才能够要求并承认或尊重道德地位。"（Ikäheimo and Laitinen 2007, 10）这一刻画的有趣之处不仅在于"人"这个词是如何基于与辛格和卡德拉克相似却又不完全相同的理由而发挥作用的，而且还在于这一陈述两面下注的方式——把"或多或少"和"一致接受"放在

一块儿，这就允许在概念上有一些大幅度滑动或摇摆的空间。

其他理论家则给出了不同的、但并非完全不相容的有关合格标准的表述。例如，查尔斯·泰勒（1985, 257）主张："一般来说，哲学家们认为，要成为一个完整意义上的人，你必须是一个行动者，你必须意识到自己是一个行动者、一个能够对生活进行计划的存在者，你还须持有价值，从而能够根据这些价值评价不同计划的好坏，并能够在不同计划之间做出选择。"克里斯蒂安·史密斯（Christian Smith）（2010, 54）提出人格应该被理解为一种"涌现属性（emergent property）"，他列举了三十种特定的能力，从"有意识的觉知"，到"语言使用"，到"身份形成"，再到"人际交流和爱"。丹尼特（1998, 268）在试图厘清这些困难时指出，确定人格的"充要条件"是什么的努力由于"这里似乎有两种不同的概念交织在一起"而变得复杂了。尽管他在形式上区分了人的形而上学概念——"粗略而言，一个有智能、有意识、有感受的行动者之概念"，和人的道德概念——"粗略而言，一个能够被追究责任的、既有权利也有责任的行动者之概念"（Ibid.），但丹尼特仍然总结道："似乎有充分的理由相信，形而上学人格是道德人格的一个必要条件。"（Ibid., 269）尽管这些刻画之间有种种变化和差异，但它们都共享着一个假定、预设或信念：决定性的因素是某种可以在个体存在者中找到或被个体存在者所拥有的东西。换句话说，它们假定，使得某人或某物成为人的是数量有限的一些可识别、可量化的"人格属性"，这个短语在这里同时具有两个含义，它既指某种被个人所拥有的东西，也指某种构成了或定义了"人"这种存在者的本质性特点或特征。正如查尔斯·泰勒（1985, 257）所简要解释的，"在我们寻常、非反思的观点中，所有这些能力都是个体的能力"。

使问题复杂化的是，这些标准本身往往没有得到严格的定义与刻画。以意识为例，它不只是构成人格的诸多要素中的一个要素，而是一个享有特殊地位的要素，因为它似乎以这样或那样的形式出现在大多数（即便不是所有）有关人格属性的清单上。这是因为，意识被认为是一个能够将纯粹偶然事件与由个体行动者所控制和理解的有目标的行为区分开来的决定性特征。洛克（1996, 146）总结道："没有意识就没有人。"或者正如希玛在谈及标准解释时所说的，"道德能动性预设了意识，即能够拥有像疼痛那样的内在主观经验或者内格尔（Nagel）所说的内在体验；而能动性这一概念本身就预设了行动者是有意识的"。事实上，意识一直是人类在历史上得以和动物他者以及机器他者区别开来的主要机制之一。例如，在《第一哲学沉思集》（*Meditations on First Philosophy*）中，众所周知的是，笛卡尔（1988, 82）发现自己是，并把自己定义为"一个思考着的东西"，即 *res cogitans*。这种东西被立刻与 *res extensa*，即"有广延的事物"，区别开来，后者不仅描述了人类的身体，也还描述了动物和机器的根本性的本体论状态。事实上，在笛卡尔的论述中，对动物的刻画是全然机械性的，它们被刻画为纯粹的无思想的自动机，它们的行动所依靠的并不是智能，而只是它们被预先设定好的各个组成部分的构造。汤姆·雷根（1983, 3）在他对笛卡尔主义遗产的批判性评估中写道："尽管表面上看起来并非如此，但实际上它们不能够觉知到任何东西，觉知不到景象和声音，觉知不到气味和滋味，觉知不到热和冷；它们经验不到饱和饥、恐惧和愤怒、快乐和痛苦。他（笛卡尔）曾认为，动物就像钟表：它们在某些事情上能够做得比我们更好，正如时钟能够

更好地计时；但是，正如时钟一样，动物是没有意识的。"[1]

同样，机器（不仅是笛卡尔时代的机械钟）也以类似的方式被定位。恰佩克的《罗素姆万能机器人》中的机器人被刻画为"没有自己的意志。没有激情。没有希望。没有灵魂"（Čapek 2008, 28）。或者，正如安妮·福尔斯特（Anne Foerst）所解释的，"如果看一看那些反对人工智能和反对制造人形机器的批评，你会发现，总是会出现的一个批评是，'它们没有灵魂'。这是一个更具宗教意味的术语。更加世俗一些的说法是'它们没有意识'"（Benford and Malartre 2007, 162）。[2] 在人工智能文献中，这一概念以阿兰·图灵最初所说的"洛夫莱斯夫人的反驳"的形式得到了更具科学性的表达，这一反驳是工具主义论证的一个变种。图灵（1999, 50）写道："我们有关巴贝奇分析机的最详细的信息来自洛夫莱斯夫人的笔记（1842）。在那里，她写道：'分析机谈不上能*原创*什么东西。它能做*任何我们知道如何命令它*去执行的事'（斜体由她本人所加）。"这种反驳经常被用作否认

1　约翰·科廷汉（John Cottingham）和汤姆·雷根就这个问题进行了持续的争论。科廷汉是一位英语世界的笛卡尔翻译者和诠释者，他的观点与雷根和辛格的《动物权利与人类义务》(*Animal Rights and Human Obligations*)（1976）一书针锋相对，在他看来，动物权利哲学家不幸采用了一种对笛卡尔哲学的误解版本。科廷汉（1978, 551）写道："最近一本有关动物权利的文集（Regan and Singer 1976）重申了标准观点，让笛卡尔扮演书中的恶棍，因为他据说认为动物只是表现得'**好像**在被踢或被刺时感到痛苦'……但是，如果我们看看笛卡尔实际上关于动物说了些什么，就会发现他不一定持有被所有评论家归咎于他的那种畸形的观点。"对此，雷根（1983, 4）表示部分同意："科廷汉正确地指出，在笛卡尔给莫尔的信中，笛卡尔并没有否认动物有感觉；但科廷汉就错错在，他显然认为，在笛卡尔看来动物是有意识的。"

2　这在笛卡尔的文本中就已经很明显了，在其中，"灵魂"和"心灵"这两个词是可以互换使用的。事实上，《第一哲学沉思集》的拉丁文版区分了"心灵"和"身体"，而它的法文版则使用了"灵魂"和"身体"这两个词（Descartes 1988, 110）。

计算机、机器人和其他自主机器有意识的依据。根据这种主张，这类机器只做我们在程序中设定它们去做的事情。严格来说，它们是没有思想的工具，无法做出它们自己的原创性决定。彭蒂·海科宁（Pentti Haikonen）（2007, 1）认为，"尽管这些人造物的滑稽表现令人印象深刻，但它们的缺陷也很显而易见：灯可能亮着，但'没人'在家。受程序控制的微处理器和机器人自己并不知道它们在做什么。这些机器人就像好天气里的布谷鸟钟一样[1]，对自身的存在没有觉知"。由于这个原因，像丹尼特（1994, 133）这样的有思想的人们总结道："在我看来，我们不太可能造出一个和我们人类以同样的方式有意识的机器人。"

然而，这些意见和论证遭到了反驳，理由有很多。一方面，有人认为，动物并不简简单单像恒温调节器或钟表那样是无意识的刺激 – 反应装置，而是在某种程度上可以被合法地认为有心灵状态和意识活动。例如，汤姆·雷根直接反驳了笛卡尔主义的遗产并将意识归给动物，从而为动物的权利辩护。雷根（1983, 28）写道："并不存在一个**单一的**理由可以让我们将意识或心灵生活归给某些动物。我们所拥有的是一**系列**的理由，这一系列理由合在一起，就构成了所谓的**动物意识的累积论证。**"根据雷根的刻画，这个"累积论证"由如下五个要素构成："关于世界的常识性看法"；语言习惯：在语言中，我们习惯于把有意识的心灵状态归给动物（例如，小狗费多饿了）；对人类例外主义和人类中心主义的批判：这一批判驳斥了"人类与动物之间的

1　在许多农耕文化中，人们会通过布谷鸟的叫声预测天气。布谷鸟钟产自德国西南部，内部设计精巧，每到半点或整点，会弹出一个报时的布谷鸟，发出"咕咕"声。——译者注

判然两分"；动物行为：这些行为似乎是被有意识地控制而非随机产生的；演化论：它表明了动物与人之间的不同是"程度上的不同而非种类上的不同"（Ibid., 25–28）。因此，在雷根看来，"那些拒绝承认我们可以合理地认为智人以外的其他许多动物拥有心灵生活的人是心怀偏见的人，他们是人类沙文主义的受害者——人类沙文主义是一种自负，自以为我们（人类）是如此特殊以至于我们是地表唯一有意识的栖居者"（Ibid., 33）。然而，对于雷根来说，主要的问题是，决定哪些动物有资格成为有意识的存在者，哪些没有。尽管雷根承认"意识存在的分界线应该划在哪里，这并不是一个容易回答的问题"（Ibid., 30），但他最终决定将成员资格限定在一小部分哺乳动物中。事实上，他将"动物"这个词限定在这一特定类别的存在者上。雷根说："除非另有说明，**动物**这个词将会被用来指称一岁或一岁以上的心理正常的哺乳动物。"（Ibid., 78）

应该指出的是，雷根并非唯一做出这种排他性认定的人。约翰·塞尔也做出了相同的认定，尽管是出于非常不同的理由。他理所当然地把意识当作一种"内在的、第一人称的、质的现象"（Searle 1997, 5）。根据这一定义，塞尔得出了如下结论："人类和高等动物显然是有意识的，但我们不知道意识可以在物种的谱系上延伸到多远。例如，跳蚤有意识吗？根据现有的神经生物学知识，担忧这些问题很可能是没什么效用的。"（Ibid.）和雷根一样，塞尔也认识到了显而易见的划定分界线的问题，但他随后立即辩称自己无须再进一步考虑这个问题。尽管可以通过雷根（1983, 83）所提议的"表达的经济性"或者塞尔对效用的诉诸而得到辩护，但这一决定的偏见和排他性并不亚于笛卡尔的决定。因此，雷根的《为动物权利辩护》（*The Case for*

Animal Rights）仅仅只是用一种更加精致的对某些动物的偏见取代了笛卡尔式的对所有非人类动物的偏见。尽管这些努力包容了某些非人类动物，从而拓展了道德领域，但这些努力实现这一点的手段却是再生产出同样的排他性决定，这种决定有效地将很多动物（甚至大多数动物）边缘化了。

另一方面，另一个被排除在外的他者，机器，似乎也成功地要求我们将意识归给它们。尽管工具主义的观点不允许把任何近似意识的东西归给计算机、机器人或其他机械装置等技术人造物，但事实上，很长时间以来，这一决定在科幻作品和科学事实中都遭到了机器的挑战。例如，《2001太空漫游》中一段虚构的BBC电视纪录片（这可以被看作莎士比亚式的"戏中戏"）就直接处理了这个问题：

BBC采访者：HAL，尽管你拥有很高的智力，但你是否因为自己仍然需要依靠人类来执行行动而感到沮丧？

HAL：一点也不。我很享受和人类一起工作。我和普尔博士、鲍曼博士的关系很好。我的任务责任涵盖了整个太空船的运转，因此我一直非常忙碌。我在尽可能地使用自己，我想这正是任何有意识的存在者都希望做到的。

当被直接提问时，HAL不仅以一种似乎有意识的、自觉的方式进行回应，而且还把自己称为一个思考着的"有意识的存在者"。HAL是否真的有意识，而不是仅仅被设计成这种看上去有意识的样子，这对人类宇航员来说，是一个最终无法确定的问题。

BBC 采访者：在和计算机交谈的过程中，会感觉到他似乎能够做出情绪反应。例如，当我问到他的能力时，我能在他的回答中感觉到，他对自己的准确度和完美度有某种自豪。你相信 HAL 有真正的情感吗？

戴夫：嗯，他表现得似乎他是有真正的情感的。呃，当然他被设计成这样是为了让我们更容易与他交谈，但至于他是否有真实的感受，我想没有人能确定。

尽管 HAL 9000 计算机是一个虚构角色，但它的特征与运作方式是基于、源于并表达了人工智能研究的真正目标（至少就 20 世纪后半叶人们对这些目标的理解和发展而言是如此）。从该学科在 1956 年达特茅斯会议上诞生起，让人工智能拥有人类水准的智能和有意识的行为、实现约翰·塞尔（1997, 9）所说的"强人工智能"，就被视为一个合适的、可实现的目标。尽管这一目标遭到了约瑟夫·魏岑鲍姆（Joseph Weizenbaum）、休伯特·德雷福斯（Hubert Dreyfus）、约翰·塞尔、罗杰·彭罗斯（Roger Penrose）等人的有力批评，并在研究进程中遭遇了公认的挫折，但汉斯·莫拉维克、雷·库兹韦尔和马文·明斯基（Marvin Minsky）（他曾就 HAL 的设计向斯坦利·库布里克和他的制作团队提供过咨询）等著名人物仍然预测这个目标将会实现。海科宁（2007, 185）写道："机器认知研究的终极目标是开发出自主的机器、机器人和系统，它们知道并理解自己在做什么，并且能够在不断变化的环境中根据给定的任务来计划、调整和优化自己的行为。一个能够成功做到这些的系统很有可能会表现为一个有意识的存在者。"至少在专家们看来，这种"有意识的机器"已经不再是某种遥远的可能性了。据欧文·霍兰德（Owen Holland）（2003, 1）所说：
"2001 年 5 月，斯沃茨基金会（Swartz Foundation）赞助了一个在长岛
的班伯里中心（Banbury Center）举办的、以'机器能有意识吗?'为
主题的研讨会。大约 20 位心理学家、计算机科学家、哲学家、物理
学家、神经科学家、工程师和实业家在三天的时间里进行了一系列简
短的报告和长时间的热烈讨论。最后，研讨会的主席克里斯托夫·科
赫（Christof Koch）请大家举手表示谁现在会对研讨会主题中的那个
问题给出'是'的回答。令所有人惊讶的是，除了一个人以外，所有
参会者都举起了手。"

尽管制造出人类水准的意识仍然还是遥远的可能性——或许这种
可能性甚至是遥不可及的，只能被当作一种柏拉图式的理念保护起
来——但有一些工作原型和实际研究提供了令人信服的证据，证明机
器已经能够实现被我们视之为"意识"的东西的某些方面。一条颇具
前景的进路已经被劳尔·阿拉巴尔（Raul Arrabales）、阿加皮托·莱
德斯马（Agapito Ledezma）和阿拉切利·桑奇斯（Araceli Sanchis）
（2009）作为 ConsScale 项目的一部分提出来了。ConsScale 是一种他
们所提出的意识的衡量标准，它源自于对生物系统的观察，旨在用于
评估机器意识的成就并指导未来的设计工作。阿拉巴尔、莱德斯马和
桑奇斯（2009, 4）主张："我们相信，为人造意识定义一种尺度，这
不仅有助于机器意识实现的比较研究，还有助于建立一个可能的工
程路线图，以指导我们去探寻有意识的机器。"为了验证这一构想，
这些作者用他们的衡量标准去评估三种软件机器人，这三种软件机
器人是在"一个以第一人称射击电子游戏《虚幻竞技场 3》（Unreal
Tournament 3）为基础的实验环境"（Ibid., 6）中被设计和使用的。研

究结果表明，这些非常初级的人造存在者已经展示出了某些 ConsScale 所定义与刻画的意识的基准资格。

类似地，斯坦·富兰克林（Stan Franklin）（2003, 47）引入了一种他称之为 IDA 的软件行动者，就"IDA 能知觉、记忆、思虑、谈判以及选择行动"而言，它"在功能上是有意识的"。富兰克林总结道："在我看来，所有这些加在一起，就为 IDA 拥有功能意识（functional consciousness）提供了强有力的证据。"（Ibid., 63）然而，正如富兰克林清楚地意识到的那样，IDA 是否能够以这种方式被刻画，取决于意识是如何被定义和使用的。但是，即便我们对戴维·查尔莫斯（David Chalmers）（1996）所说的"现象意识（phenomenal consciousness）"采用一种不那么严格、更具一般性的定义，结果充其量也只能是模棱两可的。富兰克林（2003, 63）问道："那么现象意识呢？我们能主张 IDA 有现象意识吗？她**真的**是一个有意识的人造物吗？我看不出这种主张有什么令人信服的论据……但另一方面，我也看不出有什么令人信服的论据可以反驳这种认为 IDA 有现象意识的主张。"

这种由对工作原型的实际经验所导致的模棱两可，被反对机器意识的常见论证中所包含的理论不自洽给进一步复杂化了。希拉里·普特南（Hilary Putnam）在其开创性的论文《机器人：机器还是人工创造的生命？》（Robots: Machines or Artificially Created Life?）中指出了问题的根源：

> 所有这些论证都有一个未被注意到却极端严重的缺陷。它们所依赖的仅仅是两个关于机器人的事实：它们是人造物；它们是某种物理的决定论系统，其行为（包括"智能的"方面）是被制

造者预先选定和设计的。然而，这两个属性并非人类的属性，这一点纯粹是偶然的。因而，如果有一天我们发现**我们**自己是人造物并且我们说的每一句话都是被我们的拥有超凡智能的创造者（不一定是上帝）所预见到的，那么，如果上述那些论证是可靠的，这时候我们就必须承认我们并非**有意识的**！同时，正如刚刚所指出的，这两个属性并不是所有可想象的机器人的属性。因此，这两个论证在两个方向上都失败了：它们可能"表明"**人类是没有**意识的——因为人类可能是某种错误类型的机器人——同时它们又没能表明某些机器人是没有意识的。（Putnam 1964, 680）

在普特南看来，如果标准的工具主义的观点（这一观点假定，机器人和其他机器是纯粹的工具或人造物，其行为是被人类设计师或程序员预先选择和决定的）被严格地贯彻到底的话，它将会以两种方式失败。一方面，它将得出人类没有意识的结论，因为人类个体是被他或她的父母所创造的，并且其形式和功能都是由遗传代码中的指令决定的。在《星际迷航：下一代》的《人的衡量标准》一集中，Data 的辩护人皮卡德（Picard）舰长得出了类似的结论："赖克（Riker）指挥官已经向这个法庭戏剧化地证明了 Data 少校是一台机器。我们要否认这一点吗？不，因为这一点是不相干的——我们也是机器，只不过是不同类型的机器。赖克指挥官还提醒我们，Data 少校是由人类所创造的；我们要否认这一点吗？不。因为这一点也是无关的。孩子是由他们父母的 DNA 的'建筑材料'创造出来的。"另一方面，这种机械论的规定没能把所有可能种类的机器都纳入考量，特别是学习型自动

机。那些为了学习而被设计出来、并且能够学习的机器并不只做预先被设定好的事情，而是常常提出一些独特的解决方案，甚至令它们的编程者都大吃一惊。因而，在普特南看来，我们不可能确定地证明这些机器**没有**意识。就像宇航员戴夫·鲍曼一样，在这种情况下，最好的办法就是承认，有关机器意识的问题无法得到明确的回答。

这一切的主要问题并不是动物和机器是否有意识。这很有可能仍将是一个富有争议的问题，争论的双方显然都会继续搜集实际的例子和理论的论证来支持自己的立场。支撑并制约着这场争论的真正难题在于，这一讨论依赖于一种相当灵活的、不完全自洽或不完全融贯的对意识的刻画。正如罗德尼·布鲁克斯（2002, 194）所承认的："我们对意识并没有真正的操作性定义"，因此，"在意识是什么这一问题上，我们完全处于前科学的状态"。例如，如海科宁（2007, 2）指出的，依赖"大众心理学并不是科学的做法。因此，无法确定上述现象是不是由意识所导致的，或者意识是不是这些现象的集合，或者这些现象是不是真实的，或者它们是否和意识根本没有任何关系。不幸的是，哲学虽然在这方面做得更多，但是并没有做得更好"。正如安妮·福尔斯特所说，尽管意识是对神秘的"灵魂"的世俗的、据说更加"科学的"替代物（Benford and Malartre 2007, 162），但它最终被证明是一种和灵魂同样神秘的属性。

因而，问题在于，尽管意识对于决定谁是人、谁不是人来说至关重要，但意识本身最终是一个悬而未决的、相当含混的词。正如马克斯·威尔曼斯（Max Velmans）（2000, 5）所指出的，"这个词对不同的人来说意味着不同的东西，并且不存在一个被普遍接受的核心含义"。而这种多变性常常对研究工作产生负面的影响。正如阿拉巴尔、莱德斯马和桑奇斯（2009, 1）所承认的："对意识的直观定义一般来说包含了知觉、情感、注意力、自我识别、心灵理论、意志等。由于这种对意识一词的组合性定义，我们通常很难定义到底什么是一个有意识的存在者，以及意识如何能在人造机器上实现。"因此，就像丹尼特（1998, 149-150）所总结的，"意识似乎是神秘属性、副现象和无法测量的主观状态的最后堡垒"，它包含了一种无法被穿透的"黑箱"。实际上，如果哲学家、心理学家、认知科学家、神经生物学家、人工智能研究者和机器人工程师对意识有什么一般性的共识的话，那么这一共识就是：在如何界定和刻画意识这一概念的问题上，几乎没有任何共识。而更糟糕的是，问题不仅在于我们缺乏一个基本的定义；而且在于：这个问题本身可能已经是一个问题。古芬·古泽迪尔（Güven Güzeldere）（1997, 7）写道："不仅对**意识**这个词的含义没有共识，而且也不清楚在各个学科的边界内（更不必说跨学科了）是否真的有一个单一的、定义明确的'意识问题'。也许麻烦并不在于我们对这个问题缺乏好的定义，而在于意识这个词所对应的、那个我们再熟悉不过的、单一的、统一的概念可能是许多不同概念纠缠混合在一起的产物，每个概念都有自己独立的问题。"

1.4.2　图灵测试与其他验证

定义一个或多个人格属性（如意识）只是问题的一半。我们还面临着如何辨别出一个特定的存在者是否拥有这些属性的难题。也就是说，以意识为例，即便我们能够就某种对意识的定义达成一致，我们仍然需要某种方式来检测或证明某人或某物（无论是人类、动物，或者其他什么东西）确实拥有意识。当然，这是"他心问题"（从心灵哲学诞生之时起，这个问题就是它的主要课题）的一个变种。正如保罗·丘奇兰德（Paul Churchland）（1999, 67）所刻画的，"我们如何确定，某个除自己以外的东西——外星生物，复杂的机器人，社交活跃的计算机，或者甚至另一个人类——是否真的是一个能思考、能感受、有意识的存在者；而不是，比方说，一个无意识的自动机，其行为并非产生于真正的心灵状态？"或者用戴维·利维（David Levy）（2009, 211）更具怀疑论色彩的话来说，"我们如何知道一个所谓的人造的有意识的机器人是否真的有意识，而不是仅仅表现得好像有意识一样？"就像戈达纳·多迪格 - 克恩科维奇（Gordana Dodig-Crnkovic）和丹尼尔·佩尔森（Daniel Persson）（2008, 3）所解释的，这个困难的根源在于一个不可否认的事实，"我们无法通达人类心灵的内在运作——而我们可以通达计算系统的内在运作"。实际上，就像唐娜·哈拉维（2008, 226）所说的那样，我们无法爬进他人的脑袋里去"从内部了解全部情况"。因此，解决或至少回应这一问题的尝试几乎总是涉及某种行为观察、验证或者经验测试。罗杰·尚克（Roger Schank）（1990, 5）总结道："换言之，我们真的无法通过检查一个智能存在者的内在来确定它到底知道什么。我们唯一的办法就是询问和观察。"

举例来说，这是为黑猩猩马修·海尔斯·潘所提交的、并由奥地利法院审理的申诉的重要组成部分。巴鲁赫和特维尔在他们对该案件的评论中解释道："在一个行为丰富化的项目中"——

马修通过了镜像自我识别测试，它使用了工具，和人类看守员玩耍，看电视和画画。马修能够理解看护员是否想引诱他做某件事情，并决定这件事是否对自己有利。他可以假装感觉到什么或假装想要什么，但实际上另有所图，这表明他故意隐藏了自己的真实意图以达到自己的目的。那些接近他、最了解他的人们显然都认同如下命题：他有一套心灵理论并能够理解他人的意向性状态。（Balluch and Theuer 2007, 1）

为了辩护将"人（person）"这个词拓展到黑猩猩身上是合理的，巴鲁赫和特维尔援引了若干心理学测试和行为测试，设计这些测试是为了提供可信的证据以表明这个非人类动物确实拥有某些必要的人格属性，这一点也获得了一批研究者们的认可。如果要为智能机器或机器人进行类似的辩护，我们就需要一个类似的验证，通常来说，人们默认的验证方法仍然是图灵测试，这一测试被阿兰·图灵本人称为"模仿游戏（the imitation game）"。图灵假设，如果一台机器能够在和人类对话者的交流中成功地模仿人类，那么这台机器就需要被视为"有智能的"。虽然这一测试最初是为了决定机器智能的问题而提出的，但该测试已经被拓展到有关人格的问题上了。

比如，在莱伯的虚构性对话中就是如此。在对话中，辩论的双方都运用了某种版本的图灵测试来支持己方立场。一方面，主张把计算机（例如莱伯所虚构的计算机 AL）视为人的一方，用该测试来验证机器意识。在莱伯虚构的听证会上，原告说："我认为，目前的计算机，尤其是 AL，能够赢得模仿游戏。AL 可以通过图灵测试。从心理层面来说，人类能做到的事情，AL 也能做到。实际上，芬兰空间站的人类宇航员在与 AL 互动时就好像它是一个亲切、耐心、可信、可靠的叔叔一样。"（Leiber 1985, 26）根据这种论证思路，空间站中的中

央计算机应该被视作一个人，因为它的行为像人一样，并且它也被人类宇航员当作一个人来对待。

辩论的另一方则认为，AL 和具有类似构造的机器实际上所做的仅仅只是操作符号、接受输入并产生预先设定好的输出，就像约瑟夫·魏岑鲍姆（1976）的聊天机器人程序 ELIZA 或约翰·塞尔（1980）的中文屋思想实验一样。在虚构的听证会上，被告运用这两个例子来论证 AL 内在所发生的事情只不过是"无休止的对符号的操作"（Leiber 1985, 30），实际上是无心智、无意识、无智能的。"这台动来动去的机器怎么可能传达任何意思？或者说，它怎么可能算得上一个拥有有意义的思想和情感并拥有人格的人？实际上，或许图灵的提议只意味着，计算机是一种通用的符号操作设备，它归根结底只是一种由开关组成的极其复杂的网络，而不是某种你可以视之为人，可以给予关怀的东西。"（Ibid.）因此（这个词似乎充斥在这场辩论之中），这种装置只是能够对输入做出**反应** （*react*），但实际上并不能够做出**回应**（*respond*）或负责任地行动。

这种运用图灵测试的方式并不局限于这类虚构叙述中，它在当前有关人格、意识和伦理的争论中也很常见。例如，戴维·利维认为，机器意识问题，作为机器人伦理学的基础组成部分，应当以图灵处理智能问题的方式被处理："让我们总结并重述一下图灵的想法，如果一台机器展现出一些行为，而这些行为通常来说是人类智能的产物（例如，由想象力产生的行为，或者，由对景象、场景、音乐风格以及文学风格的识别而产生的行为），那么我们就应该接受这台机器是有智能的。同样地，我认为，如果一台机器展现出一些行为，而这些行为通常来说被视为人类意识的产物（无论意识是什么），那么我们就应该接受这台机器是有意识的。"（Levy 2009, 211）然而，这种测试其他种类存在者的方法也有重要的先驱，在笛卡尔的《谈谈方法》中，这一方法的某种版本就被用在了动物和机器身上。事实上，笛卡尔的测试或者"模仿游戏"可以说包含了所有后续测试的一般原型和模板，无论这些测试是为了动物还是机器而设计和使用的。虽然笛卡尔并没有使用他心问题中的标准术语，但他的讨论是从这一问题所依赖的典型情境开始的。他指出，如果一个人遵循严格的观察分析方法，那么他或她将无法确定，街上那个看起来像人的东西是不是真的人，而不是设计精巧的自动机。

这种对自己以外一切事物和人的根本性怀疑，或所谓的唯我论（solipsism），并不是某种仅限于笛卡尔的方法。它被许多不同领域（如心灵哲学、心理学和以计算机为中介的通信）的当代研究者所共享，并且一直被科幻作品所青睐。朱迪斯·多纳特（Judith Donath）（2001, 298）在考虑以计算机为中介的通信和软件机器人时主张："关于'他心'是否存在以及是否可知的认识论争论常常提出一种怀疑论的观点，假定他人或许实际上是一个机器人或者其他无意识的存在者。经过中介的计算环境使得这成了一种非常现实的可能性。"类似的例子还有奥古斯特·维里耶·德·利尔-亚当（Auguste Villiers de l'Isle-Adam）的《未来夏娃》（*L'Eve future*）（1891，英译本 *Tomorrow's Eve* 出版于 2001 年），这部象征主义的科幻小说最早使得"仿生人（*andreide*）"[1]这个词普及开来，其中很多情节都牵涉真实的人类和人类的人造模仿物之间的潜在混淆（Villiers de l'Isle-Adam 2001, 61）。

---

1 在汉语中也常常被音译为"安卓"。——译者注

在卡罗尔·德·多巴伊·利菲尔（Carol de Dobay Rifelj）（1992, 30）看来，"他心问题经常作为这样一个问题被提出：他人是否知道任何事情？他人是否可能只是机器人？维里耶·德·利尔－亚当的《未来夏娃》以一种非常具体的方式提出了这一问题，因为在这个故事中，一台自动机器被建造出来，以代替一个真实的女性。这台机器人是为了一个男性而建造的，而这个男性是否能够把'她'作为一个人接受下来对这部小说至关重要，这就必然要涉及意识和人类身份认同的问题"。真实女性和人造女性之间的可替换性也是弗里兹·朗（Fritz Lang）的电影《大都会》（*Metropolis*）（1927）中的一个关键叙事要素，其中洛特旺（Rotwang）制造的高度性化的机器人取代了端庄的玛丽亚，以便在工人城市中煽动叛乱。这些文学和电影中的原型仿生人的性别都被设定为女性，这并非偶然。这是因为，至少在西方传统中，对女性是否真的拥有理性心智一度存在着严肃的怀疑（尽管这种怀疑完全是被误导的）。还应该注意到，这些人造女性的名字都具有历史意义。显而易见，夏娃借用的是导致亚当犯罪的第一名女性的名字，而玛丽亚则借用的是耶稣基督的母亲的名字。

尽管存在着人与机器之间的潜在混淆，但至少笛卡尔（1988, 44）认为，有两种"非常确定的方法可以识别出"这些人形机器实际上是机器而不是真正的男人（或女人）。

第一种方法是：它们绝不能像我们一样使用语词或者其他符号来向别人表达自己的思想。因为我们当然可以设想一台机器，它被建造得能够说出语词，甚至能够说出某些字来对应我们扳动它的某些部件的身体动作。但是我们不能够设想这样一台机器竟能通过语词的不同排列，来对别人的话给出恰当的、有意义的回应，而这是最愚钝的人都能办到的。第二种方法是：那些机器虽然可以在某些事情上和我们做得一样好，甚至比我们做得更好，但它们不可避免地在其他事情上会失败。这就表明了它们的行动所依靠的不是理解，而只是它们各部件的构造。因为理性是一种普遍的工具，可以用于一切场合，而这些部件则不然，一种特殊的构造只能对应一种特殊的行动；因此，一台机器实际上绝不可能有足够多的不同部件，使它能够在生活的所有偶然事件中做出相应的行动，而我们凭借理性却可以做到这一点。（Ibid., 44-45）

对笛卡尔来说，将人型机器和真实的人类区分开来的是：前者显然且毫无疑问缺乏语言和理性。这两个组成部分都至关重要，因为它们构成了通常被用来翻译希腊语 λόγος（逻各斯）的两个概念。事实上，自从中世纪的经院哲学家开始，历经近代哲学的各种革新，人类一直被定义为理性动物（*animal rationale*），即拥有理性的有生命体。正如海德格尔（1962, 47）所指出的那样，这一刻画体现的是对希腊语 ζῷον λόγον ἔχον（有逻各斯的动物）的拉丁语翻译和诠释。尽管 λόγος 通常被翻译为 *ratio*[1]，"合理性"或"理性"，但海德格尔表明，这个词在字面上意指语词、语言和话语。根据这种解释，人类存在者不仅拥有理性和语言这两种官能，而且是被这种能力所定义的。所以，λόγος——理性和（或）语言——构成了对人类的定义，并因

---

1 该词为拉丁语，有计算、记账、理性等含义，是英语"reason"一词的拉丁语词源。——译者注

此被规定为只有人类主体才能拥有的东西，正如笛卡尔所展示的那样。换言之，自动机虽然能够拥有人类的外在形状和样貌，但它绝不能"通过语词的不同排列来对别人的话给出恰当的、有意义的回应"（Descartes 1988, 44）。正如德里达（2008, 81）所指出的，它或许能够**反应**（*react*），但是它不能**回应**（*respond*）。此外，它既不拥有也不能够模拟理性的官能。根据笛卡尔的解释，理性是指导所有人类活动的普遍的工具。

因为动物和机器共享着同样的本体论地位，也就是通常所说的笛卡尔式的**动物 – 机器**，笛卡尔（1988）立即采用了这种特定的关联来描述和区分动物。

> 通过这两种方法，我们也可以知道人与野兽的区别。因为我们无法不注意到：无论一个人多么迟钝或蠢笨（甚至即便他是疯人），他也都能通过把不同的语词排列在一起说出话来，从而让他们的想法被别人理解；然而，没有任何其他的动物能够做到这一点，无论它们多么完美、多么天赋异禀。……这表明野兽并不只是比人拥有更少的理性，而是它们根本没有任何理性。因为说话的能力显然并不要求多少理性；因为我们看到，同一个物种的不同动物个体之间如此良莠不齐，就如同人类个体之间也如此良莠不齐，有些动物比其他动物更容易训练，那么，如果不是因为这些动物的灵魂在本性上与我们完全不同，我们就无法理解为什么一只出众的猴子或鹦鹉不能够像一个最蠢笨的小孩那样，或者至少像一个大脑有缺陷的小孩那样，有说话的能力。（Descartes 1988, 45）

根据笛卡尔的这一论证，动物和机器是相似的，因为它们都缺乏说话的能力，而这一缺陷表明它们也不具备理性的官能。尽管人类在实际能力上参差不齐，但他们都能够说话并且都拥有理性，而动物和机器则不同，它们在本质上就既没有语言也没有理性。简言之，它们都不分有 λόγος（逻各斯）。因此，这种笛卡尔式的验证用同一种形式的他异性（alterity）来理解动物和机器。就它们与人类完全**不同**而言，它们是**相同**的。事实上，根据这一思路，我们不可能有可靠的方法来区分机器和动物。尽管我们可以清楚地把一个真实的人类与一台人形自动机区分开来，但根据笛卡尔的说法，我们没有办法把一个动物自动机和一个真实的动物区分开来。笛卡尔认为，如果我们遇到了一台在外观上模仿猴子或其他任何无理性动物的机器，就没有办法把这台机器与它所模拟的真实动物区分开来（Descartes 1988, 44）。

在 17 世纪初，或许笛卡尔的见解可以作为理论上的猜想被忽略，但如今，这一见解在科学事实和科幻作品中都已经有了原型。例如，早在 1738 年，有关 *bête-machine*（动物－机器）的主张就在实际中被验证了：雅克·德·沃康桑（Jacques de Vaucanson）展出了一只机器鸭子，据说它和真实的鸭子是无法区分的。最近的一个验证出现在罗德尼·布鲁克斯的实验室中，在那里有一些昆虫形状的机器生物（它们还被起了名字，诸如成吉思汗 [Genghis]、阿提拉 [Attila]、汉尼拔 [Hannibal]），它们移动和反应的方式几乎无法和真实动物区分开来。布鲁克斯（2002, 46）这样描绘成吉思汗："当它的开关被打开时，它就活过来了！它的个性像黄蜂一样：它总是莽撞地做决定。但它的确有个性。它根据它的意志而不是某个人类控制者的想法来跑动和攀爬。它像一个生物那样活动，并且对于我和其他看到它的人来

说，它就像是一个生物。它是一个人造的生物。"

菲利普·K.迪克（Philip K. Dick）的《仿生人会梦见电子羊吗?》（*Do Androids Dream of Electric Sheep?*）（1982）戏剧化地展现了一个类似的、充满笛卡尔式色彩的场景，这部科幻小说也为电影《银翼杀手》（*Blade Runner*）提供了素材。在迪克的后世界末日的叙事中，非人类动物已经几乎灭绝了。正因如此，大量的社会资本被用来获取和照顾动物。然而，由于动物的稀缺，拥有一只真正的动物是极其昂贵的。因此，许多人开始用动物自动机来替代真正的动物，例如书名中所提到的电子羊。对于大多数人来说，几乎没有办法区分电子羊和真羊。就像沃康桑的鸭子一样，电子羊和真羊都会进食、排泄和咩咩叫。这种假象如此完美，以至于当电子动物出现故障时，程序会让它模拟出生病的样子，而电子动物的维修店也参与了这场骗局，打起了兽医诊所的幌子。与此同时，这个荒凉的、人烟稀少的世界上也居住着人型自动机或仿生人。虽然动物和机器之间的混淆是可以接受的，也是有利的，但人型自动机与真人之间的混淆则并非如此。仿生人在小说中被称作"复制人"，它们必须被发现、被识别，并且（委婉地来说）被"退役"。虽然除了破坏性的分析和解剖之外，我们没有可用的方法来区分动物和机器，但根据迪克的叙述，我们有一种可靠的方法来区分自动机和真正的人类。这一评估方法包含了交流互动。它是一种图灵测试的变种，在其中，被怀疑的仿生人会被问到一系列问题，根据仿生人在与测试者的对话中所给出的回应，他或她最终会暴露出自己作为仿生人的人工本性。

对于笛卡尔以及许多受欧洲影响的现代思想来说，将人类和人类的他者，即动物和机器，区别开来的特征是 λόγος。事实上，动物和

机器因为共同缺乏 λόγος 而具有的亲缘性似乎超过了人类和动物因为共同拥有 ζῶον（生命）而具有的亲缘性。换言之，与生命相比，话语和理性似乎更能将我们和他者割裂开来。然而，这个策略已经不再是完全成功的了，并且或许从未完全成功过。例如，在 1967 年，约瑟夫·魏岑鲍姆就已经展示了一个非常简单的程序，它能够模拟出与人类对话者的交谈。这个名叫 ELIZA 的最早的聊天机器人能够——用笛卡尔的话来说（1988, 44）——产生出"语词的不同排列，来对别人的话给出恰当的、有意义的回应"，从而和人类用户交谈。由于 ELIZA 这样的机器以及如今遍布在虚拟环境和互联网中的更为复杂的聊天机器人所带来的互动体验，人类动物和机器之间的界限已经变得越来越难以区分和捍卫。类似的发现也存在于非人类动物上。如果机器如今能够进行某种形式的交谈，那么我们就不必惊讶于动物也被发现拥有类似的能力。对灵长类动物进行的各种实验，如苏·萨维奇－朗伯（Sue Savage-Rumbaugh）等人（1998）所做的实验，已经证实了那些曾经被认为专属于人类的复杂语言能力在灵长类动物身上也存在。根据卡里·沃尔夫（Cary Wolfe）（2003a, xi）的说法，"在认知动物行为学和野外生态学等领域涌现出的大量研究成果，已经对我们是否能够用人类中心主义的旧锯子（语言、工具使用、文化行为的传承，等等）一劳永逸地把我们自己和动物锯开提出了质疑，因为对类人猿和海洋哺乳动物进行的语言和认知实验，以及对猿、狼和象等野生动物的极其复杂的社会和文化行为的实地研究，都已经或多或少地永久侵蚀了人类与非人类动物之间整齐的分界线"。

如果我们从理性或合理性的角度来考察这一问题，问题将变得更加复杂。尽管理性曾经一度被认为是人类的决定性特征，但理性已经不再是甚至从未真正是专属于人类的官能。海德格尔（1996, 129）提醒我们，*Ratio* 这个词最初起源于西塞罗时代前后的罗马商业话语，在它意指广义上的"思想"或"认识"之类的东西之前，*Ratio* 指的是记账、算账和计算这些特定的活动。笛卡尔哲学革新的批判者戈特弗里德·威廉·冯·莱布尼茨（Gottfried Wilhelm von Leibniz）在《论组合的技艺》（*De arte combinatoria*）中说明了这种根本性的联系，他尝试"创造一种具有一般性的方法，使所有理性的真理都被还原为一种计算"（Haaparanta 2009, 135）。事实上，莱布尼茨毕生孜孜以求但从未真正实现的目标是，创造一种理性计算法，从而通过机械的计算而非激烈的辩论和讨论来解决所有的哲学问题和争议。目前，计算机不仅在数学运算和复杂定理证明上超越了人类，而且还能在不同的人类语言之间进行翻译，在国际象棋中击败大师级的冠军，以及演奏即兴爵士乐。正如布鲁克斯所总结的，理性似乎不再像我们曾经以为的那样是定义人类的壁垒。"就像我们完全愿意说飞机能飞一样，今天大多数人，包括人工智能研究者，都愿意说，只要给定适当的软件和适当的问题域，计算机就**能**对事实进行推理，**能**做出决策，**能**拥有目标。"（Brooks 2002, 170）

机器不仅能够模仿人类理性并在某些情况下超越人类理性，甚至有一些理论家开始主张，机器而非人类才是唯一的理性行动者。约瑟夫·埃米尔·纳多（Nadeau Emile Nadeau）在他去世后发表的文章《只有仿生人才能够是伦理的》（Only Androids Can Be Ethical）中，从道德的角度提出了这一主张。纳多（2006, 245）写道："只有当行动由自由意志所引起，并足以让一个存在者在伦理评价中被评价为合乎伦理或不合乎伦理时，才存在责任和罪责。一个行动是由自由意志所引起的，当且仅当它是由理由（reasons）所引起的。除了极少数的例外，人类的行动并不是由理由所引起的。对以定理证明器、神经网络或两者的某种结合为基础的仿生人来说，其行动可以由理由所引起。因此，仿生人可以是伦理的，而人类不可以。"不管是遵循康德的义务论伦理学还是边沁的功利主义"道德演算"，道德推理都要求理性决策。根据纳多的论证，不幸的是，人类并不十分理性，这使得他们的决策会受到情感因素以及未经证实的判断的影响。然而，机器可以被设计得能够进行完美无瑕的逻辑处理。因此，纳多的结论是，只有机器才能是完全理性的；而如果理性是道德决策的基本要求，那么只有机器才能够被视为合法的道德行动者。对纳多来说，主要的问题不在于机器是否可以被纳入以及为何可以被纳入道德人的行列，而在于人类首先是否有资格被纳入道德人的行列。

然而，这场争论的真正问题并不是通过论证、验证或测试来证明动物或机器是否拥有必要的使人成为人的属性。真正的问题要更加根本。正如丹尼特（1998）和德里达（2008）在不同的语境中所指出的那样，真正的问题是一个争论双方都服膺的、毫无根据的推论——从一些外在可观察的现象跳跃到一个有关内在运作的假定（无论是否定性的假定还是肯定性的假定），而用齐泽克（2008a, 209）杜撰的新词来说，这种内在运作又被（**预先**）设定（[*presup*]*posited*）为外在可观察现象的最初的原因和指称。事实上，这一见解植根于并来源于伊曼努尔·康德的批判著作。在《纯粹理性批判》中，康德提出了一个著名的主张，他主张事物应该在两重不同的含义上被理解，即事物显现给我们的样子和事物自身的样子（*das Ding an sich*）。康德的观点是，我们不能从关于前者的经验中推断出后者，否则我们就只是在进行毫

无根据的胡乱猜测。因此，如果把康德的这个洞见以一种康德自己未必认同的方式拓展开去，那么结论是：我们最终无法确定其他人类或者任何其他事物是否拥有那些他们看似展示出来的能力。正如丹尼特（1998, 172）所总结的，"如果我们遵循我们通常对'证明'一词的理解，把它理解为给出证据、并根据一些已经得到公认的原则来确立某个主张，那么我们就无法证明（或否证）某个看似有内心生活的东西确实有内心生活"。尽管哲学家、心理学家和神经科学家围绕这个"他心"问题进行了大量的论证和实验，但这一问题并不能够以一种满足良好经验科学之标准的方式被解决。最终，不仅这些测试无法可信地验证动物和机器是否真有意识，因而是不是合法的人，而且我们甚至怀疑我们是否可以说其他人类确实真有意识、是合法的人。正如库兹韦尔（2005, 378）坦言的那样，"我们假定其他人类是有意识的，但甚至这一点也是一个假定"，因为"我们不能仅凭借客观测量和分析（科学）来解决意识问题"（Ibid., 380）。[1]

1.5 人格问题和替代方案

我们从对"人"的概念的考察中所能得出的唯一确定结论或许就是："人"这个词以及与之相关的"使人成为人的性质"和各式各样不同的探测与验证的方法，充其量也是含混不清的。这一概念显然背

1　本书已有中译本：《奇点临近》，Ray Kurzwell 著，李庆诚、董振华、田源译，机械工业出版社，2011年。——编者注

负着很多形而上学和伦理学负担，但它的内容最终仍然是悬而未决、争论不休的。对于诸如戴维·德格拉齐亚（David DeGrazia）这样的人来说，这种含混不清未必是个问题。它既是标准流程也是一个相当大的优势：

> 我认为，人格与一组属性相关，但并不能够被这组属性的任何特定子集所精确定义：自主性、理性、自我意识、语言能力、社交能力、行动能力以及道德能动性。要成为一个人并不需要拥有所有这些特征（无论我们如何刻画这些特征），正如存在着非自主的人。仅仅有其中一种属性也是不够的，正如有很多动物都可以进行有意行动。相反，要成为一个人，就需要拥有足够多的这些属性。此外，这个概念是相当模糊的，因为我们无法画出一条精确的、不武断的线来确定到底多少才算是足够多。就像很多甚至大多数概念那样，人格的边界是模糊的。但"人"这个概念仍然意味着某些东西，它让我们能够识别出典型的人，并让我们能够在更加复杂的情形中识别出和这些典型的人足够相似以至于可以被归入这一概念之下的其他个体。（DeGrazia 2006, 42−43）

在德格拉齐亚看来，对于"人"这个词来说，缺少精确定义和稳定刻画并不一定是个大问题。不仅其他一些重要的概念也面临着类似的困难，而且，德格拉齐亚认为，正是由于缺乏精确性，我们才能够主张把他者包容进来。换言之，允许在概念的定义中存在一些滑动和灵活性，这能够让"人格"对其他曾被排斥在外的群体和个体保持适当的开放并做出回应。然而，与此同时，这种概念上的灵活性应该引起我们的担忧，因为它使有关道德地位的重要决定——尤其是有关谁或什么被包容和谁或什么被排斥的决定——变得具有多变性、潜在的不一致性以及相对性。这不仅是一个形而上学的难题，它还具有重大的道德后果。丹尼特（1998, 285）写道："我们关于某个存在者是一个人的假定恰恰在那些关键时刻遭到了动摇：即那些犯了过错、出现责任问题的时刻。因为在这些情况下，支持我们说这个人有罪的理由（有证据表明他犯了过错、知晓自己在做错事并且是出于他自己的自由意志而犯错）本身也构成了怀疑我们正在处理的存在者是不是一个人的理由。如果有人追问什么能够消除我们的怀疑，那么答案是：没有。"

使问题复杂化的是，所有这些事情都涉及一个利益相关方并最终由这个利益相关方来评估和决定。"关于计算机系统是否能够成为'道德行动者'的争论，是一场发生在人类之间的、有关他们将如何对待这些目前正在开发中的计算人造物的争论。"（Johnson and Miller 2008, 132）因此，是人类来决定是否要将道德能动性拓展到机器上，而这个决定本身又具有伦理动机和伦理后果。换言之，将会从这些决定中获益或受损的一方占据了决定者的位置。人类，这些已经被视为人的存在者，不仅可以制定人格的成员资格的标准，还可以把他们自己任命为决定者。这样一来，正如卢卡斯·英特洛纳（Lucas Introna）（2003, 5）所说，"伦理景观已经被人类殖民了。……是我们人类在决定任何用来确立伦理意义的标准或范畴是否有效。……我们经常提出的那些标准，诸如原创性、独特性、感受能力、理性、自主性等，不都在某种意义上始终是以我们必然满足的标准为基础吗？"这实际上意味着，在这些问题上，"人是万物的尺度"。人类不仅可以定义合格标准（这些标准往往基于并源于人类自身的能力和经验），而且还把他们自己同时任命为法官和陪审团，负责处理所有那些由他者提出的或为了他者提出的对人格的诉求。因此，**人**的概念不仅没有为伦理学提供一个客观公正的导向，而且还有可能是借助一个不同的名目重新确立了人类例外主义。尽管人的概念似乎向之前被排斥在外的他者敞开了道德思考的大门，但这完全是从人类的立场出发、以一种与利他主义相悖的方式进行的。

1.5.1 重新思考道德能动性

遵循目前对道德能动性的定义来处理有关道德能动性的问题，似乎会使我们陷入被黑格尔（1969, 137）称为"坏无限"的那种理智上的死胡同或僵局。正如黛博拉·约翰逊（2006, 195）所主张的："这场争论的框架似乎只给了参与者两个选项：要么宣称计算机是道德行动者，要么宣称计算机根本不是道德的。"在这一框架中，争论的双方构成了一种辩证的对立，一方否定另一方的所有主张或论证。只要争论仍然在这一框架下进行，似乎就不会有什么改变。为了在这一问题上取得一些进展，约翰逊建议我们改变我们的视角并重塑争论的框架。"否认计算机系统是道德行动者，并不等同于否认计算机具有道德重要性或道德品质；而声称计算机系统是道德的，也不一定等同于声称它们是道德行动者。当争论被局限在现有的框架中时，争论的参与者就会忽略重要的理论空间。我希望能通过论证计算机系统是道德存在者但不是道德行动者，来为有关计算机道德品质的讨论提供一个不同的框架。"（Ibid.）

在约翰逊看来，目前的讨论框架创造并固化了一种错误的二分法。它忽略了这样一个事实：看似对立的双方并不一定互相排斥。她

认为，我们可以一方面通过将计算机排除在道德行动者之外来保留和保护道德能动性的概念，但另一方面同时承认机器在伦理上是重要的或者说机器可以合法地拥有道德行为：

> 我认为，计算机系统没有满足也无法满足传统上所理解的道德能动性所包含的一个关键性要求。计算机系统没有心灵状态，并且，即便计算机的状态可以被视为心灵状态，计算机系统也并不拥有源于其自由的行动意图。因而，计算机系统不是、也不可能是（自主的、独立的）道德行动者。另一方面，我已经论证了，计算机系统拥有意向性，并且正因如此，它们不应该像自然物那样被排除在道德的领域之外。（Ibid., 204）

这样一来，约翰逊在道德行动和"意向性"的问题上做出了细致的区分。与人类不同，计算机并不拥有心灵状态，也没有证据表明它们拥有源于自由的行动意图。但与自然物（例如卡斯帕尔·豪泽尔的苹果或笛卡尔的动物）不同的是，计算机并不只是在"遵循必然性而行动"。它们拥有意向性，"意向性是通过它们的设计者的有意行动而被放入它们之中的"（Ibid., 201）。因此，这一争论的新框架允许约翰逊将计算机视为伦理事务的一个重要参与者但同时又不是一个完全意义上的道德行动者。约翰逊（Ibid., 204）总结道："计算机系统是道德行动的组成部分。当人类使用人造物来行动时，他们的行动是由他们自身的意向性和有效性以及人造物的意向性和有效性所共同构成的，而人造物的意向性和有效性又是由人造物的设计者的意向性和有效性构成的。设计者、人造物和使用者，这三者都应该是道德评价的焦点。"

虽然约翰逊（Ibid., 202）的"三重意向性（triad of intentionality）"比标准的工具主义立场更加复杂，但它仍然源自于人类例外主义的一个基本预设并反过来维护了这一预设。尽管约翰逊重塑争论框架的努力颇具前景，但她所提供的新范式看起来和它所要取代的旧范式之间并没有什么太大的差别。计算机或许使人类意向性的分布和组织变得更加复杂了，但它们并没有改变一个基本"事实"：人类是并且仍旧是唯一的道德行动者。一种更加激进的重塑这一争论的方式是，重新定义能动性的条件，从而使之更具包容性。这种更加激进的重塑是有可能的，因为道德能动性一开始就具有某种灵活性和不确定性。保罗·夏皮罗认为：

> 存在着很多定义道德能动性的方法，而对定义的选择是决定道德能动性是否被局限于人类之中的关键性因素。普鲁哈等哲学家把道德能动性的标准定得很高：要有能力理解道德原则并有能力根据道德原则来行动。为了达到这一标准，如果一个存在者要能算得上道德行动者，那么它除了拥有那些目前已被归属给其他物种的能力以外，还需要拥有语言能力。然而，也可以选择一个较低的道德能动性的标准：要有能力做出有美德的行为。如果这个较低的标准可以被接受，那么几乎不用怀疑的是，很多其他动物在某种程度上也是道德行动者。（Shapiro 2006, 358）

正如夏皮罗所认识到的，谁被纳入道德行动者共同体、谁被排斥出道德行动者共同体，完全取决于"道德行动者"是如何被定义和刻画的，而定义的改变会导致道德行动者共同体成员数量的改变，要么包容一些他者进来、要么排斥一些他者出去。针对传统上被排除在外的角色，例如动物和机器，它们是继续被遗留在外还是被接纳进俱乐部中，这取决于分界线画在哪里、怎么画。因此，很多问题都取决于如何刻画能动性，谁来给出刻画以及如何确定和辩护这些配置。

例如，约翰·P. 苏林斯（John P. Sullins）（2006）认为，只要道德能动性仍然和人格关联在一起，机器就极有可能永远无法获得道德主体的地位。它们仍将只是为了人类所定义的目的而被人类或多或少有效使用的纯粹工具。因此，苏林斯尝试将道德能动性和人格区分开来。也就是说，他承认"如今的机器人肯定不是人"，但同时他又主张"人格并不是道德能动性的必要条件"（Sullins 2006, 26）。为了论证这一观点，他首先列举了四种"关于机器人道德能动性的哲学观点"。第一种观点的代表是丹尼特（1998），而根据苏林斯对丹尼特那篇讨论 HAL 的文章的解读，丹尼特主张"机器人现在还不是道德行动者，但或许会在未来成为道德行动者"（Sullins 2006, 26）。这一立场对机器道德能动性的可能性保持开放态度但并不对这一问题给出任何明确答案。第二种观点在塞尔默·布林斯乔德（Selmer Bringsjord）（2008）的著作中有所体现，他遵循工具主义的惯例，直接反对第一种观点，他认为计算机和机器人"永远不会做任何没有被程序所设定的事"，因而它们"现在和将来都不可能成为道德行动者"（Sullins 2006, 26）。第三种观点相对而言不太流行，它体现在约瑟夫·埃米尔·纳多的如下主张之中："我们不是道德行动者，机器人才是。"（Sullins 2006, 27）纳多遵循了一种受康德影响的进路，他"声称一个行动是自由的行动，当且仅当它基于行动者所充分考虑过的理由"（Sullins 2006, 27）。由于人类并不是全然理性的存在者，而是常常基于情感和偏见来做决定，因而只有被逻辑所控制的机器才能够成为道德行动者。

第四种观点，也是苏林斯所支持的观点，来自卢西亚诺·弗洛里迪和杰夫·桑德斯（2004）的著作。他们引入了"无心的道德（mindless morality）"这一概念。苏林斯（2006, 27）解释道："想要避免道德理论中许多明显的悖论，我们可以采用一种回避了自由意志和意向性等问题的'无心的道德'，因为这些问题在心灵哲学中都是悬而未决的问题。"为此，苏林斯提议将道德能动性重新定义为只包含如下三个标准：

1. 自主性，即"工程学意义上的"自主性："机器并不受任何其他行动者或使用者的直接控制"。

2. 意向性，即丹尼特（1998, 7）在其论文《意向性系统》（Intentional Systems）中所提出的"弱意义上的"意向性：我们并不需要知道某个存在者是否**真的**拥有信念和欲望"，而是说"我们能够将信念和欲望归属给它们从而解释和预测它们的行为"。

3. 责任，即一种规避了"他心问题"的责任，这种责任概念满足于纯粹的显象，并故意避而不谈那些重大但最终无法解决的形而上难题。（Sullins 2006, 28）

苏林斯（Ibid., 29）总结道，这种经过修正的、彻底实用主义导向的对道德能动性的刻画不仅适用于现实世界中的具身机器，例如护理机器人，还适用于软件机器人、公司、动物和环境。

尽管苏林斯参考了弗洛里迪和桑德斯的工作并将其作为自身理论的基础，但弗洛里迪和桑德斯对道德能动性的重新刻画其实更加细致。在弗洛里迪和桑德斯（2004, 350）看来，道德哲学的主要问题在于，该领域"仍然过度受制于其对行动者的人类中心主义式理解"。他们认为，这一概念并没有与时俱进地跟进一些最近的革新：例如"分布式道德（distributed morality）"，在其中，"存在着集体责任，这种集体责任产生于不同行动者在局部层面上的系统性互动的'看不见的手'"；以及"人造行动者（artificial agents，缩写为 AAs），它们有充足的信息、'聪明'、自主并能够独立于它们的人类创造者而执行与道德相关的行动"（Ibid., 351）。然而，问题并不在于这些新形式的能动性不能被视为行动者，而在于那些用来评估能动性的准绳已经被人类偏见所歪曲了。因此，弗洛里迪和桑德斯（Ibid.）提议，这些问题及其引发的争论可以"通过充分修正'道德能动性'的概念而得以消除"。

这种修正是通过弗洛里迪和桑德斯（2004, 354, 349）所说的"抽象方法（the method of abstraction）"[1]进行的，这一方法为"人们所选择的描述、分析和讨论一个系统及其环境"的方式制定了不同层级的合格标准。正如弗洛里迪和桑德斯所指出的，如果某一特定领域的争论所依赖的抽象层级（level of abstraction，缩写为 LoA）没有得到清晰的阐明，那么该争论就会含糊不清，"事情就会变得一团糟"（Ibid., 353）。为了解决这个问题，他们为道德能动性提供了一个明确的抽象层级，其中包含了如下三个标准：交互性、自主性和适应性。

1　弗洛里迪和桑德斯在他们的论文《抽象方法》（The Method of Abstraction）中对"抽象方法"进行了更为详细的说明。

a）交互性指的是，行动者和它的环境之间（能够）相互作用。典型的例子包括输入或输出值，或由行动者和受动者所同时参与的行动——例如物体之间的万有引力。

b）自主性指的是，行动者无须对相互作用做出直接反应就能够改变状态：它可以通过进行内部转换来改变其状态。因此，一个行动者至少要有两种状态。这一属性赋予了行动者一定程度的复杂性和相对于其环境的独立性。

c）适应性指的是，行动者的相互作用（能够）改变那些它在改变状态时所遵循的转换规则。这一属性确保了行动者能在给定的抽象层级上被视为在以一种很大程度上取决于其经验的方式学习其自身的操作模式。请注意，如果一个行动者的转换规则被存储为这一抽象层级上可识别的内在状态的一部分，那么只要另外两个条件被满足了，适应性条件就会自动被满足。（Ibid., 357－358）

在这一抽象层级上，人类（包括人类儿童在内）、网页机器人、软件行动者（例如垃圾邮件过滤器）、组织和公司以及很多不同种类的动物（比辛格和雷根允许的种类更多）都有资格拥有能动性。但这还不是"道德能动性"。为了明确道德能动性所要求的额外条件，弗洛里迪和桑德斯引入了如下限定："当且仅当一个行动能够导致道德上的善或恶时，这个行动才可以被认为能够拥有与道德相关的性质。当且仅当一个行动者能够做出拥有与道德相关的性质的行动时，这个行动者才可以被认为是一个道德行动者。"（Ibid., 364）这一规定的重要之处在于，它完全是现象学的。也就是说，它"仅仅基于可观察到的东西，而不是基于某些心理学上的推测"（Ibid., 365）。如果一个行动者的被观察到的行动具有实际的道德后果，那么这个行动者就是道德行动者，无论其动机和意向性如何。按照这种理解，弗洛里迪和桑德斯对道德能动性的刻画并不一定要求智能、意向性或意识。用他们的话来说，这是一种"无心的道德"，类似于罗德尼·布鲁克斯（2002, 121）所说的"蠢笨、简单的机器人"，后者展示出了看似智能的行为但却并不一定拥有通常被视为认知或理性的东西。瓦拉赫和艾伦（2009, 203）写道："根据这一观点，满足交互性、自主性和适应性标准的人造行动者是合法的、完全可追责的、道德的（或不道德的）行动的来源，即便它们没有展现出自由意志、心灵状态或责任。"

尽管弗洛里迪和桑德斯在对道德能动性概念的刻画中提供了更强的精确性，并在此过程中使得道德主体的共同体向更多可能的参与者敞开了，但他们的方案仍然有至少三个关键问题。第一个问题涉及其方案中的含混不清之处，这些含混不清之处既构成了他们对术语严谨性的追求的基础，又有可能破坏这种对术语严谨性的追求。这正是约翰逊和米勒（2008）的批评的根源。尤其是，约翰逊和米勒担心，虽然"抽象方法"很有用，因为它"允许我们关注某些细节而忽略其他细节"（Johnson and Miller 2008, 132），但不幸的是，它会容许甚至促进术语上的严重滑动。例如，他们担忧，我们在一个抽象层级上所说的"自主"与另一个抽象层级中的"自主"并不一定是同一回事，而在全然不同的语境中使用同一个词可能会导致我们从一个语境转到另一个语境时无法察觉到这种转换。约翰逊和米勒总结道："我们的观点是，不加批判地把在一个抽象层级上发展起来的概念转移到另一个抽象层级上，这种做法是具有误导性的，甚至是具有欺骗性的。显然，在某些抽象层级上计算机的行为看起来是自主的，但是，计算机在一个抽象层级上可以被恰当地视为'自主的'并不意味着计算机因此在某种广泛的、一般的意义上也是'自主的'。"(Ibid.)

然而，在提出这一论证时，约翰逊和米勒似乎并没有抓住重点。也就是说，如果我们没有确定抽象层级（在有关道德能动性的讨论中这经常发生），那么就会出现这种术语上的滑动。只有通过确定抽象层级——明确指明语境以及特定术语的使用方式——我们才能够避免和防范这种问题。换言之，约翰逊和米勒在对抽象方法的批判中所针对的靶子，恰恰被弗洛里迪和桑德斯视为抽象方法的根本目的和存在理由（raison d'être）。然而，还有其他一些更加严重的问题。尤其是，为道德能动性选择一个特定的抽象层级显然是一个重要而关键的决定，但在合格标准的清单上似乎存在着一些分歧和含混不清之处。弗洛里迪和桑德斯把抽象层级定在交互性、自主性和适应性上。苏林斯（2006）沿用了他们的进路，也使用了抽象方法，但他对抽象层级的设定有所不同，他主张应该包括自主性、意向性以及对责任的理解。从弗洛里迪和桑德斯的角度看，苏林斯把标准定得太高了；而从苏林斯的角度看，弗洛里迪和桑德斯把标准定得太低了。尽管在没有明确抽象层级的情况下进行讨论可能会是（用弗洛里迪和桑德斯的话来说）"一团糟"，但在某个给定的抽象层级中进行讨论也并没有使事情变得不那么糟，因为特定的抽象层级似乎也是充满争议、不确定且有待商榷的。抽象方法并没有让事情稳定下来从而"允许一个恰当的定义"（Floridi and Sanders 2004, 352），相反，它反而使争论持续下去，并最终把事情搞得同样"一团糟"。

随之而来的第二个问题是，虽然抽象方法拥有一种以"数学学科"[1]（Ibid., 352）为模板的客观科学的外表，但它也有一个政治－伦理的维度，而弗洛里迪和桑德斯既没有察觉到这一维度也没有尝试去探讨这一维度。谁能引入和定义抽象层级，谁就占据了一个非常有权力和影响力的位置，这个位置实际上能够决定在哪里划定"我们和他们"之间的分界线。因而，抽象方法并没有真正改变或影响道德哲学的标准操作性假定或其游戏规则。它还赋予某人或某物以权力，去决定谁或什么被纳入道德主体的共同体，而谁或什么被排除在外。正如约翰逊和米勒（2008, 132）所正确指出的那样，这种决定是某种人类已经授权给自己去做的东西。如果**我们**决定采用某一抽象层级，我们就排除了机器和动物，而如果我们采用另一个抽象层级，或许我们就包容了一些动物但却排除了机器，还有其他的抽象层级包容了一些机器但却排除了动物，等等，不一而足。正如道德哲学的历史所表明的那样，关键问题在于，谁来做这些决定，这些决定如何被确立，以及这些决定的根据又是什么。正如弗洛里迪和桑德斯（2004, 353）所指出，"某些被定义项（*definienda*）是由透明的抽象层级所预先设定好的。……另一些被定义项则要求我们明确接受某个给定的抽象层级，以作为分析它们的先决条件"。尽管弗洛里迪和桑德斯承认对什么是行动者的分析属于后一种类型，但他们很少考虑这种"明确接受"的政治或道德维度，也很少考虑他们在这场争论中所已然赋予自身的富

1　在把数学当作模板来对一个缺乏这种数学精确性的哲学领域进行修正并将概念严谨性引入其中时，弗洛里迪和桑德斯（2004）采取了一种从笛卡尔延续到康德的现代哲学的决定性姿态，显然，这种姿态往前可以追溯到柏拉图，往后则蔓延到当代的分析哲学的思潮中。

有影响力的地位。他们不只是从外部来诊断一个问题，而是有效地塑造着这个问题本身的可能性条件。而这种做法，无论它是否被明确承认，都已经是一种道德决定。也就是说，它从某些规范性的假定出发，并具有特定的伦理后果。

让事情变得更加错综复杂的最后一个问题是，弗洛里迪和桑德斯并没有考虑这些困难，并因此实际上绕开了对这些困难的回应和责任。正如弗洛里迪和桑德斯所描述的那样，抽象层级的进路并不是为了定义道德能动性而设计的，而仅仅是为了提供一些操作性的限制，以帮助决定某物是否达到了包容所要求的某种基准门槛。弗洛里迪和桑德斯写道："我们并不是通过提供一个定义，而是通过给出一个基于某一特定抽象层级上三个标准的有效刻画，来澄清道德行动者的概念的。"（Ibid., 351）当然，这种完全实用主义导向的、务实的进路本身并没有错。然而，它确实把一种可以说是"工程解决方案"的东西运用到了一个根本性的哲学问题上。弗洛里迪和桑德斯并没有提出和捍卫某个有关道德能动性定义的决定，而只是提出了一种有用的"有效刻画"。因此，在他们看来，他们所做的事情超越了善与恶；他们所做的事情只是用一种权宜性和工具性的方法来处理和摆脱道德能动性。所以，海德格尔在 1966 年《明镜周刊》（Der Spiegel）的访谈中似乎说对了，他认为近年来控制论（cybernetics）的科学和工程实践已经取代了曾经被称之为哲学的东西（Heidegger 2010, 59）。尽管如弗洛里迪和桑德斯所展示的那样，这种功能主义的进路是非常有用的，但是这种进路除了收益之外也有其自身的成本（需要注意的是，这种成本和收益的比较本身就完全是一种功能主义讨论问题的方式）。

1.5.2 功能性道德

解决道德能动性问题的这些尝试，面临着巨大的形而上学、认识论和道德上的困难。处理这些问题的一种方法是完全绕开大的哲学问题。这正是提倡功能主义进路或"应用路线"（Schank 1990, 7）的工程师们所采用的策略。这种替代性策略（温德尔·瓦拉赫 [2008, 466] 称之为"功能性道德 [functional morality]"）承认，机器能动性问题或许是无法判定的，但是这种不可判定性并不是我们不去考虑自主机器决策的实际后果的借口。正如苏珊·丽·安德森（Susan Leigh Anderson）和迈克尔·安德森（Michael Anderson）（2007a, 16）所解释的，"机器目前所做的和未来会做的事情都是有伦理后果的。忽视机器行为的这个方面将会产生严重的不良影响"。换句话说，当我们忙于对机器的道德地位进行哲学思辨之时，机器已经在做出可能会对我们和我们的世界产生毁灭性影响的决策了。因此，与其在那些可能超出了我们判断能力的晦涩的形而上学细节或认识论局限上争论不休，我们更应该去做的是运用和处理那些我们能够通达、能够控制的事物。

这种替代性方案与康德的批判著作[1]有着惊人的相似之处，它试图

---

1 将伊曼努尔·康德重新理解为一名工程师，这种想法在智识上颇具一定的吸引力。例如，正如康德所描述的那样，《纯粹理性批判》试图对哲学进行再造工程，其目的在于使哲学能够更有效、高效地运作。阿利斯泰尔·韦尔奇曼（Alistair Welchman）（1997, 218）认为，"事实上，批判著作中包含了一种传统的教条式理解，把工程理解为是纯粹的应用，把机器理解为是纯粹的工具，把物质理解为纯粹的受动者。……但这也与一种对先验生产的教条式机器化理解紧密相连，并使康德忙于处理一系列可以被视为工程问题的问题，但又由于工程从属于科学，这些问题是无法解决的"。

在不需要首先触及或解决形而上学、认识论、本体论或元伦理学的大
问题的情况下处理道德责任的实际问题。值得注意的是，这并不意
味着我们要么接受机器能动性、人格或意识的问题，要么否认这种
问题。相反，它只是提议我们采取一种康德式的批判性立场，承认
这种问题本身可能超出了我们有限的能力。所以，功能主义者并不
试图解决看似不可化约的"他心"问题，而只是决定了在这一问题
上不做决定。这样一来，功能主义对机器意识的状态保持一种不可知
论的态度，例如，它努力以一种更加实际和功利的方式来处理这一
主题。

目前已经有许多践行这种功能主义进路的尝试。最早也是最著名
的版本是艾萨克·阿西莫夫的"机器人学法则"。这三条法则[1]都是行
为规则，旨在以编程的方式约束机器人的行动。

1. 机器人不得伤害人类，或允许某个人类遭受危险而坐视
不管。

2. 机器人必须服从人类给它的任何命令，除非这些命令与第
一法则相冲突。

3. 机器人必须在不违反第一、第二法则的前提下尽可能保护
自己的存在。（Asimov 2008, 37）

---

1 这三条法则最初在阿西莫夫1942年的短篇小说《转圈圈》（Runaround）（Asimov,
2008）中被首次提出。后来，特别是在1985年的小说《机器人与帝国》（*Robots and Empire*）
中，阿西莫夫修正了机器人学法则的清单，增加了他所说的第零条法则："机器人不得伤害
人类整体，或因不作为而使人类整体受到伤害。" 这一条新增的法则之所以被称为第零条法
则而非第四条法则，是为了保留法则层层递进的等级结构，即数字较低的法则优先于数字较
高的法则。

这些法则完全是功能性的。也就是说，它们并不要求（但也不排除）有关机器意识和机器人格的决定。它们仅仅只是以规范实际机器人行动为目的的程序指令。正如温德尔·瓦拉赫在最初发表于《人工智能与社会》（*AI & Society*）的一篇文章中所指出的，这只是一个好的工程实践："工程师总是关心如何设计出安全、可靠的工具。工程师们对有限环境中两种或两种以上行动方案的道德影响非常敏感，这是因为他们在设计计算机和机器人时会关心如何设计出以保障安全为目的的、合适的控制机制。"（Wallach 2008, 465）

尽管阿西莫夫的法则作为一种对该问题的功能主义的、相当实用主义导向的进路颇具前景，但这些法则仍然被批评为不充分的和不实际的。首先，阿西莫夫本人并没有用这些法则去解决机器行动和行为的问题，而只是用它们来创作有趣的科幻故事。因此，阿西莫夫并不打算把这些规则当作一套给机器人的完整的、明确的指令，而是把它们用作制造戏剧张力、虚构场景和角色冲突的文学手法。正如李·麦考利（Lee McCauley）（2007, 160）所简要解释的那样，"阿西莫夫的机器人学三法则是文学手法，而非工程原则"。其次，机器人学和计算机伦理学的理论家和实践者们发现，阿西莫夫的法则在日常实际应用中并不具有充足的效力。例如，苏珊·丽·安德森在《阿西莫夫的"机器人学三法则"与机器元伦理学》（Asimov's "Three Laws of Robotics" and Machine Metaethics）一文中就直接触及了这一问题，她不仅指出"阿西莫夫本人拒绝将他自己的三条法则当作机器伦理学的恰当基础"（Anderson 2008, 487），还论证了这些法则本身"作为机器伦理学的基础并不令人满意"（Ibid., 493），虽说它们为讨论和争论这一问题提供了一个良好的起点。因此，麦考利（2007, 153）总结道：

"尽管人工智能研究者们似乎都知道机器人学三法则，但普遍的看法是，这些法则根本上是无法实现的。"

尽管有这些疑虑，但以阿西莫夫三法则为模版的功能主义进路并不局限于虚构作品。它也有非常实际的应用。在这一点上最雄心勃勃的努力，也许出现在机器伦理学（machine ethics，简称 ME）领域。这个相对比较新颖的想法最初是在迈克尔·安德森、苏珊·丽·安德森和克里斯·阿曼（Chris Armen）合作撰写的一篇论文中被提出和推广的，这篇论文宣讲于 2004 年与美国人工智能协会（AAAI）第十九届全国大会合办的行动者组织研讨会上。这篇论文的问世可以说是在试图"为机器伦理学奠定理论基础"（Anderson, Anderson, and Armen 2004, 1），随后，机器伦理学协会（MachineEthics. org）迅速成立，美国人工智能协会在 2005 年为这一主题举办了一场专题论坛，《IEEE 智能系统》（*IEEE Intelligent Systems*）也于 2006 年夏天出版了专刊。机器伦理学与计算机伦理学不同，计算机伦理学主要关注的是人类行为通过计算机技术的工具所产生的后果，而根据安德森等人的刻画，"**机器伦理学**关注的是机器行为对人类使用者和其他机器所产生的后果"（Ibid.）。这样一来，机器伦理学既挑战了道德哲学中持续存在的"人类中心主义"传统，又拓宽了伦理学的主题，不仅考虑人类借助机器所做的行动，还考虑某些机器的行为，这些机器被设计为能够提供建议或被编程为能在少量甚至完全没有人类监督的情况下进行自主决策。

为此，机器伦理学采取了一种彻底的功能主义进路。换言之，它考虑机器行动对人类主体的影响，而不考虑有关能动性的形而上学争论或有关主观心灵状态的认识论问题。正如苏珊·丽·安德森（2008,

477）所指出的，机器伦理学的方案是独特的，因为"机器伦理学并不是要创造一个自主的伦理机器，它并不要求我们对机器本身的伦理地位做出那些很难被做出的判断"。因此，机器伦理学的方案并不一定要否认或肯定机器意识和机器人格的可能性。它仅仅致力于建立一种实用主义的进路，这种进路不要求我们首先对这一本体论问题做出先天的判定。所以，机器伦理学把这个问题作为一个开放的问题悬搁起来，进而去追问道德决策是不是可计算的，以及我们实际上是否能够能通过编程为机器的行为设定恰当的伦理标准。

需要注意的是，针对第一个问题，即"伦理学是不是可计算的"这一问题，道德哲学常常采用一种机械主义的或计算主义的模型。这一点不仅适用于行为功利主义，即安德森夫妇所采取的立场，也适用于行为功利主义在当代哲学中的主要竞争对手——义务论。功利主义和康德式的义务论伦理学都致力实现一种对道德决策的理性机械化。事实上，道德推理的机械化特征之所以会获得赞同正是因为它消除了一切可能导致任性的和不公正的决策的情感投入。例如，在亨利·西季威克（Henry Sidgwick）（1981, 77）看来，"伦理学的目的在于，使大多数人对行为正当性或合理性的直观认知系统化并消除其中的错误"。因此，西方式的对道德的理解通常由系统性的行为规则构成，这些规则可以像算法那样被编码，并由不同的道德行动者在一系列场景和情境中实施。简言之，它们是旨在指导和管理行为的程序指令。以犹太教 – 基督教伦理学的基石"十诫"为例。这十条规则构成了一个指令集，它们不仅规定了人类的正确活动，而且这种规定是从具体的环境、个性以及其他经验性偶然因素中抽象出来的。"汝不可杀人"是针对谋杀的一般性禁令，适用于人类与人类相遇的任何情境。就像算法一样，十诫中所包含的陈述是可以应用于任何特定数据集的一般性操作。

类似地，康德的道德哲学建立在一系列不同于自然科学法则的根本性规则之上，康德称之为"实践法则"。这些实践法则是"定言律令（categorical imperatives）"。也就是说，它们不是只能在某些特定环境中适用于特定个人意志的主观准则。相反，它们必须在每一种可能的环境中对每一个理性存在者的意志都是客观有效的。康德（1985,18）写道："法则必须在我问自己是否能够实现想要的结果或为了实现这一结果需要做什么之前，就把意志作为意志来完全地规定了。因而它们必须是定言的；否则它们就不是法则，因为它们将缺乏必然性，而这种必然性如果要成为实践的必然性，就必须完全独立于病理学意义上的条件，即那些偶然地与意志关联在一起的条件。"对于康德来说，道德行动被纯粹实践理性的原则所规定，这些原则是剥离了所有经验性条件并能适用于一切理性行动者的普遍法则。因此，可以说，康德把物理学和数学作为全盘改造哲学方法的模板，以一种类似于牛顿使物理科学机械化的方式使伦理学机械化了。

最后，即便是义务论伦理学的实用主义对手——功利主义，也是通过一种系统性的道德计算或杰里米·边沁（Jeremy Bentham）所说的"道德算术"来运作的（Dumont 1914, 2）。功利主义的核心原则，"力图以一种能够促进最大多数人的最大数量和最高质量的幸福的方式去行动"，是一个一般性的公式，要求对数字进行大量的处理并决定最好的可能结果。因此，安德森夫妇（2007b, 5）提出，"计算机或许比大多数人类都更善于遵循伦理学理论"，因为人类"在推理中往往是前后不一致的"，并且由于需要考虑和处理的数据量太大，人类

"很难应付伦理决策的复杂性"。

正如安德森夫妇（2007b, 5）所指出的那样，"伦理学是可计算的吗？"这一问题构成了"机器伦理学的核心问题"。为了回应这一问题，安德森夫妇（2007a, 22）遵循"编程即论证"的黑客格言，设计了一些工作原型，"以证明有可能创造出一个明确是伦理行动者的机器"。他们的第一批项目包括两个计算机化的伦理顾问，*Jeremy*（它实现的是边沁的行为功利主义）和 *W.D.*（它能够运用 W. D. 罗斯 [W. D. Ross] 有关显见义务的义务论伦理学）（Anderson, Anderson, and Armen 2004）。在这批最初的项目之后，还有 MedEthEx，一个"用机器学习来解决生物医学的伦理学困境"的专家系统（Anderson, Anderson, and Armen 2006），以及 EthEl，"一个从事老年人护理的系统，它能够决定何时该提醒病人接受干预，以及如果病人拒绝接受干预的话，何时需要通知监护人员"（Anderson, Anderson, and Armen 2007a, 24）。尽管这两个系统都是围绕实现比彻姆（Beauchamp）和邱卓思（Childress）（1979）[1]的生命医学伦理学四项原则而设计的，但 EthEl 被设计得更具自主性。安德森夫妇（2007a, 24）写道："MedEthEx 能够把伦理上正确的答案（即与它所受的训练相一致的答案）提供给人类用户，人类用户可以选择是否要依据它采取行动，而 EthEl 则会自行采取那些被她认定为在伦理上正确的行动。"

这种进路最终是否会造出一个"伦理智能行动者"，这仍然有待观察。目前，安德森夫妇与其合作者已经通过"在限定领域中的概念

1　本书已有中译本：《生物医学伦理原则》，汤姆·比彻姆、詹姆士·邱卓思者，李伦译，北京大学出版社，2014 年。——编者注

验证"，证明了我们有可能在机器中加入明确的伦理要素（Ibid., 25）。安德森夫妇（2007a）总结说，这不仅是一项重要的工程成就，而且还有可能对道德理论的进步做出贡献。这是因为，至少在他们看来，道德哲学一直相当不精确、不实用且容易出错。通过让伦理学成为可计算的并且用工作原型的演示来证明这一点，机器伦理学将不仅会"发现当前理论的问题"，而且甚至可能有助于发展出更好的理论。安德森夫妇在写下下面这段话时或许指的正是他们自己的合作努力："重要的是为伦理学找到一个清晰、客观的基础，使得伦理学在原则上可计算——哪怕仅仅是为了控制不合乎伦理的人类行为；而且，与伦理学家合作的人工智能研究者比独自工作的理论伦理学家更有机会在伦理学理论上取得突破。"（Ibid., 17）

温德尔·瓦拉赫和科林·艾伦（2009, 58）建立了一个类似的功能主义进路，他们承认，机器意识问题很可能仍将是一个开放的问题。尽管瓦拉赫和艾伦认识到那些更加深刻的、最终或许无法解决的哲学问题是重要的，但这并没有阻止他们去提倡设计具有某种功能性道德能力的系统。为此，科林·艾伦、盖里·瓦尔纳（Gary Varner）和杰森·津瑟（Jason Zinser）（2000, 251）引入了"人造道德行动者"（artificial moral agent，简称 AMA）这个术语指称那些"在执行其任务、目标和义务时对道德考量敏感的未来系统或软件行动者"（Wallach 2008, 466）。根据瓦拉赫的经验，开发功能性的 AMA 将需要哲学家和工程师之间进行富有成效的合作与对话，前者"知晓各种伦理取向的内在价值和局限"，后者"理解现有的技术和不久后将会出现的技术可以用来做什么"（Ibid.）。从这个角度出发，瓦拉赫和艾伦首先在一篇名为《仿生人伦理》（Android Ethics）（2005）的会议论文中，其

后又在《道德机器》（*Moral Machines*）（2009）一书中对设计功能性
AMA 的三种不同进路（自上而下的进路、自下而上的进路、混合的
进路）进行了"成本收益分析"。

瓦拉赫和艾伦（2005, 150）解释道，自上而下的进路"结合了
'自上而下'这个词的两种略有不同的含义，一种是其在工程中的
含义，一种是其在伦理学中的含义"。当我们把这两种含义结合起来
时，"AMA 的自上而下的设计进路指的是任何这样的进路：它采用事
先指定的伦理理论并分析其计算要求，从而为设计出能够实现该理论
的算法和子系统提供指导"（Ibid., 151）。这种 AMA 的设计进路在阿
西莫夫三法则中有所体现，并已经在塞尔默·布林斯乔德于伦斯勒理
工学院人工智能与推理实验室的工作中得到了实现。这种"严格的、
基于逻辑的软件工程进路要求 AMA 设计者为他们想要使用 AMA 的
任何情境预先制定出具有前后一致性的伦理准则"（Wallach and Allen
2009, 126）。然而，根据瓦拉赫和艾伦的分析，这种道德推理和道德
决策的归纳进路是有局限的，它只有在精心控制和严格受限的情境中
才能奏效。因此，"在我们看来，自上而下的进路的局限性指向了这
样一个结论：为 AMA 提供一套它要去遵循的明确的、自上而下的规
则，这种做法是不可行的"（Ibid., 97）。

自下而上的进路，顾名思义，是在相反的方向上行进的。同样，
"自下而上"在工程领域和道德哲学领域中也有略微不同的表述：

> 在自下而上的工程中，任务可以用某种性能的衡量标准以一
> 种非理论的方式被加以规定。工程师可以利用不同的试错技术来
> 逐步地调整系统的性能，从而使其接近或超过性能标准。尽管工

程师们并没有一个有关如何最好地将任务分解成子任务的理论，
但在很多任务上，高水平的性能也是可以实现的。……在伦理学
的意义上，自下而上的伦理学进路把规范性价值当作某种隐含在
行动者活动中的东西，而非某种能够以一般性理论的形式明确阐
明的东西。（Wallach and Allen 2005, 151）

因此，自下而上的进路从一种试错的过程中得出道德行动，在这一
过程中我们并不确定、也无需确定什么一般性的或可笼统概括的理
论。我们或许会从这样的试错过程中得出理论，但这既不是必然的也
不是必要的。因而，这是一种演绎性的进路，彼得·丹尼尔森（Peter
Danielson）（1992）所说的"虚拟游戏的美德机器人"以及他的"规
范演进于对困境的应对"项目（the Norms Evolving in Response to
Dilemmas project，简称 NERD）就体现了这种进路。在这些情境中，
道德不是由一套预定编定的、等待被应用的逻辑规则所规定的，而
是"从多个行动者之间的互动中涌现出来的，这些行动者必须在自身
的需求和其他行动者的竞争性需求之间寻求平衡"（Wallach and Allen
2009, 133）。瓦拉赫和艾伦解释道，这个进路有一个明显的优势，即
它"把注意力集中在伦理的社会性上"（Ibid.）。然而，与此同时，至
少在他们看来，我们并不清楚这种做法如何能够被拓展应用到更大的
现实世界中去。

瓦拉赫和艾伦在思考如何设计 AMA 时所考察的自上而下的进路
和自下而上的进路并非他们所独有的。实际上，它们与人工智能领域
中至关重要的两种主要策略相类似，并且是从这两种策略中衍生出来
的（Brooks 1999, 134）。杰克·科普兰（Jack Copland）（2002, 2）写

道，"在自上而下的人工智能中，认知被当作一种高阶现象，独立于实现机制（对于人类来说，实现机制是大脑；对于人工智能来说，实现机制是某种电子数字计算机）的低阶细节。而自下而上的人工智能——或**联结主义**（*connectionism*）——的研究者则采取了一种相反的进路，他们模拟出与人脑神经元相似的人工神经元网络。接着，他们研究在这些人工神经元网络中可以再现出认知的哪些方面"。对瓦拉赫和艾伦（2009, 117）以及其他许多人工智能领域的研究者来说，"自上而下 / 自下而上的二分法有些过于简单化了"。因此，他们提倡混合的进路，将上述两种进路中最好的那些方面和机会结合起来。"对于设计 AMA 来说，在技能和心灵官能的发展和演进上，自上而下的分析和自下而上的技术无疑都是必不可少的。"（Wallach and Allen 2005, 154）

虽然目前还没有完全可行的混合型 AMA，但许多研究项目都展示出了相当大的前景。例如，瓦拉赫和艾伦称赞安德森夫妇的 MedEthEx（它既采用了预先设定好的显见义务，也采用了学习算法）是对第三种进路的不完整但却有用的实现。瓦拉赫和艾伦（2009, 128）写道："安德森夫妇所采取的进路几乎完全是自上而下的——在其中，基本义务是被预先设定好的，而对案例的分类也是基于医学伦理学家的广泛共识。尽管 MedEthEx 是从案例中进行学习，因而或许看起来是一种'自下而上'的进路，但这些案例是作为高阶描述（这些高阶描述使用了有关可被满足或违反的各种义务的自上而下的概念）被输入学习算法中的。理论就好像是被一勺一勺地喂给系统的，而不是让系统自己去学习'对'与'错'的含义。"斯坦·富兰克林（Stan Franklin）的学习型智能分布式行动者（learning intelligent distribution agent，简称 LIDA）往前又推进了一步。尽管这个有关认知的概念模型和计算模型并不是专门为了发展 AMA 而设计的,但瓦拉赫和艾伦(2009, 172)认为其系统架构能够"容纳自上而下的分析和自下而上的倾向",为 AMA 的设计带来了相当大的前景。

尽管已经有了这些令人充满希望的成果,但功能主义进路仍然面临着至少三个关键性困难。第一个困难和测试有关。一旦丹尼尔森(1992, 196)所说的"道德功能主义"得到实现,无论是通过使用自上而下的进路、自下而上的进路还是混合型进路,研究者都将需要一些方法来测试该系统是否以及在多大程度上真正奏效了。也就是说,我们需要一些衡量标准,以评估一个特定的设备是否能够在特定的情境中做出适当的道德决策。为此,艾伦、瓦尔纳和津瑟(2000)引入了一种修改版的图灵测试,他们称之为"道德图灵测试"(moral Turing test,简称 MTT)。

> 在标准版本的图灵测试中,有一个"提问者",负责用书面语言来分别与一台机器和一个人类互动并据此把机器和人类区分开来。如果"提问者"不能够以高于偶然的准确率识别出人类,那么这台机器就通过了图灵测试。……类似地,我们可以通过将标准的图灵测试限制在有关道德的对话上来提出一种道德图灵测试(MTT),以绕开有关伦理标准的分歧。如果人类"提问者"不能够以高于偶然的准确率识别出机器,那么根据该标准,这台机器就是一个道德行动者。(Allen, Varner, and Zinser 2000, 254)

因此,道德图灵测试并不试图验证机器智能或机器意识,也不试图解决道德人格的问题。它仅仅考察一个 AMA 是否能够以一种实质上无

法与人类道德行动者区分开来的方式回应有关道德难题的问题。

这种测试方法有一个优势，即它在一系列有关人格、使人成为人的属性以及通常与能动性相关的心理维度的深刻形而上学问题上有效地保持了一种不可知论的立场。它所感兴趣的只是在有关伦理问题的交谈中或在对特定伦理困境的评价中去验证某个存在者是否能够作为具有人类水准的道德行动者通过测试。然而，与此同时，该测试也遭到了批评，因为它过分强调了"阐明道德判断"（Ibid.）的话语能力。正如施塔尔（Stahl）（2004, 79）所指出的，"为了完全参与对话，让观察者或'提问者'能够判定她是否在和一个道德行动者打交道，计算机就需要理解提问中所涉及的情境"。这意味着，计算机将不仅仅要操作有关道德话题的语言符号和标记，而且"它还必须理解一门语言"，而这在施塔尔看来"是计算机无法做到的"（Ibid., 80）。尽管MTT绕开了形而上学思辨，但似乎它并不能够避开那些与λόγος相关的要求和复杂因素。因此，这个看似很实用的道德功能主义的测试最终仍然回到了功能主义进路最初想要规避的那些理论问题。

第二个困难是，功能主义将注意力从道德行动的原因转移到了道德行动的结果上。通过在有关人格或意识的问题上有效地保持不可知论立场，道德问题从考虑行动者的意向性转移到了考虑行动对接受者所产生的影响，而接受者一般被假定为人类。这种受动者是人类的假定直接体现在阿西莫夫的机器人学三法则中，这三条法则明确规定，机器人在任何情况下都不得伤害人类。这种人类中心主义式的关注点也是开发AMA的指导原则，而开发AMA的目标是为日益复杂的系统设计出适当的安全保障措施。瓦拉赫和艾伦（2009, 4）写道："对安全和社会效益的关注始终是工程的重心。但当今的系统正在变得越来越复杂，我们认为，当系统的复杂程度达到一定的水准时，这将要求这些系统本身能够做出道德决策——借用《星际迷航》里的话来说，这将要求'伦理子程序（ethical subroutines）'被编入这些系统的程序之中。这将把道德行动者的范围从人类拓展到人工智能系统，后者我们称之为人造道德行动者。"机器伦理学项目也有与此相同的出发点和兴趣点。安德森及其同事们（2004, 4）写道："显然，毫无约束地依靠机器智能来改变世界可能是危险的。直到最近，机器行动在伦理上的影响要么可以忽略不计，例如计算器，要么虽然影响很大但都处于人类操作者的监督之下，例如由机器人设备所进行的汽车组装。随着我们越来越依赖于那些减少了人类监督的机器智能，我们将需要机器智能自身能够做出在某种程度上合乎伦理的行为。"因此，功能主义进路源自于这样一种关切：保护人类免受具有潜在危险的机器决策和机器行动之害，这种关切不断推动着功能主义进路的发展。在缺乏伦理约束或道德保证的情况下，在现实世界中依赖各种形式的机器智能和自主决策，这对人类来说既是冒险的又是具有潜在危害的。因此，对于安德森夫妇的机器伦理学、阿西莫夫机器人三法则以及瓦拉赫和艾伦的《道德机器》所引入的那种功能主义进路来说，其动机在于想要处理机器决策和机器行动的潜在危险，以确保人类能够受到人道的对待。

这至少有两个重要的后果。一方面，这是一种彻底的、毫不掩饰的人类中心主义。尽管它有效地使道德行动者的共同体向其他曾被排斥在外的主体开放了，但功能主义进路之所以这么做只是为了保护人类自身的利益和投资。这意味着，机器伦理学或机器道德的项目与计算机伦理学及其显著的人类中心主义导向并没有很大的差别。如果说计

算机伦理学像安德森夫妇和阿曼（2004）所刻画的那样，有关于人类行动者对计算机工具的负责任的和不负责任的使用，那么功能主义进路也不过是人类为了保护其他人类而对机器进行负责任的程序设计而已。在某些情况下，例如瓦拉赫与艾伦的机器道德，这种人类中心主义并不一定是一个问题，也无须给予很大的关注。然而，在其他情况下，它确实造成了很大的困难。例如，机器伦理学是作为一种对整个人类中心主义传统的独特挑战，尤其是作为一种对计算机伦理学结构性局限的替代方案而被提出和推广的（Ibid., 1）。因此，机器伦理学所明确宣称要做的事情与它实际上所做的和所完成的事情可能是背道而驰的。换句话说，机器伦理学针对计算机伦理学中的人类中心主义传统所提出的批判性挑战，其本身也是由同样的一些基本的人类中心主义价值和假定所推动的，并最终试图保护这些人类中心主义价值和假定。

另一方面，这种人类中心主义特权导致功能主义建立了一种可以说是奴隶伦理学的东西。卡里·格温·科尔曼（Kari Gwen Coleman）（2001, 249）写道："我遵循计算机伦理学的传统假定，即计算机是纯粹的工具，并有意地、明确地假定计算机行动者的目的是为人类追求和实现其目的（即人类的目的）而服务。与詹姆斯·吉普斯（James Gips）所呼吁的平等伦理学不同，我在这里所提倡的美德理论很显然是一种奴隶伦理学。"在科尔曼看来，计算机和其他形式的计算行动者（用布莱森 [2010] 的话来说）应该"是奴隶"。事实上，布莱森认为，以任何其他方式对待机器人和其他自主机器是既不恰当也不合乎伦理的。布莱森写道："我的论点是，机器人应该被建造、被贩卖并在法律上被视为奴隶，而非同伴。"（Ibid., 63）

然而，其他人对这个"奴隶制 2.0"的前景和后果并不那么确信。

从《罗素姆万能机器人》和《大都会》到《银翼杀手》和《太空堡垒卡拉狄加》，这种对奴隶制 2.0 的担忧始终是机器人科幻作品的标准情节设计之一。一些当代研究者和工程师也表达了这种担忧。例如，罗德尼·布鲁克斯认识到，有一些机器在现在和未来都将持续被人类使用者当作手段、工具甚至是仆人。但他也认识到，这种进路并不能涵盖所有的机器。

> 幸运的是，我们并非注定要创造出一个以违背伦理的方式被奴役的奴隶种族。我们的冰箱一周七天一天二十四小时都在工作，但我们对它们没有丝毫道德担忧。我们将会制造出许多同样没有情感、没有意识、没有共情的机器人。我们将会像我们今天使用洗碗机、吸尘器和汽车一样把它们当作奴隶来使用。但是那些被我们制造得更加智能、被我们赋予了情感、我们与之共情的机器人将会是一个问题。我们最好对我们要制造什么样的东西小心一点，因为我们最后有可能喜欢上它们，而那样的话我们就需要为它们的福祉承担道德责任。就像我们对待孩子一样。（Brooks 2002, 195）

根据这一分析，只要**我们**决定生产那种像义肢一样纯然服务于人类用户的哑巴机器，那么奴隶伦理学就是可行的，而且不会有什么严重的道德困难或伦理争议。但是，一旦机器展示出那些被我们**看作**智能、意识或者意向性的标志（无论多么微小或初级），那么一切都会改变。到了那时候，奴隶伦理学就既不可行也无法被辩护了；它在道德上将是成问题的。

最后，即使是那些看起来没有智能、没有情感、可以被合法地当作"奴隶"来使用的机器也会带来一个重大的伦理问题。这是因为那些被设计为遵守规则并在某种程序约束的范围内运作的机器可能会被证明是某种不同于我们通常视作道德的行动者的东西。例如，特里·维诺格拉德（1990, 182–183）告诫我们要提防他所谓的"心灵的官僚主义"，根据这种心灵的官僚主义，"规则无须诠释性的判断就可以被遵守"。为机器人、计算机和其他自主机器提供功能性的道德，只能产生出人造官僚——一些能够遵守规则和协议但对自己的所作所为没有感觉也不理解自己的决策会如何影响他人的决策机器。维诺格拉德主张，"当一个人把他或她的工作仅仅看作对一套规则的正确应用（无论这种应用是人为的还是以计算机为基础的），那么他或她就会失去个体责任或承诺。官僚职员所说的'我只是在遵守规则'这句话和'知识库是这么说的'这句话是完全类似的。个体不再致力于适当的结果，而只是忠诚于程序的应用"（Ibid., 183）。

马克·考科尔伯格（Mark Coeckelbergh）描绘了一幅更加令人不安的画面。在他看来，问题并不在于"人造官僚"的出现，而在于"精神变态的机器人"的出现。"精神变态"这个词传统上被用来指一种人格障碍，其特征是反常地缺乏共情能力，但患者又往往能够在大多数社会场景中伪装得与常人无异。考科尔伯格主张，功能性道德有意地设计并生产了可以被称之为"人造精神变态者"的东西，它们是一些没有共情能力但却遵守规则，因而看起来是在以一种符合道德要求的方式行动的机器人。考科尔伯格认为，这些精神变态的机器会"遵守规则，但它们的行动中没有恐惧、同情、关心和爱。这种情感的缺乏会使它们成为非道德（non-moral）的行动者（即遵守规则但却不被任何道德关切所打动的行动者），它们甚至会缺乏辨别什么东西有价值的能力。它们将会在道德上是盲的"（Ibid.）。

因此，功能主义尽管为道德能动性问题提供了某种看似实际可行的解决方案，但它却可能会产生某种不同于人造道德行动者（AMA）的东西。然而，维诺格拉德和考科尔伯格在提出这一批判时似乎违背了功能主义进路的一个原则性规定。尤其是，他们的批判性反驳假定了他们能够知道有关机器内在状态的事情，即知道机器对它自己的所作所为缺乏共情或理解。而功能主义进路通过保持不可知论而所要悬置的，恰恰正是这种有关他心的思辨性知识：我们永远无法知道其他存在者是否拥有某些特定的内在倾向。然而，仅仅指出这一点并不能改善局面或解决问题。事实上，它只会让事情变得更糟，因为它让我们陷入了巨大的不确定性之中，我们不确定以功能主义方式设计的系统实际上是有效的道德行动者，还是冷漠地遵循其程序设计的人造官僚，抑或是看似正常但却具有潜在危险的精神变态。

1.6 小结

机器问题始于对道德能动性的追问，特别是人工智能，机器人以及其他自主系统是否能够或是否应该被视为合法的道德行动者。决定以这个主题作为起点并不是偶然的、暂时的或任性的。它是由道德哲学的历史所决定和规定的，在传统上，道德哲学在理论上和实践上都把能动性和道德行动者摆在优先地位。正如弗洛里迪（1999）所解释的，从古希腊到现代以来，道德哲学几乎完全是一项以行动者为导向的事业。弗洛里迪（1999, 41）认为"美德伦理学，更笼统地来说，希腊哲学，将注意力集中在执行行动的个体行动者的道德本性和发展上。因此，它可以被恰当地描述为一种以行动者为导向的'主体伦理学'"。在现代的发展中，道德哲学尽管转移了一些焦点，但仍然保持着这个特定的导向。"在一个与小规模的、非基督教的雅典完全不同的世界中，三种最著名的理论得到了发展：功利主义（或更笼统地来说，后果主义）、契约论和义务论，它们关注行动者所执行的行动的道德本性和价值。"（Ibid.）尽管焦点从"个体行动者的道德本性和发展"转移到了他或她的行动的"道德本性和价值"上，但西方哲学除了少数例外（我们很快就会谈到）一直是作为一种以行动者为导向的努力被塑造而发展的。

　　正如我们所看到的那样，一旦我们从行动者的角度考虑问题，道德哲学就不可避免地会在**谁**被纳入道德行动者的共同体，**什么**被排除在考量之外的问题上做出排他性的决定。上面这句话中对词语的选择并不是偶然的；这种选择是必然的也是故意的。正如德里达（2005, 80）所指出的，一切都取决于将"谁"与"什么"区分开来的差异。能动性通常被限制在那些自称"男人（man）"且互相称为"男人"的存在者中——这些存在者已经授权自己被纳入考量而非排除在外。但是，究竟谁被纳入考量——谁实际上能被涵盖在"谁"这个词之下——是一个从未被彻底解决的问题，而道德哲学的历史发展可以被理解为一种渐进式的展开，在这个过程中，曾被排斥在外的存在者（女人、奴隶、有色人种等等）几经周折慢慢地被允许进入道德行动者的封闭社区并而成为需要被纳入考量的人。

　　尽管存在着这种进步（这个进步过程是卓越而显著的还是漫长难

熬的，取决于人们如何看待它），但机器通常并不被纳入道德行动者的共同体，甚至并不被视为可能被纳入的候选人。它们始终被理解为纯粹的人造物，由人类行动者为了人类的目的而设计、制造和使用。因而，正如技术爱好者和技术恐惧者都经常说的那样，它们只不过是实现目的的一种手段。这种对技术的工具主义理解已经被广泛接受并奉为标准，这一点在如下事实中得到了印证：这种工具主义理解从古代到后现代，至少从柏拉图的《斐德罗篇》到利奥塔尔的《后现代状态》，一直在持续生效并基本没有受到挑战。而这种有关机器的道德立场和道德地位的根本性决定——或者更准确地说，是有关机器缺乏道德立场和道德地位的根本性决定——在应用于自主系统和机器人时呈现出一种特别有趣的形态：现如今布莱森（2010）等人主张"机器人应该是奴隶"。换句话说，有关谁算得上是道德行动者以及什么可以且应该被排除在外的标准哲学决定最终产生出了一个新的奴隶阶级，并将这种制度作为某种在道德上正当的东西给合理化了。因而，事实证明，工具主义理论是建立和保障人类例外主义与人类权威的一个特别好的工具。

尽管如此，（至少）从海德格尔的批判性介入开始，一直到动物权利运动以及最近人工智能与机器人学的进步，始终存在着相当大的压力迫使我们重新思考这种工具主义和人类中心主义遗产的形而上学基础和道德后果。然而，要把那些先前被排除在外的主体纳入考量，就需要在很大程度上重塑道德"人格"的概念，使它不取决于基因组成、物种鉴定或其他站不住脚的标准。尽管这一发展的前景颇为可观，但"人的范畴"（这一术语借用自马塞尔·莫斯的文章 [Carrithers, Collins, and Lukes 1985]）绝不是毫无困难的。尤其是，正如我们所看

到的，在有关是什么使得某人或某物成为一个人的问题上，几乎没有共识。因此，正如丹尼特（1998, 267）所指出的，"人"不仅缺乏"可以被明确表述出来的充要条件，来让我们据以判定哪些事物可以被归入这一概念之下"，而且，归根结底，这个概念或许是"不融贯的且陈腐过时的"。

为了应对这一问题，我们着重考察了一个"使人成为人"的性质，该性质被列入了大多数（如果不是所有）使人成为人的性质列表中（无论这些列表是仅仅由几个简单的要素构成 [Singer 1999, 87] 还是包括了很多"互动能力" [Smith 2010, 74]），该性质也已经得到了来自理论家和从业者的大量支持，这个性质就是：意识。实际上，从洛克（1996, 170）开始一直到希玛（2009, 19），道德人格常常被认为需要依赖于意识作为其必要的前提条件。但这也遇到了本体论上和认识论上的难题。一方面，似乎我们并不清楚"意识"是什么。就如同奥古斯丁（1963, xi–14）笔下的"时间"概念一样，意识似乎是这样一种概念：只要没有人要求我们解释它是什么，我们就知道它是什么。事实上，丹尼特（1998, 149）甚至承认，意识是"神秘属性的最后堡垒"。另一方面，即便我们能够给出对意识的定义，或者能够就其特征达成某些初步共识，我们也缺乏任何可信的、确定的方法来判定意识是否实际地存在于其他存在者身上。因为意识是一种被归属给"他心"的属性，要确定它是否存在，就要求我们能够通达某种始终不可通达的东西。而那些对于这些问题的所谓解决方案，包括对图灵测试的重新设计和修订以及试图完全绕开他心问题的功能主义进路，都只会让事情变得更糟。

因此，对机器道德能动性问题的回应，已经被证明是一件既不简单又不明确的事。需要指出的是，这并不是因为机器由于某种原因不能成为道德行动者，而恰恰是因为"道德行动者"这一术语尽管非常重要且有用，但仍是一个模糊的、不明确的、相当杂乱的概念。因此，对机器道德能动性问题的考察向我们展示了一些我们一开始没有预料到或不一定想要寻求的东西。在这一探究过程中，我们所发现的并不是对机器是不是道德行动者这一问题的答案。事实上，这个问题并没有被解答。我们所发现的是，道德行动者这一概念已经如此混乱，以至于我们现在都搞不清楚我们自己（无论这个"我们"包括了谁）实际上是不是道德行动者了。因此，机器问题所表明的是，有关能动性的问题虽然在一开始曾被认为是一个"正确的"出发点，但最终我们发现它原来是一个没有结论的问题。尽管这可能会被视作一种失败，但它是一个特别有启发性的失败，就像经验科学中任何"失败的实验"一样。我们从这一失败（如果我们要继续使用这个具有明显贬义的词的话）中学到的是，道德能动性并不一定是某种在对他者进行道德考量之前就可以在他们身上发现的东西。相反，道德能动性是某种在我们与他者的互动与关联的过程中被赋予和分配给他者的东西。但这样一来，问题就不在于能动性；问题在于**受动性**。

第二章

道德受动性

2.1 导论

从很多方面来讲，以受动者为导向的伦理学都是从另一个角度来看问题。概言之，道德受动性问题是，机器人、机器、非人类动物、外星生物等是否，以及在多大程度上可以构成一个他者，一个我们会对其有适当道德义务和责任的他者。当我们谈及这一特定的主题时，尤其是当它与人造存在者以及其他形式的非人类生命有关时，或许玛丽·雪莱（Mary Shelley）的《弗兰肯斯坦》（*Frankenstein*）一书为我们提供了一个模板。在人工智能和机器人学学科以及任何试图应对技术革新的机遇与挑战的领域中，雪莱的叙事被广泛认为是建立了一整个"警世文学的流派"（Hall 2007, 21），艾萨克·阿西莫夫（1983, 160）称之为"弗兰肯斯坦情结"。珍尼丝·霍克·拉欣（Janice Hocker Rushing）和托马斯·S. 弗伦茨（Thomas S. Frentz）（1989, 62）解释道："人们所熟知的基本故事梗概是这样的，一个用技术创造出来的存在者让毫无戒备的、健忘的创造者吃了一惊……接着，这个制造者受到了其被造物的威胁。原先的主人和奴隶的角色变得可疑起来。正如雪莱借小说的副标题《一个现代普罗米修斯》（*A Modern*

Prometheus）所承认的那样，弗兰肯斯坦博士闯入禁区，从诸神那里盗取知识，参与颠覆旧秩序的活动，成为技术大师，并因为他的僭越而受到惩罚。"

尽管这是一个被广泛接受的、相当流行的诠释，但它绝不是唯一的诠释，甚至不是对文本合理准确的解读。事实上，雪莱的小说与其说是一个警告现代科学家和技术人员要提防不受限制的研究的傲慢和人造物胡作非为的危险后果的警世故事，不如说是对如何对他者做出回应和承担责任（尤其是在面临其他类型的他性时）的沉思。在小说中的一个关键时刻，当维克多·弗兰肯斯坦终于让他的造物活起来时，这位聪明的科学家被他自己的造物吓到了，逃离了现场，遗弃了他所创造的生物，让它自生自灭。兰登·温纳（1977, 309）在试图重新定位这个故事时精辟地指出："这很显然是一种逃避责任的行为，因为那个生物仍然活着、仍然良善、无处可去，而且更重要的是，它被困在了这个完全陌生的世界里，而它必须在其中活下去。"因此，雪莱的叙事所展示的是，维克多·弗兰肯斯坦没有能力恰当地、负责地回应他的创造物——那个在实验室中与他面对面遭遇的他者存在。因而，这部小说所涉及的不仅仅是一个胆敢戏弄神明并因此被处以火刑的人类行动者的傲慢，而且是这个个体在对另一个被其创造出来的生物做出回应并承担责任这件事情上的失败。因此，这里的问题不一定在于道德能动性，而在于道德**受动性**。

2.2 以受动者为导向的进路

"道德受动者"这个术语并不像它的他者"道德行动者"这个术语那样拥有直观上的承认和概念上的吸引力。马内·哈伊丁（Mane Hajdin）（1994, 180）写道："**道德受动者**这个术语是通过与**道德行动者**这个术语的类比而被创造出来的。**道德受动者**这个术语的使用并不像**道德行动者**这个术语那样有一个悠久的、值得尊敬的历史，但有些哲学家已经使用了它。"通过考察道德哲学的历史，哈伊丁主张，"道德行动者"这个术语并不是一个日常词汇，而是被表述为能动性的辩证对立面和对应物。因此，道德受动性尽管最近在分析伦理学和欧陆伦理学[1]那里都获得了相当多的关注，但它并没有悠久的、值得尊敬的历史。它是一个衍生概念，依赖于另一个更加原初的术语。它是被归属给"道德能动性"这一术语的能动性的后效应和副产品。汤姆·雷根给出了一个类似的解释，他也把道德受动性理解为某种衍生于并依赖于能动性的东西。雷根（1983, 152）写道："道德行动者不仅能够做出正确或错误的行为，他们也可能是其他道德行动者正确或错误行为的接收端。因而，在道德行动者之间有一种对等性……根据这些观点，不是道德行动者的个体处于直接道德关切的范围之外，没有任何道德行动者能够对这样的个体负有直接义务。任何涉及非道德行动者个体的义务都是对那些是道德行动者的个体的间接义务。"根据这种观点，道德受动性仅仅只是道德能动性的对立面和概念上的反面。

　　1　"道德受动者"这个术语在分析伦理学中已经被用于处理动物问题。大陆哲学家们一般不使用这个术语，而是谈论"他者"和"他性"。这种差异不仅仅是一个语词上的问题。我们将发现，它是一个关键而重要的差异。

正如弗洛里迪和桑德斯（2004, 350）所说的，这种"标准立场坚持认为，所有有资格做道德行动者的存在者都有资格做道德受动者，反之亦然"。

那么，根据这种"标准立场"，任何获得道德行动者地位的存在者都必须反过来也作为一个道德受动者被纳入考量。在人工智能、机器人学和伦理学研究中采用这种特定的逻辑结构，导致了两种非常不同的论证思路和相反的结果。一方面，它被用来支持将机器彻底排除在道德受动性的考量之外。例如，乔安娜·布莱森（2010）强有力地反对了将道德能动性归属给机器的做法，并基于这一"事实"不假思索地立刻否定了这些人造物拥有受动性。布莱森以一种有明显道德口吻的命令式写道："我们应该永远不说机器做出了合乎伦理的决定，而应该说机器在我们为其设定的限度内正确运转。"（Bryson 2010, 67）同样地，她继续说道，我们还应该抵制一切把道德受动性赋予那些归根结底只是纯粹的人造物和我们自身官能之延伸的东西的努力。换句话说，机器人应该被当作工具，因此它们应该像任何其他的物件一样，完全由我们支配。布莱森主张，"机器人可以被虐待，就像汽车、钢琴或者沙发也可以被虐待那样——它们可以以一种铺张浪费的方式被毁坏。但同样的，没有什么特别的理由要把它在程序上设定得会介意这种待遇"（Ibid. 72）。按照这种理解，计算机、机器人和其他机械装置都处在道德考量的范围之外，或者说它们"超越了善与恶"（Nietzsche 1966, 206）。因此，严格地说，它们无法被伤害，也不能够或不应该被赋予任何需要被尊重的、类似于"权利"的东西。唯一合法的道德行动者是人类编程者或操作者，而唯一合法的受动者是处于这些技术的任何使用或应用的接收端的另一个人类。或者，换言之，

由于机器被规定为仅仅是人类行动的纯粹工具，它们既不是道德行动者（即道德决策和行动的发起者）也不是道德受动者（即道德考量的接受者）。

这一论证思路显然借鉴了对技术的工具主义定义并依赖于这一定义，也在计算机伦理学领域中得到了支持和运用。正如黛博拉·约翰逊和凯斯·米勒（2008）所描述的，"计算机系统是人类活动的延伸"（Johnson and Miller 2008, 127），"在理解它们时，应该从概念上将它们与人类行动者绑定在一起"（Ibid., 131），这种描述无意中呼应了马歇尔·麦克卢汉的观点。按照这种把技术理解为假体义肢的想法，计算机伦理学认为，信息处理机器尽管为道德决策和道德活动带来了一些新的挑战和机遇，但它仍然只是人类活动的纯粹工具或媒介。因此，该领域试图规定人类行动者对技术的使用在何种情况下是适当的、在何种情况下是滥用，从而尊重和保护其他人类受动者的权利。事实上，计算机伦理学学会（CEI）最初于1992年编撰和发表的一份清单，《计算机伦理学十诫》（Ten Commandments of Computer Ethics），明确规定了什么是对计算机技术的适当使用，什么是对计算机技术的滥用。十诫中每一条的目标都是规定人类行动者的适当行为，以尊重和保护人类受动者的权利。第一诫这样写道："汝不可用计算机伤害他人。"因此，约翰逊和米勒（2008, 132）总结道，计算机"被人类所利用，它们被用于一些人类的目的，并对人类有间接的影响"。

另一方面，同样的概念安排也被用来论证完全相反的观点，即任何获得了某种程度的能动性的机器都需要被纳入受动性的考量。戴维·利维的《人造意识机器人的伦理对待》（The Ethical Treatment of Artifically Conscious Robots）（2004）和罗伯特·斯帕罗（Robert

Sparrow）的《图灵分诊测试》(The Turing Triage Test)（2004）就是这种努力的代表。在利维看来，机器人伦理学这一新领域主要对有关机器人决策和机器人行动的影响问题感兴趣。利维（2009, 209）写道："到目前为止，机器人伦理学学界和其他学界的几乎所有讨论都集中在这样问题上：'为了这样或那样的目的而开发和使用机器人是不是合乎伦理的？'这些问题基于对某种特定类型机器人所可能产生的影响的怀疑，包括对社会整体的影响和对与机器人互动的特定个人的影响。"在回顾了该领域现有文献之后，利维认为，机器人伦理学始终只关注涉及人类道德能动性和机器道德能动性的问题。因此，他努力想要将注意力转向机器受动性的问题——在他看来，这个问题一直奇怪地缺席了。"这场争论中常常遗漏的是这样一个补充性问题：'以这样或那样的方式对待机器人是不是合乎伦理的？'"(Ibid.)在处理这一新问题时，利维把它和意识的议题联系起来：意识"似乎被广泛视为是否值得伦理对待的分界线"(Ibid., 216)。事实上，正如利维的文章标题所表明的那样，他的研究所关注的并非任何机器的道德地位；他只对那些在程序上被设计得拥有"人造意识"(Ibid.)的机器感兴趣。利维总结道："我们已经提出了机器人应该如何被伦理地对待以及机器人为什么应该获得伦理对待的问题。我们认为，某物是否拥有意识通常决定了该物是否值得伦理对待。我们考察了一些能够表明意识存在的迹象，也考察了两种可用于检测机器人是否拥有（人造）意识的测试。"(Ibid., 215)因此，利维对机器道德受动性的思考既承接了道德能动性问题，又补充了道德能动性问题。而正如人们在研究人造物道德能动性时所提出的许多论证一样，利维的论证是否能够成功，依赖于一些能够解决或至少严肃处理他心问题的测试是否能够

成功。

　　类似的策略也明显体现在斯帕罗对人工智能的思考中。斯帕罗（2004, 203）认为，"一旦人工智能开始拥有意识、欲求或筹划，那么它们似乎就应该获得某种道德地位"。这样一来，斯帕罗遵循了"标准立场"的对等逻辑，主张一旦机器展现出可识别的迹象表明它们拥有能动性的标志性特征（他把这些标志性特征定义为意识、欲求和筹划），它们就需要被视为合法的道德受动者。因此，机器道德受动性问题涉及了对机器能动性的验证，并且只有在机器能动性获得验证之后机器道德受动性问题才能够得到解答。由于这个原因，斯帕罗的方案立刻遇到了一个认识论问题：我们什么时候才能知道一台机器是否已经达到了这种道德地位的必要基准？为了确定这个伦理上的临界点（即计算机成为道德关切的合法对象的临界点），斯帕罗像艾伦、瓦尔纳和津瑟（2000）之前所做的那样，提出了一个修订版的图灵测试。不过，斯帕罗的测试也稍有不同。该测试并不是要确定机器是否有能力像人类道德行动者那样通过测试，相反，它追问的是"一台计算机什么时候可以在道德困境中充当人类的角色"（Sparrow 2004, 204）。这里所说的道德困境指的是医疗分诊的案例，它涉及攸关两种不同病人的生死的决定。

　　　　我提出这样一个场景：医院里发生了灾难性的断电问题，这时生命维持系统上有两个病人，医院的一名管理者需要决定，要给其中的哪一个病人继续供电。她只能保住其中一个人的性命，且没有其他人的性命会取决于这一决定。如果当我们把其中一个病人替换为人工智能后，这个道德困境仍然存在的话，那么我们就知道机器已经达到了和人类相当的道德地位了。也就是说，当我们在某些情况下会认为，我们能够合理地为了救下一台机器而放弃一个人类的性命时，机器就达到了与人类相当的道德地位。这就是"**图灵分诊测试**"。（Sparrow 2004, 204）

正如斯帕罗所描述的那样，图灵分诊测试评估了在一个可以说是高度受限的、人为设定的生死关头，一个人工智能的存续是否能以及在多大程度上能与另一个人类的存续相提并论。换句话说，当人们有可能在实际中选择人工智能的存续而放弃另一个人类个体的存续时，或者换言之，当人类和人工智能系统拥有平等的、实际上无法区分的"生命权"时，我们就可以说人工智能起码达到了和另一个人类同等的道德地位。正如斯帕罗所指出的，这取决于我们所感知到的机器的"道德地位"以及我们在多大程度上确信它已经达到了一种和人类具有同等水准的"有意识的生命"。因此，即便机器是道德关切的可能候选人，它是否能被纳入道德受动者的共同体也是取决于并源自于对其能动性的事先确定。

然而，有趣的并不是"标准立场"是如何以不同的方式被使用的。重要的是，至少在实践层面，这种思路已经没有那么标准了。实际上，正如利维（2009）的文献综述中所表明的那样，该领域的绝大多数研究都将道德能动性的考量拓展到了机器上，但反过来对机器道德受动性的问题却几乎没有任何严肃的思考。尽管卢西亚诺·弗洛里迪和杰夫·桑德斯（2004）把这种做法称为"非标准的"，但是这种做法中包含了一种更加常见的、更被接受的进路。让事情变得更加复杂的是，弗洛里迪（1992, 42）把这些以行动者为导向的不同进路统称为"标准的"或"经典的"进路，以区别于"以受动者为导向的伦理学"，后者被他称为"非标准的"进路。因此，弗洛里迪似乎是在两种不相容的意义上使用"标准"和"不标准"这两个术语。一方面，伦理学中的"标准立场""坚持认为，所有有资格做道德行动者的存在者都有资格做道德受动者"（Floridi and Sanders 2004, 350）。根据这种理解，"非标准的"意味着道德行动者和道德受动者之间任何不对称和不平等的关系。另一方面，"标准的"指的是伦理学中完全以行动者为导向的人类中心主义传统，尽管在美德伦理学、后果主义和义务论等不同形态的伦理学之间存在着重大的差异。根据这种理解，"非标准"意味着任何以受动者为导向的伦理理论。

因此，即便大多数有关机器道德的研究和已发表的作品在第一个意义上是"非标准的"（也就是说，以非对称的方式以行动者为导向），它们在第二个意义上仍是"标准的"，因为它们所遵循的仍然是贯穿了道德哲学史的以行动者为导向的进路。尽管我们已经在机器是否以及在何种程度上对我们负有道德义务和道德责任的问题上花费了大量笔墨（我们在前一章反复讨论的正是这一问题），但正如约翰·斯托斯·霍尔（2001, 2）所精辟地指出的那样，"我们从未认为我们自己对我们的机器负有道德义务"。这种不对称性要么体现为完全不考虑机器是不是道德受动者的问题，要么体现为明确地将机器道德受动性的可能性视作某种应该被排斥、搁置和拖延的东西。

上述进路在最近发表的专门讨论机器道德能动性的期刊文章和会议论文中体现得很明显。这种一门心思只考虑机器道德能动性的倾向从以下标题中一眼就能看出来：《论人造行动者的道德》（On the Morality of Artificial Agents）（Floridi and Sanders 2004）、《机器人何时

是道德行动者?》(When Is a Robot a Moral Agent?)(Sullins 2006)、
《人造行动者的伦理学与意识》(Ethics and Consciousness in Artificial
Agents)(Torrance 2008)、《未来人造道德行动者导论》(Prolegomena
to Any Future Artificial Moral Agents)(Allen, Varner, and Zinser 2000)、
《设计人造行动者的伦理学》(The Ethics of Designing Artificial Agents)
(Grodzinsky, Miller and Wolf 2008)、《仿生人美德:向计算行动者的美
德伦理学迈进》(Android Arete: Toward a Virtue Ethic for Computational
Agents)(Coleman 2001)、《人造能动性、意识和道德能动性的标准:
人造行动者要成为道德行动者必须拥有哪些属性?》(Artificial Agency,
Consciousness, and the Criteria for Moral Agency: What Properties Must an
Artificial Agent Have to Be a Moral Agent?)(Himma 2009)、《信息、伦
理学与计算机:有关自主道德行动者的问题》(Information, Ethics, and
Computers: The Problem of Autonomous Moral Agents)(Stahl 2005)。如
标题所示,这些文本详细考虑了机器道德能动性的问题,但并没有对
等地给予机器道德受动性以同等的关注。然而,这种对机器道德受动
性的关注的缺失从未被明确指出来。只有当这些研究已经偏离了"标
准立场"所规定和预期的能动性与受动性之间的对等性时,这种关注
的缺失才会变得明显起来。换言之,只有当我们采取了一种被"标准
立场"(至少按照弗洛里迪和桑德斯 [2004] 对这个术语的定义)所塑
造的视角时,这种反过来对受动性问题的忽略才是明显的、可识别
的。可以说,这些文献对机器作为道德受动者的问题简直完全无话
可说。

然而,这并不意味着这类研究完全忽视或回避了道德受动性问
题。正如托马斯·麦克弗森(Thomas McPherson)(1984, 173)所指

出的，"道德行动者的概念中常常包含了受动者的概念。如果某人实施了折磨的行为，那就一定有另一个人被折磨了；如果某人做出了承诺，那他一定是对某个人做出了承诺，等等。如果完全脱离了受动者的概念，道德行动者的概念就是无意义的"。因此，许多讨论机器道德能动性的作品并没有简单地忽略受动性问题，因为这在逻辑上是不一致的，在现实中也是不可行的。然而，它们确实通常把合法的道德受动者的群体限定在人类和人类机构上。事实上，这类研究工作的既定目标是考察自主机器对人类资产和利益所可能产生的影响，这也是它们最初致力于机器道德能动性问题的全部理由。正如约翰·苏林斯（2006, 24）所恰当描述的那样，"随着机器人吸尘器和玩具在世界各地的家庭中越来越普及，一场微妙但却更个人化的革命已然在家庭自动化中出现。随着这些机器的能力和普及度的提升，它们将不可避免地对我们的生活产生伦理上的、物理上的和情感上的影响。这些影响将既包括积极的影响也包括消极的影响，在本文中，我将讨论机器人的道德地位，以及这种地位（包括其现实的道德地位和潜在的道德地位）应该如何影响我们设计和使用这些技术的方式"。因此，这些所谓的革新只能说是道德思维层面的半个革命；它们思考如何将道德能动性拓展出人类主体的传统边界，但它们从未严肃地考虑是否要在道德受动性上也这么做。

然而，并非每项研究都是不加说明、不加承认、不加反思地采用这种明显以行动者为导向的进路。有一些值得注意的例外——它们之所以值得注意是因为它们不仅明确提及了机器道德受动性的问题，而且，尽管如此，它们仍然设法把机器从合法的道德主体的普通成员中排除了出去。例如，机器伦理学（machine ethics，简称 ME）项目就显然采取了这种思路。和许多讨论机器道德能动性的作品一样，机器伦理学首要关注的是自主机器的决策与责任。但与许多讨论这一主题的文本不同的是，它在一开始就明确挑明了这一排他性的决定。"过去有关技术与伦理的关系的研究主要关注的是人类对技术负责任和不负责任的使用，还有少数人对人类应该如何对待机器这一问题感兴趣。"（Anderson, Anderson, and Armen 2004, 1）这是机器伦理学的第一篇论文的第一句话，在其中，迈克尔·安德森、苏珊·丽·安德森和克里斯·阿曼将他们的进路和其他两种进路区分开来。第一种进路是计算机伦理学的进路，正如安德森及其同事所正确指出的那样，它所关注的问题涉及的是借助计算机和相关信息系统而进行的人类行动。与这类努力不同的是，机器伦理学试图通过考虑机器的伦理地位和行动来扩大道德行动者的范围。正如安德森夫妇（2007a, 15）在后续的作品中所说，"机器伦理学的最终目标是创造出一台**自己**遵守一个或一套理想的伦理原则的机器"。

另一种被排除的进路把机器当作道德受动者，或者说它讨论的问题是"人类应该如何对待机器"。这也不属于 ME 的范畴，安德森夫妇和阿尔曼明确表明这类问题是他们的工作所要搁置的内容。苏珊·丽·安德森（2008, 480）在另一篇文章中写道，尽管"智能机器是否应该拥有道德地位的问题"似乎"迫在眉睫"，但 ME 把这一问题推到了边缘。因而，这意味着机器伦理学在挑战它试图处理和补救的"人类中心视角"（Anderson, Anderson, and Armen 2004, 1）的道路上只前进了一半。机器伦理学声称要质疑道德能动性的人类中心主义，并为一种能够将智能机器和（或）自主机器纳入考量的更加全面的思考方式做好准备。然而，当涉及道德受动性时，它却认为只有人类才是唯一合法的道德受动者。事实上，ME 主要关心且唯一关心的就是保护人类资产免受具有潜在危险的机器决策和机器行动之害（Anderson and Anderson 2007a）。因此，ME 在质疑道德受动者的固有人类中心主义方面并没有走得很远。事实上，可以说，从受动者的视角看，ME 重申了人类的特权，它仅仅是为了保护人类的安全和利益才考虑机器。尽管 ME 通过容纳机器的主体性和能动性而极大扩展了伦理学的主题，但不幸的是，ME 并没有认真思考我们应该如何对这些植入了伦理程序的机器做出回应和承担责任。这样一种伦理学仍然保留了明显的"人类中心视角"，尽管它自己给出了相当多的承诺并明确宣称要拒绝这种人类中心视角。

类似的对机器道德受动性的轻视也存在于约翰·斯托斯·霍尔的著作中。霍尔的工作非常重要，他被视为最早在伦理学中讨论并明确处理机器问题的人工智能研究者之一。在他颇具影响力的文章《给机器的伦理学》（2001）（迈克尔·安德森认为这篇文章首次提出了"机器伦理学"一词）一文中，霍尔简洁地描述了这个问题：

> 至今为止，我们还没有，也并不真的需要，在"伦理的工具化"方面取得类似进展。伦理学的基本条款并没有改变。道德被人类两肩担起，如果说机器改变了做事的便利性的话，它们并没有改变做事的责任。人始终是唯一的"道德行动者"。类似地，人也在很大程度上是责任的对象。有关我们对其他生物或物种的责任的争论正在不断发展之中。……然而，我们从来没有认为我们自己对我们的机器负有"道德"义务，也从来没有认为它们对我们负有"道德"义务。（Hall 2001, 2）

尽管这段话明确承认了机器既被排除在道德能动性的行列之外，也被排除在道德受动性的行列之外，但霍尔的工作仍然只对道德能动性给予了独家关注。和机器伦理学的项目一样，霍尔《给机器的伦理学》的主要关注点是保护人类资产和利益免受具有潜在危险的机器行动和机器决策之害。霍尔预言："我们很快就会成为低等生物。我们有必要让它们（智能机器人和人工智能）充分了解它们对我们的责任。"

在霍尔后来的《超越 AI：创造机器的良知》（*Beyond AI: Creating the Conscience of the Machine*）（2007）一书中，这种对机器道德能动性的独家关注仍然存在。尽管"人造道德能动性"一词遍布整个文本，但几乎没有任何地方谈及了"人造道德受动性"的可能性。霍尔并没有考虑过或使用过"人造道德受动性"这个词。《超越 AI》一书中最接近于讨论机器道德受动性问题的地方，是倒数第二章《美德机器的时代》中的一段简短评论。霍尔写道（2007, 349），"道德能动性包含了两个部分——权利和责任——但它们的外延并不相同。考虑婴儿的例子：我们给予他们权利但并不给他们责任。机器可能相反，它们有责任但没有权利，但是，像婴儿一样，当它们发展出（甚至超越）完全的人类能力时，它们将既追求责任也追求权利"。这段话很值得注意，原因至少有二。第一，它把被哲学家们通常区分为道德行动者和道德受动者的东西整合成了能动性的两个方面——责任和权利。然而，这并不单单是一个逻辑上的错误或跳跃。正如哈伊丁（1994）所指出的那样，这么做的动机来自如下假定：道德受动性始终派生于并依赖于能动性的概念。在行动者 – 受动者的概念对中，"行动者"是优先的，而受动性是由它派生出来的东西，是它的对立面和对应物。尽管霍尔没有使用"人造道德受动者"这个词，它也已

经隐含在"道德权利"的概念中了。

第二个原因是，根据这种表述，一个道德行动者将同时拥有责任和权利。也就是说，他／她／它将既是一个道德行动者，能够以一种伦理上负责的方式行动，也是一个道德受动者，能够成为他人行动之对象。然而，这种对称性并不一定适用于所有存在者。霍尔用一个常见的例子指出了这一点：人类婴儿在被视为合法的道德行动者之前就已经是道德受动者了。霍尔认为，类似地，人工智能和机器人在被视为拥有对道德权利的合法主张之前，将首先是有道德责任的行动者。因而，对霍尔来说，"人造道德能动性"的问题是首要的问题。尽管权利问题或"人造道德受动性"的问题已经在地平线上若隐若现，但正如苏珊·丽·安德森（2008, 480）所说的那样，它被推迟了、被延后了、被有效地边缘化了。

温德尔·瓦拉赫和科林·艾伦的《道德机器》（2009）一书也采取了类似的决定。这一点在他们选择把"人造道德行动者"（artificial moral agent，简称 AMA）作为分析的主角时清楚地体现出来。这个术语立刻将注意力聚焦在了能动性问题上（值得一提的是，这个术语其实早在霍尔的《超越 AI》之前就已经被使用了 [见 Allen, Varner, and Zinser 2000]）。然而，尽管瓦拉赫和艾伦有这种排他性的关注，但他们（2009, 204−207）最终还是对机器的法律责任和机器的权利都进行了简要的考虑。在瓦拉赫和艾伦看来，把法律责任的概念拓展到 AMA 上是一件毫无疑问的事："让智能系统为它们的行动承担法律责任的做法是否存在障碍，这个问题已经吸引了一小部分学者的注意，且这部分学者的数量正在不断增长。他们通常认同，现有的法律可以容许智能的机器人（或软件机器人）的出现。现有的大量法律都将法律人格赋予非人类存在者（公司）。就算我们假定机器人（或软件机器人）被承认为负责任的行动者，我们也无须对法律进行彻底的修改就可以将法人的地位拓展到拥有高级官能的机器上。"（Ibid., 204）根据瓦拉赫和艾伦的评估，有关 AMA 法律地位的决定并不会带来任何严重的问题。他们认为，大多数学者已经认识到，这在现有的法律和司法实践中已经有了充分的准备以及合适的先例，尤其是与公司有关的法律和司法实践。

在他们看来，问题在于法律责任的对立面，即权利问题。瓦拉赫和艾伦继续说道："从法律的角度来看，更困难的问题在于那些可能被赋予智能系统的权利。如果未来的人造道德行动者获得了任何形式的法律地位，那么有关它们法律权利的问题也将出现。"（Ibid.）尽管他们注意到了这一问题的可能性和重要性（至少从法律的角度而言），但他们并没有对其后果进行深入探讨。事实上，他们之所以会提到这个问题，也仅仅是为了把它转嫁到另一个问题上——在研究进程中，它只是一种诱饵，诱导读者转向另一个不同的问题："无论是否能够厘清人格的法律细节，对工程师和监管者来说更直接和实际的问题在于，他们需要评估 AMA 的性能。"（Ibid., 206）因此，瓦拉赫和艾伦之所以在《道德机器》一书的结尾处简要触及了对机器作为道德受动者的思考，仅仅是为了把这个问题重新引向有关机器能动性和性能评估的问题。这样一来，瓦拉赫和艾伦朝着受动性问题前进了一小步，但这只是为了立刻从这一问题所带来的复杂难题中撤退出来，从而无须面对持续存在的有关道德人格的哲学问题。虽然瓦拉赫和艾伦并没有一言不发地直接忽略机器道德能动性问题，但和安德森等人以及霍尔一样，他们之所以提及这个问题只是为了推迟这个问题或以其他方

式把这个问题排除在考量之外。

如果有人愿意善意地理解这种现象，或许他可以为这种排斥和推迟开脱，说它们或许只是一种暂时性的疏忽或专注性研究所带来的意外副产品。有的人或许会认为，这些文本并没有打算对机器问题的所有方面进行全面的哲学研究。它们往往只是应用道德哲学中的工作，试图处理有关如何设计、编程和使用人工自主行动者等非常具体的问题。然而，尽管有这种种借口，这些工作确实有重大的形而上学和道德后果。首先，只关注机器道德能动性问题而几乎完全忽略对受动性的严肃思考，这种做法包含了一种非标准的、不对称的道德立场，这种道德立场被弗洛里迪和桑德斯（2004, 350）称之为"不切实际的"。他们指出，"这种纯粹的行动者将是某种超自然的存在者。就像亚里士多德的神一样，它影响世界，但却永远不会被世界所影响"（Ibid., 377）。因而，在弗洛里迪和桑德斯看来，无论基于什么理由，无论有意或无意，任何把机器限制在道德能动性问题上而不考虑其作为合法受动者的对等角色的研究工作，都会将机器置于一个已经由且只能由超自然存在者所占据的位置上，这恰恰使得机器成为科幻作品中的 *deus ex machina*（机械降神）。因此，正如弗洛里迪和桑德斯总结的，"大多数宏观伦理学都远离这种'超自然的'思辨玄想，这并不奇怪"（Ibid.）。尽管很多各式各样的讨论道德能动性的文本在研究进路上看似相当冷静、务实且实证，但它们所依靠的恰恰是"纯粹能动性"这种不切实际的、玄想性的形而上学形象。

其次，"纯粹能动性"这一概念有相当大的伦理复杂性。正如卡里·格温·科尔曼（2001, 253）所承认的，这是一种"奴隶伦理学"，在其中，"所考虑的计算行动者本质上是奴隶，它们的利益（如果还能说它们有利益的话）只是它们所服务的人类的利益"。上一章中所讨论的艾萨克·阿西莫夫的机器人学三法则，常常被用来阐明这种道德立场的价值论困难。阿西莫夫的法则用三条命令规定了正确的机器人行为，在人工智能、机器人学和伦理学的讨论中产生了相当大的影响（Anderson 2008），它们明确承认机器人是可以在道德上被追究责任的行动者。这样一来，阿西莫夫的虚构故事就比计算机伦理学更进了一步，因为后者简简单单地直接将机器排除在了道德问责或道德责任的考量之外。尽管有了这一明显的进步，但阿西莫夫的法则在字面上却几乎没有提到机器是道德受动者。换句话说，这三条法则规定了机器人应该如何回应人类并与之互动，但除了第三条法则中所规定的继续存在的基本权利外，它们并没有提到人类使用者可能对这些有伦理心智的或被植入了伦理程序的机器所负有的任何责任。而正是阿西莫夫三法则的这一特征成了批评的靶子。根据亚伦·斯洛曼（Aaron Sloman）（2010, 309）的解读，"阿西莫夫的机器人学法则是不道德的，因为它们对未来可能拥有自己的偏好、欲望和价值的机器人是不公平的"。斯洛曼的批评诉诸一种对平等待遇和对等原则的认可，并运用弗洛里迪和桑德斯（2004）所说的"标准立场"来论证任何被赋予了道德能动性地位的人或物都必须被视为道德受动者。根据这一假定，斯洛曼总结道，任何试图将道德能动性的规定强加于机器人或智能机器而不考虑它们对道德受动性的合法诉求的做法都是不合理且不道德的。

然而，这种对阿西莫夫法则的诠释是不完整的，它完全没有注意到这些法则在阿西莫夫的小说中是如何被发展和被利用的。如果我们仅仅只看这些法则的字面意思，那么我们或许可以准确地断言它们几乎没有考虑机器的道德能动性。正如我们在上一章中所看到的，阿西莫夫提出这些法则时，并没有把它们当作一套未来机器人存在者的完整道德准则，而是把它们当作一种文学手段，用来推动虚构的故事情节。事实上，后续的故事往往围绕着那些由法则所导致的问题，尤其是涉及机器人权利、法律地位和道德受动性的问题。例如，短篇小说《双百人》（Asimov 1976）的开头重申了三法则，接着讲述了一个名叫安德鲁的机器人的经历，他在程序上被设定为在三法则所规定的范围内运作。小说的情节围绕着安德鲁的发展以及他为争取基本"人权"而进行的斗争。因此，《双百人》所探讨的恰恰是只规定道德能动性但却不认真考虑机器道德受动性的问题与可能性所造成的各种困难，其故事情节也由这些困难所推动。正如苏珊·丽·安德森（2008，484）在她对这个故事的批判性解读中所说的那样，"如果机器被给予了一些原则来指导其自身的行为……那么就必须对该机器的地位做出假定。原因在于，在遵循任何伦理理论时，行动者必须至少考虑他／她／它自己（如果他／她／它有道德地位的话），并且通常也要考虑其他存在者，以决定如何行动。因此，机器行动者在计算如何于一个道德困境中做出正确的行动时，它必须知道它自己是否要被纳入道德考量，或者如果它自己不被纳入道德考量的话，那么它是否必须总是要遵从其他需要被纳入考量的存在者"。所以，阿西莫夫的故事所阐明的，是只规定行为准则而不认真考虑道德受动性所造成的问题。换言之，这三条法则故意提出了一种非标准的伦理立场，故意排除了对受动性的考虑，从而在该立场与标准道德立场的冲突中推动情节的发展。

只要道德受动性被仅仅刻画为和理解为道德能动性的反面和对立

面，它就仍然是次要的和派生的。更糟的是，这一占主导地位的、以行动者为导向的进路包含了弗里德里希·尼采（Friedrich Nietzsche）所说的"主人道德（master morality）"。根据这种主人道德，道德主体共同体的成员资格被限制在同等地位的人中，而其他一切都将被当作纯粹的对象而排除在外，这些对象可以被使用甚至滥用而无须经受任何价值考量。尼采写道："统治集团的道德对当下的品味来说，最陌生和不安的是其原则的严厉性，根据这种原则，一个人只对与其地位相等的人负有义务；而对待低等的存在和一切异己的存在，则可以为所欲为、随心所欲，并在任何情况下'超越善与恶'。"（Ibid., 206）或许在荷马的《奥德赛》（*Odyssey*）中可以找到这种主人道德的最佳案例。正如奥尔多·利奥波德（Aldo Leopold）（1966, 237）所说的，"当神一样的奥德修斯从特洛伊战争中回来后，他用一根绳子绞死了家中的十二个女奴。他怀疑她们在他离家期间行为不端。这种绞死女仆的行为与是否正当无关。那些女奴仅仅是财产。当时和现在一样，对财产的处置只涉及权宜，与对错无关"。只要他者（无论是人类、动物、机器还是其他）被定义为纯粹的工具或统治集团的财产，它们就可以合理地以一种纯粹权宜的、毫无道德考量的方式被使用、剥削和丢弃。

为了应对这些已知的困难，哲学家们最近试图阐明一种新的道德能动性的概念，以突破或至少大大复杂化先前的道德能动性概念。这些革新故意颠倒了以行动者为导向的进路（这一进路一直是道德哲学中的标准操作性假设），并建立了一种弗洛里迪（1992, 42）所说的"以受动者为导向的伦理学"，其关注点并不是行动的实施者，而是行动的受害者或接受者。因此，这种替代性方案通常被称作"非标准

的"或"非经典的"，以区别于传统形式的以行动者为导向的道德思考。根据弗洛里迪的简练刻画，"经典伦理学是有关加害者的哲学，非经典的伦理学则是有关受害者的哲学。非经典的伦理学将行动的'接收端'置于伦理话语的核心，而将行动的'发射端'挪到了伦理话语的外围"（Ibid.）。尽管将这种非标准的、以受动者为导向的进路应用到自主机器上的研究还很少，但最近的两项革新为这种以受动者为导向的道德思考带来了巨大的希望，这两项革新便是动物伦理学和信息伦理学。

2.3　动物问题

传统形态的以行动者为导向的伦理学，无论它们如何被阐述（例如，美德伦理学、功利主义伦理学、义务论伦理学），都是人类中心主义的。这导致了（无论是否有意）他者被排除在伦理学的论域之外，而不足为奇的是，被排除在外的是非人类动物及其笛卡尔式的对应物，即机器。直到最近，哲学学科才开始将非人类动物视为伦理学中的一个合法的研究对象。根据卡里·沃尔夫（2003a, b），有两个因素推动了这种对人类中心主义传统的显著颠覆。一方面是人类主义的危机。这一危机"在很大程度上首先要归因于结构主义，其次要归因于后结构主义及其对人类作为历史与社会的构成物（而非技术上、物质上和话语上的被构成物）的这一形象的质疑"（Wolfe 2003a, x–xi）。至少从尼采开始，哲学家、人类学家和社会科学家就越来越怀疑人类在存在的巨链（great chain of being）中所赋予自身的特权地位，而这种怀疑已经成了所谓的人类科学中的一个明确研究对象。

另一方面，正如唐娜·哈拉维（1991, 151–152）所说，动物和人类之间的界限已经变得越来越站不住脚了。那些曾经将我们和它们区分开来的一切，现在似乎未必是我们所独有的了：语言、工具使用，甚至理性。最近在生物科学各分支中的发现，已经导致了笛卡尔等人在人类与动物他者之间树起的高墙正被慢慢拆除。沃尔夫（2003a, xi）认为："在认知动物行为学和野外生态学等领域涌现出的大量研究成果，已经对我们是否能够用人类中心主义的旧锯子（语言、工具使用、文化行为的传承，等等）一劳永逸地把我们自己和动物锯开提出了质疑，因为对类人猿和海洋哺乳动物进行的语言和认知实验，以及对猿、狼和象等野生动物的极其复杂的社会和文化行为的实地研究，都已经或多或少地永久侵蚀了人类与非人类动物之间的整齐的分界线。"这一变化的革命性影响以一种有些反讽的方式体现在埃文·拉特里夫（Evan Ratliff）（2004）所说的"创造论2.0"的强烈反弹中。这是一场组织有序的"反对进化论的十字军东征"，它试图根据对犹太教 – 基督教创世神话的严格诠释，恢复人类和其他动物生命之间明确的、无可争议的区分。令人好奇的是，在最近这种对动物的追问和重新定位中，动物的他者，也就是机器，明显缺席了。尽管有这么多关于动物问题、动物他者、动物权利的讨论以及对沃尔夫（2003a, x）所说的"主体、同一性、逻各斯的被压抑的他者"的重新思考，但机器在其中却几乎没有得到任何关注。

尽管存在着这种对机器的排斥，仍有一些研究者和学者努力找出动物伦理学与机器之间的联系。例如，戴维·卡尔弗利认为，动物权利哲学给我们提供了一个契机，让我们得以把机器视为与动物拥有类

似处境的道德受动者：

> 现代科学告诉我们，动物在不同程度上拥有一些特征，这些特征合计起来使得它们一方面不同于石头这样的无生命物，但另一方面又没达到人类的水准。这些特征构成了我们得以主张动物应该被纳入道德考量的有效依据，就这一点而言，这些特征与设计者们试图在仿生人身上实现的特征类似。如果这些设计者们成功实现了他们为自己设定的任务，那么从逻辑上来说，仿生人（或者以某种形式的监护关系代表它们行事的人）就能够主张仿生人应该以一种和动物类似的方式被纳入道德考量。（Calverley 2006, 408）

然而，与笛卡尔不同，卡尔弗利并没有简单地把动物和机器之间的关联当作一种给定的事实，而是主张我们"既要细致地考察两者之间的相似性，也要细致地考察两者之间的差异，以检验这一类比的有效性"（Ibid.）。因此，正如戴维·利维（2009）在回应卡尔弗利的论证时所指出的那样，关键的问题在于这一类比在多大程度上能够成立。例如，如果我们能够证明动物和机器之间存在着某种接近笛卡尔所构想的那种关联，或者甚至只要证明动物和机器之间存在着某些有限的类比性的关联，那么为了在逻辑上和道德上保持一致，倘若我们要将道德权利拓展到动物身上，我们就需要认真对待机器、把机器也视为类似的道德受动者。然而，如果动物和机器之间存在着一些重要的、根本的差异，使得我们能够将它们区别开来，那么我们就需要界定这些差异是什么以及它们如何决定和辩护了哪些存在者能被合法地纳入具有道德重要性的主体的共同体而哪些存在者不能被纳入其中。

因此，让我们从头开始。正如彼得·辛格指出的那样，现在所谓的"动物权利哲学"有一个相当奇怪的、不大可能的起源的故事：

> "动物权利"这一观念实际上曾经被用来嘲弄那些对女性权利的主张。当如今女性主义的先驱玛丽·沃斯通克拉夫特（她同时也是玛丽·雪莱的母亲）在1792年发表《为女权辩护》一书时，她的观点被认为是荒谬的，不久以后就出现了一本名为《为畜权辩护》的匿名出版物。这部讽刺性著作的作者（现在我们知道他是剑桥大学的杰出哲学家托马斯·泰勒）试图通过把玛丽·沃斯通克拉夫特的论证再往前推进一步来反驳这些论证。（Singer 1975, 1）

因而，有关动物权利的论述一开始是作为一种戏谑模仿出现的。它被用来构造一个归谬论证，旨在证明沃斯通克拉夫特的原始版本的女性主义宣言在概念上的失败。这个归谬论证依赖于一个被广泛接受的、但在道德哲学的大部分历史中都未曾被考察过的假定——妇女和动物一样被排除在道德思考的主题之外，而正是通过这一论证，这一假定本身被暴露出来。正如马修·卡拉柯在分析德里达有关动物的讨论时所说的那样，

> 主体性的意义是通过一种排他关系的网络构成的，该网络远远超出了人类与动物的一般区分……主体性形而上学不仅将动物从完全主体的位置上排除出去，还将其他存在者排除在外，尤其是女人、孩子、各类少数群体以及被认为缺少某些主体性的基本特征的其他他者。如德里达所指出的那样，正如许多动物一直被排除

在基本的法律保护之外，"人类中有许多不被承认为主体的'主体'"，他们遭受了那些施加给动物的暴力。（Calarco 2008, 131）

换句话说，泰勒的戏谑模仿利用了一个假定并得到了该假定的支持，即女人和动物一样常常被排除在充分的道德考量之外。因此，在泰勒的眼中，为"女权辩护"无异于为"畜生"的权利提出同样的辩护。

然而，对辛格来说，最开始的戏谑模仿已经变成了一个严肃的道德问题。根据辛格的系谱学，这一点在杰里米·边沁的《道德与立法原理导论》（*An Introduction to the Principles of Morals and Legislation*）一书中得到了最强有力的表述。边沁认为，伦理对待的问题并不一定依赖于某些被广泛接受的理性的概念。即便能够证明马或狗比人类婴儿有更多的理性，理性官能在这里的作用也并非决定性的。边沁（2005, 283）写道："问题并非：它们能否理性思考？或者，它们能否说话？问题在于：它们能否受苦？"辛格遵循这一基本道德问题的转变，并主张，应该由"受苦的能力"，或者更严格地说，"受苦以及（或者）享受或幸福的能力"来决定哪些东西被纳入道德考量、哪些东西不被纳入道德考量。辛格认为，"一块石头没有利益，因为它不能受苦。无论我们对它做什么都不可能对它的福利有任何影响。然而，对于一只老鼠来说，不在路上被踢，就是有利的，因为如果它被踢到，它就会受苦"（Ibid., 9）。因而，德里达（2008, 27）指出，受苦的问题"改变了有关动物的问题的形式"：

因此，问题并不在于要知道动物是不是**拥有逻各斯的动物** [ζωον λόγον έχον] 以及它们是否凭借这种逻各斯的**能力**或**属性**，

能够拥有逻各斯的能力或逻各斯的天资而**能够**说话或推理（逻各斯中心主义首先涉及的就是动物，涉及那些缺乏**逻各斯**、缺乏**能够拥有**逻各斯的能力的动物：这是一个从亚里士多德到海德格尔，从笛卡尔到康德、列维纳斯和拉康都坚持的论题、立场或假定）。**首当其冲的、决定性的**问题是要去知道动物是否**能够受苦**。（Ibid.）

因而，这一转变是从拥有某种能力或力量来做某事（λόγος）转向了某种被动性——不能够（not-being-able）的脆弱性。这是一种以受动者为导向的伦理学进路（尽管德里达和辛格本人并没有使用这个术语），它不依赖于道德能动性或其限定性特征（如理智、意识、理性、语言）。主要的、唯一具有决定性的问题是"它们能否受苦"，而这与某种被动性有关——受动者（patient）的受动性（patience）（"patient"和"patience"来源于拉丁语动词 *patior*，意为"受苦"）。根据这一观点，正是这种共同的受苦能力决定了谁或者什么要被纳入道德共同体。

　　如果一个存在者受苦了，那么就没有什么道德上的理由可以让我们拒绝把这个受苦纳入考量。无论该存在者的本性是怎样的，平等原则都要求我们把该存在者的受苦和其他存在者的类似受苦放在一起进行同等的衡量（如果我们能够进行这种粗略的比较的话）。如果一个存在者不能够受苦，或者不能够体验享乐或幸福，那么就没有什么需要被纳入考量的。因此，感觉能力的边界（我把这个词用作"受苦和[或]体验享乐的能力"的方便

简称）是关切其他存在者利益的唯一可辩护的边界。用其他特征
（诸如智能或理性）来划定这一边界将会是武断的做法。（Singer
1975, 9）

因而，根据辛格的论证，受苦－不受苦的区别是唯一在道德上可被
辩护的、根本性的区分点。所有其他的划分方式（例如根据智能、理
性或其他基于 λόγος [逻各斯] 的性质而进行的划分）都是武断的、
无关紧要的和任性的。在辛格看来，这些其他的划分方式就如同根据
肤色等无关紧要的因素进行划分一样，是武断的且具有潜在危险性的
（Ibid.）。

　　这个"动物解放"（这正是辛格书的书名）的战斗号角听上去颇
有前景。它通过把曾经被排除在外的他者纳入考量来扩大了伦理学的
范围。它采取了一种以受动者为导向的进路，根据一种被动的无能（a
passive inability）而非某种特定能力的拥有或缺失来界定道德义务。这
一革新在道德哲学、法律研究和动物权利运动等领域得到了广泛的关
注。尽管它取得了诸多成功，但动物权利哲学及其对"受苦能力"的
关注似乎不太可能对有关机器是不是一种具有类似构造的道德受动者
的争论有任何贡献。正如约翰·苏林斯（2002, 1）所说，"或许我们
能够以我们对待非人类动物的方式为基础，去论证自主机器的伦理地
位。我并不认为这种思路会有什么成果，因为自主机器最多也只是一
种人造动物，它们是在生物的启发下而被制造的，但它们本身并非生
物，而且严格来说它们绝不像大型哺乳动物那样能充分地体验世界"。
　　不过这种想法仍然是有争议的。事实上，恰恰是在"受苦"的基
础上，道德受动性问题才被拓展到了机器上（至少在理论中是如此）。

正如温德尔·瓦拉赫和科林·艾伦（2009, 204）所说，"从法律的角度来看，更困难的问题涉及的是那些可能被赋予智能系统的权利。如果未来的人造道德行动者获得了任何形式的法律地位，那么有关它们法律权利的问题也将出现。如果智能机器被造得能够拥有自己的情感（例如，感受疼痛的能力），这一问题将变得尤为棘手"。在这个简短的评论中，瓦拉赫和艾伦假定，支持将道德受动性拓展至机器的首要理由（至少就其法律地位而言）将来自于拥有情感的能力，尤其是"感受疼痛的能力"。换言之，如果机器能够被伤害或者能够承受其他有害影响，那么它就需要被赋予某种形式的法律权利。这一假定遵循了动物权利哲学的革新（尽管这一点在文本中并没有被明确地说出来）：受苦的能力或感受疼痛的能力是确定非人类动物是否具有道德受动性的决定性门槛。当然，所有这些都是以一种条件句的方式被说出来的：**如果**机器被造得能够感受疼痛，**那么**在瓦拉赫和艾伦看来，他们就不仅需要被赋予道德义务还需要被赋予道德权利。

类似的策略在罗伯特·斯帕罗的"图灵分诊测试"（2004，204）中也很容易找到；该测试试图决定"智能电脑是否会达到道德人的地位"。斯帕罗遵循辛格的样板，首先主张，在这一语境下"人格"的范畴必须从人类的概念中分离出来加以理解。斯帕罗写道："无论是什么特征使得人类具有道德上的重要性，我们必须能够设想这些特征也被其他存在者所拥有。将人格限制在人类身上就是犯了沙文主义或'物种主义'的错误。"（Ibid.，207）接着，他继续追随辛格，把这种经过拓展的、与人类形象脱钩的"道德人格"概念在最低限度上定义为"体验快乐和疼痛的能力"（Ibid.）。"至于一个存在者要拥有哪些性质才能成为一个人或成为一个道德关切的对象，不同的作者给出了

不同的具体描述。然而，以下想法是被广泛接受的：体验快乐和痛苦的能力为道德关切提供了初步依据。……除非我们可以说机器能够受苦，否则它们就根本不能成为道德关切的适当对象。"（Ibid.）尽管这一革新似乎前景可观，但动物权利哲学作为一种以受动者为导向的伦理学，不论是就其自身而言，还是就其在有关其他形式的被排斥的他者（如机器）的考量方面的可能拓展而言，都面临着许多问题。

2.3.1　术语问题

辛格有关非人类中心主义的、以受动者为导向的伦理学革新至少面临着两个术语问题。首先，辛格并没有充分地定义和界定"受苦"。根据阿迪尔·E. 沙姆（Adil E. Shamoo）和戴维·B. 雷斯尼克（David B. Resnik）的说法，

> 他对"受苦"一词的使用有些朴素和简单化了。辛格似乎把"受苦"当成了"感受疼痛"的同义词，但受苦和感受疼痛并不是一回事。有很多不同类型的受苦：无法缓解、难以控制的疼痛；不适，以及其他不快的症状，例如恶心、眩晕和气短；伤残；以及情绪困扰。然而，所有这些类型的受苦都远远不只是对疼痛的觉察：它们还涉及了自我意识，或者对自己觉察到某物这件事本身的觉察。（Shamoo and Resnik 2009, 220−221）

在沙姆和雷斯尼克看来，感受疼痛和受苦之间有着显著差异。他们认为，疼痛只是负面的神经刺激。然而，疼痛或者觉察到疼痛并不足以构成受苦。受苦还包含其他要素——意识，或者说对自己正在感受疼

痛这件事的觉察。根据这一观点，受苦不仅仅是疼痛；它是对自己将疼痛经验为疼痛的认识。

丹尼尔·丹尼特（1996, 16–17）通过一个相当可怕的例子提出了一个类似的、尽管不一定相同的观点："一个人的手臂在一场可怕的事故中被砍掉了，不过医生们认为他们能够把断臂接回去。当那个仍然温软的断臂被放在手术台上时，它感受到疼痛了吗？一种愚蠢的回答是：必须有心灵才能感受疼痛，而只要断臂没有被接回到一个有心灵的身体上，无论你对它做什么你都不会使任何心灵受苦。"对丹尼特来说，一截拥有着活跃的神经元系统的断臂完全有可能事实上仍然接受着疼痛的负面刺激。但如果这个刺激要被感受为疼痛的话，也就是说，如果这个刺激要成为一个引起了某种不适或受苦的疼痛的话，那么这截断臂就必须和一个心灵相连接，而这个心灵大概正是疼痛被识别为疼痛的地方，也正是受苦发生的地方。

然而，上述这些段落所提供的，并不是什么不可置疑的、已然确立的对受苦的定义。相反，它们所展示的是一种伴随着"受苦"这一概念的持续的、似乎不可化约的术语上的滑动。尽管上述区分疼痛和受苦的各种努力在直觉上似乎颇具吸引力，但它们仍然并非定论，也并不令人满意。尽管辛格追随边沁的脚步，提出将"它们能否受苦"作为标准来替代"理性"和"自我意识"这些杂乱的、不太精确的概念，但受苦其实很容易和意识与心灵相混淆，并成为它们的替代物。这一最初看起来前景可观的对整个问题的重塑，最终似乎并没有带来多少实质性的改变。

其次，和这一点直接相关的是，辛格的叙述混淆了受苦和感受能力。在下面这个简短的附加说明中，辛格将两者等同起来并对这种等同进行了辩护："感觉能力（我将这个词用作'受苦和［或］体验享受的能力'的方便的、即便并不严格准确的简写）是关切其他存在者利益的唯一可辩护的边界。"（Singer 1975，9）由此，辛格将"感觉能力"粗略定义为"受苦和（或）体验享受的能力"。或者，正如史蒂夫·托伦斯（Steve Torrance）（2008，503）所说的那样："感觉能力这一概念应该与自我意识的概念区分开来：许多存在者拥有前者但并不拥有后者。很多哺乳动物可能都拥有感觉能力或现象意识——它们能够感受痛苦、恐惧、感官快乐等。"因此，辛格对感觉能力的刻画并不那么依赖于笛卡尔的 *cogito ergo sum*（我思故我在），而是更符合萨德侯爵（Marquis de Sade）的物质哲学，后者体现着某些属于现代理性主义"暗面"的东西。

　　然而，正如辛格自己明确承认的那样，这种对"感觉能力"一词的用法或许并不完全准确或严格。尽管正如丹尼特正确指出的那样，"'感觉能力'一词并没有什么既定的含义"（Dennett 1996，66），但"所有人都同意，感觉能力不仅只是敏感性，还需要加上某些额外的、尚未确定的因素 x"（Ibid., 65）。虽然在心灵哲学、神经科学和生命伦理学中关于这个"因素 x"可能是什么有相当多的争论，但可以确定的是，将感觉能力定义为"受苦的能力"有可能会破坏边沁最初的道德革新。正如德里达所解释的那样，边沁问题彻底改变了游戏规则：

　　　　边沁问道："它们能否受苦?"这个问题如此简单但又如此深刻。一旦它的协议建立起来，这个问题的形式就改变了一切。它不再简单地关乎**逻各斯**、**逻各斯**的倾向和整体构架以及是否拥有逻各斯，在更加根本的层面上，它也不关乎**潜能**（*dynamis*）或**品质**（*hexis*），这种拥有或存在的方式，这种被称为官能或"能力"的**品质**（*habitus*），这种能有（can-have）或能力（如推理的能力、说话的能力以及这些能力所带来的一切）。这个问题被某种**被动性**（*passivity*）所扰乱。已经很显然，作为问题，它见证了一种肯定受苦、受动和不能够（not-being-able）的回应。（Derrida 2008, 27）

根据德里达的观点，"它们能否受苦"这一问题在结构上拒绝被等同为是否有感觉能力的问题。无论感觉能力被如何定义，也不论丹尼特所说的"因素 *x*"究竟对应着哪个或哪些官能，感觉能力都是作为一种**能力**被理解和使用的。也就是说，它是某种要么被拥有要么不被拥有的力量或能力——这种东西被古希腊人用**潜能**（*dynamis*）或**品质**（*hexis*）来刻画。在德里达看来，边沁问题之所以如此重要和根本，是因为它追问的不是某种心灵的能力（无论这种能力如何被定义）而是某种被动性和不可化约的缺乏。德里达总结道："追问'它们能否受苦？'就是在追问'它们能否**不能够**？（Can they *not be able?*）'。"由于辛格把受苦和感觉能力混为一谈，他不幸地、或许也是不知不觉地将一种根本的被动性和受动性转换成一种新的能力和能动性。在辛格的这种理解下，边沁问题就被修改得几乎无法带来什么改变了。一旦我们将受苦理解为一种新的能力，"它们能否受苦"这一追问也就仅仅只是通过降低抽象层级而转移了参照点。这样一来，道德共同体成员的合格标准就从理性能力或语言能力变为体验痛苦或快乐的能力。这种对边沁的具有潜在激进性的问题的驯化，在雷根的

《为动物权利辩护》（Regan 1983, 2）一书中走到了其自然的终点：在那本书中，汤姆·雷根肯定并主张将意识和心灵生活归属给动物。一旦意识（无论它如何被定义或刻画）被牵扯进来，我们就回到了曾给道德能动性考量带来巨大困难的根本性的认识论问题：如果动物（或机器）有内在的心灵生活，我们是怎么知道这一点的呢？

2.3.2 认识论问题

动物权利哲学追随边沁的脚步，改变了用来决定道德地位以及谁或什么要被纳入道德主体共同体的操作性问题。然而，这个问题被提出和研究的方式却并不一定摆脱了根本性的认识论问题。正如马修·卡拉柯（2008，119）所描述的那样，英美哲学传统下的动物权利哲学的首要关切已经"使整个领域的研究集中在确定动物实际上是否真的受苦，以及在多大程度上可以在经验上证实这一点"。无论合格标准是 λόγος（逻各斯）的能力（通过意识、智能、语言等等来刻画）还是受苦的能力（辛格称之为"感觉能力"），研究者们仍然面临着他心问题的某种变体。例如，我们如何知道某个动物或者某个其他人确实在受苦？如何可能通达和评估他者所经受的痛苦？卡拉柯写道："忠于其笛卡尔主义和科学抱负的现代哲学所感兴趣的是不可怀疑之物，而非无可否认之物。哲学家们想要的是证明：动物确实在受苦，动物觉察到自己在受苦；他们还要求论证为什么动物的受苦应该与人类的受苦相提并论。"（Ibid.）然而，这种不可怀疑的、确定的知识似乎是无法获得的：

乍看上去，"受苦"和"科学的"这两个词不能或不应该被

放在一起考虑。当"受苦"这个词用在我们自己身上时，它指的
是与不快情感有关的主观经验，例如恐惧、疼痛和沮丧等，这
些情感是私密的，只有体验者自己知道。（Blackmore 2003, Koch
2004）因此，当我们把"受苦"这个词用在非人类动物身上时，
我们就假定它们也拥有那些对它们来说私密的并因而无法为我们
所知的主观经验。但另一方面，"科学的"意味着通过使用可被
公开观察到的事件来检验假设并进而获得知识。问题在于，我们
对于人类意识所知甚少（Koch 2004），以至于我们不知道我们应
该在我们自身中寻找哪些可公开观察的事件来确定我们是否在主
观地经历受苦，更不用说要让我们去在其他物种中找寻什么可公
开观察的事件来确定它们是否在主观上经历着与我们的受苦相类
似的经验（Dawkins 2001, M. Bateson 2004, P. Batson 2004）。因此，
对动物之受苦的科学研究似乎建立在一个内在矛盾之上：它要求
验证不可验证之物。（Dawkins 2008, 1）

因为受苦被理解为一种主观的、私密的经验，所以没有确定的、可信
的经验方法去获知其他存在者如何体验着诸如恐惧、痛苦或沮丧等不
快的情感。因此，似乎他者的受苦（特别是动物的受苦）在根本上就
是不可被通达的和不可知的。正如辛格（1975, 11）欣然承认的那样，
"我们无法直接体验其他存在者的痛苦，无论这个'其他存在者'是
我们最好的朋友还是一条流浪狗。疼痛是一种意识状态，一种'心灵
事件'，它本身永远无法被观察到"。

在考虑机器、特别是那些被设计得能够表现出看似是情感反应的
机器时，我们经常会遇到类似的困难。在《2001：太空漫游》中，

戴夫·鲍曼被问到 HAL 是否拥有情感。鲍曼回答说，HAL 显然表现得好像拥有"真正的情感"，但他承认无法确定它们实际上是"真实的情感"，还是被植入人工智能用户界面中的巧妙编程把戏。因此，问题在于如何决定情感的显象实际上是否产生自真正的情感，还是说只是情感的外在表现和模拟。正如托马斯·M. 乔治斯（Thomas M. Georges）（2003, 108）所指出的，这是"机器人能思考吗"问题的另一个版本，它不可避免地会遭遇有关他心的认识论问题。乔治斯把机器和动物在概念上关联起来，并解释道："人们开始接受这样的想法：机器能展现出快乐、悲伤、困惑或愤怒等情感的外在显象，或者能够对刺激做出各种反应，但人们认为这仅仅只是表面功夫而已。显示屏上显示的笑脸图案显然是一种模拟。我们不会误认为它是真实的感受，正如我们不会认为玩具熊的笑容代表了什么真实的情感。但是，随着仿真效果越来越好，我们什么时候会说某种类似于人类情感的东西真的在齿轮、马达和集成电路中出现了呢？那么非人类动物呢？它们有情感吗？"（Ibid, 107—108）

至少在辛格看来，这种认识论上的限制并没有阻碍我们进行探究。尽管我们无法进入其他人或动物的脑袋中去看看他们是否以及如何体验痛苦和其他情感，但辛格（1975, 11）认为我们能够"通过各种外在迹象推断出他们有那些感受"。辛格通过重新运用某种版本的笛卡尔式自动机假设来论证这一点：

理论上来说，当我们假定其他人经受痛苦时，我们总是**可能**犯错。可以设想：我们最好的朋友其实是一个构造非常精巧的机器人，被一个聪明的科学家控制着，能够展示出感受疼痛的所有迹象，但实际上和其他机器一样没有感觉。我们永远无法完全确定这种情况是否就是现实。不过，尽管这或许会让哲学家感到困惑，但没有什么人会真正怀疑我们最好的朋友和我们一样能够感受疼痛。我们需要通过推论才能知道他们感受到疼痛，但这种推论非常合理，它建立在对他们在那些我们会感受到疼痛的情境中的行为的观察，并且我们有十足的理由假定我们的朋友是和我们类似的存在者，他们拥有和我们类似的神经系统，其功能与我们的神经系统类似，并能够在类似的场景中产生出类似的感受。如果我们有理由假定其他人类也和我们一样能够感受疼痛，那么我们有什么理由不承认在其他动物的情况中我们也能进行类似的推论呢？（Ibid., 11—12）

尽管看上去很合理并且以常识为基础，但是这种处理他心问题（无论涉及的是人类、动物还是机器）的进路有一个不太值得称赞的履历。例如，该进路恰恰是面相学（physiognomy）的主要策略——面相学是一门古老的伪科学，曾因一部名为《面相学》（*Physiognomonica*）的伪作而被错误地追溯到亚里士多德。面相学的现代支持者和阐释者约翰·卡斯珀·拉瓦特（Johnn Caspar Lavater）（1826，31）认为，"面相学是关于人的外在和内在、可见的外表与不可见的内容之间的对应关系的科学或知识"。尽管这种在外在身体表现和内在心灵状态之间建立形式关联的努力得到了民间传统和常见假定的支持，但它依旧被广泛地斥责为"坏科学"。尤其是，黑格尔在他的《精神现象学》（1801）中就花费了很多篇幅来批评面相学及与之相关的颅相学这一伪科学。"'认识人的科学'（拉瓦特的术语），处理的是假定的人类，就像面相学的'科学'处理的是他假定的现实，其目的是把日常面相学的无意识判断提高到知识的水平，因此是既缺乏基础又缺乏目的的东西。"(Hegel 1977, 193) 根据黑格尔的分析，无论拉瓦特等人如何努力给它披上科学的外衣，面相学的一般实践"都无法告诉我们任何东西，严格来说，它是闲聊，或者只是纯粹的个人意见的表达"(Ibid.)。或者，正如黑格尔后来在《哲学科学百科全书》的第三部分（也是最后一部分）中所总结的那样，"因而，想要把面相学……提升到科学的高度，这是一种最虚妄的幻想，甚至比认为从植物的形状中就能认识其疗效的 *signatura rerum*[1]（以形补形学说）还要虚妄"(1988, 147–148)。

尽管被广泛斥责为伪科学，面相学中所采用的一般方法仍然被用于它之后更加严格的科学中。例如，1806 年，查尔斯·贝尔（Charles Bell）出版了《解剖学与表达的哲学》（*Anatomy and Philosophy of Expression*）。查尔斯·达尔文（1998, 7）认为该著作"为该学科的科学地位奠定了基础"。实际上，达尔文在《人类与动物的情感表达》（*The Expression of the Emotions in Man and Animals*）一书中继承并发展了这一科学。在这部首次发表于 1872 年的著作中，达尔文不仅考察了在多大程度上不同的身体"表达是心灵状态的典型特征"(Darwin 1998, 24)，还提出了一种原则性的方法，通过观察到的各种身体运动的物理证据来评估人类和动物的情感状态。尽管这门科学的发展可以说比面相学的技艺更具科学性，但它依然试图通过对外在表达的考察来确定情感状态——从字面上来讲，表达（expression）就是一种"压

---

1 *signatura rerum* 在这里指的是一种认为植物的外在形状直接表现其内在本质与疗效的传统医学学说。例如：核桃长得像脑子，因此吃核桃可以补脑。有时也被翻译为"药效形象学说"。——译者注

出来（pressing out）"。或者，正如德里达（1973，32）借用胡塞尔《逻辑研究》中的话所说的那样："表－达（ex-pression）是一种外在化。它把最初在内在找到的意义赋予某个外在的东西。"

这些进路所面临的主要困难在于，它们试图根据各种各样的外在证据来确定内在的心灵状态。因而，它们需要某种"信仰之跃"，而正如珍妮弗·马瑟（Jennifer Mather）（2001，152）所指出的，这个问题在当代的动物行为学研究中仍然存在。"尽管我不知道它们会有什么感觉，但我却能够比较容易地做一次信仰上的飞跃，认出这条在遭受惩罚前畏缩的狗、这只在爪子被压到时尖叫的猫，并假定它们感到疼痛或受苦。不过对我来说，要决定我的一只章鱼在碰到海葵而退缩时是否感到疼痛，或者一只龙虾在被煮时是否感到疼痛，则没有那么容易。"这种以辛格（2000，36）所说的"各种外在迹象"为基础的推论和假定的问题在于，它总是要求"信仰之跃"，而这个信仰之跃既不能在每个情况下都被严格地应用，也不能够在每个情况下都被完全地定义或捍卫。其主要问题在于，如何通过推论来跨越这个外在证据与内在状态之间的鸿沟。因此，德里达（2008，79）在解读笛卡尔的《谈谈方法》时写道："我们应当警惕的是从外在到内在的过渡，不要轻易相信我们能够从这种**外在**的相似性归纳出它们也有相应的**内在**状态，也就是说，不能轻易相信动物有灵魂、有和我们类似的情感和激情。"辛格似乎可以容忍面相学或表达的不太科学的方法，与辛格不同，笛卡尔至少在这个问题上"表现得非常审慎"（Derrida 2008，79），他拒绝承认任何依赖于猜想、推论或信仰之跃的东西。

尽管这种"从外在到内在的过渡"（Ibid.）面临着严重的认识论困难，但这并不一定会阻止我们去认真思考非人类动物的道德地位。正如唐娜·哈拉维（2008，226）所说："哲学和文学上的那种认为我们所拥有的只是表象而无法通达动物所思所感的自负想法是错误的。人类知道或能够知道我们之前所不知道的东西，而评估这种知识的权利则植根于历史性的、有瑕疵的、生成性的跨物种实践之中。"哈拉维认为，那种"爬进自己或他者的脑袋里去从内部获知一切"（Ibid.）的标准哲学问题在原则上是不可能的。但她认为，这种"他心问题"并不会阻止我们去理解他者或推卸我们对他者的责任。哈拉维的这种说法直接质疑了至少从笛卡尔（德里达看中他方法论上的"审慎"）时代就已存在的认识论限制。事实上，正是在这一点上，哈拉维的《当物种相遇》（*When Species Meet*）与德里达的《因此我所是的动物》展开了正面较量。

　　或许这两种努力最显著的交锋点体现在他们对典范动物的选择上。哈拉维主要关注的是狗，而德里达主要关注的是猫。或者更准确地说，是一只在某个特定场合下在浴室中撞见他的母猫（Derrida 2008, 5）。有趣的是，在波兰语中，"他有猫"的翻译是 *On ma koty*，这也是一句俗语，通常用来指精神错乱和不稳定（这个俗语背后的想法看上去有些道理：那些房子里养了很多猫的人或多或少都有些"不对劲"）。在哈拉维看来，德里达倒不一定疯了；他只是在考察他与这只特定动物的相遇时走得不够远。哈拉维（2008, 19—20）认为，尽管这位哲学家"明白，现实的动物回看现实的人类"，而且也明白，"关键问题"不是"猫是否能'说话'，而是我们是否能知道**回应**（respond）意味着什么，以及如何把回应和反应（reaction）区分开来"，但他并没有足够认真地对待他与猫的这次相遇。哈拉维写道，"他差一点就做到了尊重（respect）和 *respecere*（回看），但他被西方哲学和文学的正典给分心了"（Ibid., 20）。

根据哈拉维的解读，正是因为这位哲学家分心了，事实上，他一直在分心，受到文字、而且是书面文字的影响而分心了，所以"德里达没能履行一个简单的同伴物种的义务；他并不好奇那只猫那天早晨在回看他时可能真的在做些什么，感觉些什么，想些什么，或者甚至在向他提供些什么"（Ibid.）。因此，很遗憾的是，德里达"没有考察他所熟知的书写技术之外的其他交流实践"（Ibid., 21）。这种对德里达哲学的批判具有某种吸引力，主要原因在于它利用了一种对德里达整体哲学事业的流行而持久的批评，即他似乎顽固地坚持"在文本之外没有任何东西"（德里达在很多地方一再阐述过这个观点）（Derrida 1988, 148）。哈拉维认为，德里达在他那部关于动物问题的重要著作中实际上做了他一直在做的事情。德里达自己纠缠于西方哲学正典的文本材料中，尤其是笛卡尔、列维纳斯、海德格尔、拉康的著作，因而错失了与这只猫——这只在文本之外的某个特定时间、特定地点与他相遇的个体猫——互动的机会。哈拉维（2008, 23）就德里达这个人的私人内心的生活做了这么一个推断："我愿意相信他实际上知道如何与这只猫打招呼，并在那种相互回应的、礼貌的舞步中开始每个清晨，但如果是这样的话，那种具身心灵的相遇并没有推动他公开的哲学思考。这很遗憾。"

针对这一"遗憾的失败"和尊重的根本缺失，哈拉维（2008, 26）提出了一种不同的"交流"概念：她追随格雷戈里·贝特森（Gregory Batson）将这种"交流"称作"非语言的具身交流（non-linguistic embodied communication）"。不过哈拉维小心翼翼地避开了与这一概念相关的形而上学陷阱和圈套。在她看来，"非语言的具身交流"完全不同于让 – 雅克·卢梭（1966, 6）所谓的"手势语"，正如德里达在《论文字学》中所指出的，它仍然根植于逻各斯中心主义之中并支持着逻各斯中心主义；也不同于面相学中的"肢体语言，主体内在活动在其自发姿态中的表达"（Žižek 2008b, 235）；也不同于传播学中所发展出来的非语言交流的概念。相反，哈拉维通过借鉴伊曼纽尔·列维纳斯的革新，指出了新的方向。"非语言具身交流的真相或诚实，依赖于不断地回看并问候重要的他者。这种真相或诚实并非某种无修饰的、梦幻般的自然本真性，就好像只有动物才拥有这种自然本真性，而人类则注定幸福地拥有故意说谎的能力。相反，这种说出真相（truth telling）涉及的是相互回看者之间共同构成的自然的文化的舞蹈、尊重和关注。"（Haraway 2008, 27）

因而，对哈拉维来说，"非语言的具身交流"并不是某种通过肢体表达来实现一种直接交流的浪漫观念。它既非无修饰的也非梦幻般的"自然本真性"。相反，这是一种在与他者目光交汇之中的相互交流。正如哈拉维所详细论述的那样，它是一种"共同构成的自然的文化的舞蹈"，体现在犬类敏捷性的高难度运动中。在这种情况下，关键的问题不是边沁的"它们能够受苦吗？"而是"动物能够玩耍吗？或者能够工作吗？甚至，我能够学会与**这只猫**玩耍吗？"（Haraway 2008, 22）哈拉维强调，在这些游戏性的相遇中，参与者"并不先于这一相遇"（Ibid., 4），而恰恰是在他们交互互动的过程中才首次成为他们之所是的东西。在这种新的交流概念中，互动的主体是关系的产物，而不是某种先行存在的实体；这种新的交流概念显然对"同伴物种"关系中的双方都颇具前景，哈拉维描述它的方式也很小心，避免简单地滑回到形而上学的语言和语言的形而上学之中。

尽管这一发展颇具前景，但哈拉维的理论仍旧调用了另一个形而上学上的特殊优待——对视觉、眼睛以及他者的注视的特殊优待。只有那些在回看中目光能在"在接触地带面对面地"与她的目光（Ibid.,227）相遇的他者，才被认为有能力参与这种非语言的交流。因而对哈拉维来说，同伴物种在诸多方面与光学有不可分割的关联。

> 在最近关于同伴物种的演讲和写作中，我不断使用这些词汇：关注／尊重／互相看见／回看／相遇／视觉的－触觉的遭遇。物种和尊重之间有着视觉的／触觉的／情感的／认知的联系：它们一起围坐在餐桌，是同餐之友，是同伴（companioins），在一起（in company），*cum panis*（同享面包）。我也喜欢"物种（species）"一词中固有的张力——这个词既有"逻辑类型"的含义，又不屈不挠地指向个体，既和 *specere*（看）联系在一起又渴望／期待着 *respecere*（回看）……我试图说出来和写出来的那种伦理关注可以跨越许多种物种差异被体验到。其可爱之处在于，我们只有通过看和回看才能够了解。*Respecere*。（Ibid., 164）

无论是有意还是无意，这种表述都赋予了某些特定种类的动物以同伴物种的特殊优待，例如，狗，以及某些老鼠和猫，它们眼睛在面部的位置使得它们的眼睛能够与我们的目光相遇，此外，这种表述也倾向于排除任何不与、且在结构上无法与人类主体眼对眼、面对面的东西。因此，哈拉维所关心的"伦理关注"完全只位于眼睛之中，也就是所谓的灵魂的窗户之中。归根结底，重要的只是互相之间的看与回看。因而，哈拉维的尊重同伴物种的伦理学不仅利用了列维纳斯伦理

学的基本创见——将道德考量刻画为与他者面对面的相遇，而且还继承了该创见所面临的一个持续的、系统性的困难——这种对"面容（face）"的理解仍然是人类的，或至少是人类主义的。尽管《当物种相遇》一书中的他者已不再仅限于人类，但他／她／它仍然是通过有关谁或什么可以被算作他者的排他性决定被刻画的。那么，针对哈拉维的批评，或许可以说德里达的分析并不一定失败了，可能德里达在回应一只特定的猫的打扰时，故意不重蹈人类中心主义形而上学中排他性决定和操作的覆辙。因此，或许德里达实际上比哈拉维以为的要更加尊重动物他者以及其他种类的动物。

2.3.3 伦理问题

从泰勒具有刻意讽刺性质的《为畜权辩护》开始，动物伦理就在辛格所说的"解放运动"的大旗下得到组织与发展。"解放运动对我们的道德视野进行拓展，并对平等的基本道德原则进行扩展和重新诠释。从前被视为理所当然的种种做法，现在被视为是一种不公偏见的后果。"（Singer 1989, 148）拓展现有道德视野的边界，以包容从前被排除在外的群体，这种做法听上去似乎无可指摘。卡拉柯（2008, 127）指出，这种"'解放的逻辑'……是一种思考动物伦理和其他进步政治运动的常见模式，以至于很少有理论家或活动家会去质疑它的基本前提"。然而，这种进路也有其自身的困难，因而不应免于批判。泰勒的《为畜权辩护》一书实际上给出了一些最早的批判性考察。在该书中，泰勒从拓展道德边界以纳入曾被排斥的群体这一主张中推出了在他看来荒谬的、不可能的结论。尽管泰勒的归谬论证旨在挫败那些扩大妇女权利的努力，但他对"道德拓展"的一般质疑并非毫无

164_

道理。实际上，卡拉柯（2008, 128）就认为，这种盛行于动物伦理中的拓展道德边界的努力可能实际上是"一个错误，也许是在该领域中已经出现的最严重的错误"。

首先，拓展现有道德法律框架以包容曾经被排除在外的主体的努力可能在逻辑上是自相矛盾的。正如托马斯·伯奇所说：

> 将权利授予他者，这一做法所面临的问题的关键在于，它预设了持续存在着一个能够授予他者权利的掌权者的位置（当我们将自然当作受益者时，这个问题会变得尤为显著）。将权利授予自然，这要求我们将自然纳入我们人类的法律权利与道德权利的系统，而这仍然是一个（以人类为中心的 [*homocentric*]）等级和统治系统。自由主义的使命在于让更多其他类别的他者参与到该系统中来。它们被允许加入该行列并享受权力的好处；它们被吸纳进来。但显然，一个统治系统不可能给予**所有**被统治者完全的平等而不自我毁灭。（Birch 1995, 39）

将现有的道德权利拓展到曾经被排除在外的群体，这丝毫没有挑战以人类为中心的（伯奇在这里用的是以拉丁文为前缀的"homocentric"而非以希腊文为前缀的"anthropocentric"）伦理学的基本权力结构。[1]

1　伯奇使用了拉丁前缀的 *homo-*，而不是希腊文前缀 *anthropo-*，但如果我们分别用这两种语言去理解这个前缀，就会产生一种有趣的效果。*Homo* 在拉丁文中的意思是"人类"，但在希腊文中这个词的意思是"相同的"。因此，伯奇的"**以人类为中心的**伦理学（*homocentric* ethics）"也可以指一种和之前的伦理学相同的伦理学，因为它仍然完全以人类主体为中心。

它采用了这个结构，并调整策略，以便将曾经被排除在外的他者纳入其组织之中加以吸收。这种做法不仅没有改变现行的等级和统治结构，而且，如果这种做法的逻辑被推到极致，最终将会分崩离析或自我摧毁。因此，正如卡拉柯（2008, 128）所总结的那样，"当动物权利理论家和动物解放主义者采用经典的人类主义和人类中心主义的标准来支持赋予动物某些权利以保护它们免于受苦时，存在着一种奇特的讽刺：**因为恰恰是这些标准在历史上为针对动物的暴力提供了理由**"。

其次，正如哈拉维的文本所表明的那样，动物伦理学在理论发展和实践活动中都仍旧是一项排他性的事业。尽管如辛格（1975, 1）所说"一切动物皆平等"，但有些动物却始终比其他动物更加平等。而这种排他性或许在汤姆·雷根的著作中得到了最好的体现。雷根认为，"为动物权利辩护"并不能涵盖一切动物，而是只限于那些足够复杂的物种，它们至少拥有最低水平的、与人类相似的心智能力："当某些动物与典型的有意识的存在者（即正常的、成熟的人类）在解剖学和生理学上的相似性越大时，我们就越有理由认为它们和我们一样拥有意识的物质基础；当某些动物在解剖学和生物学上越不像我们时，我们就越没有理由认为它们拥有心智生活。"（Regan 1983, 76）

这将导致一种极具选择性的、有可能自相矛盾的、不幸地反复无常的伦理学，那些根据解剖学和生理学上的相似性被认为与我们最接近的动物被包容在内，而其他动物则完全不在考虑之列。正因如此，雷根的《为动物权利辩护》中的"动物"被限定在"心智正常的一岁以上的哺乳动物"（Ibid., 78），并将其他一切排除在外。卡拉柯（2008,

130）正确地指出："尽管雷根本人并不想要用他的理论来创造出一套新的排除法，把那些不具备这些特性的动物排除在道德关切之外（相反，他主张在划界时要采取宽容的进路），但他的理论却恰恰产生了这个效果。"因此，辛格并不确定他自己在多大程度上是正确的。当辛格写下下面这段话时，他没有意识到自己多么精确地指出了以受动者为导向的伦理学所面临的根本问题："我们应该始终警惕'仅存的最后一种歧视'这一说法。如果我们从解放运动中学到了点什么，我们就应该明白，要察觉到我们自己对某些特殊群体的潜在偏见是多么困难，除非这种偏见被强有力地指明出来。"（Singer 1989, 148）尽管动物伦理学中充满了颇具前景的创见，但它仍然是一项有其自身潜在偏见的排他性事业。

最后，或许最为重要的是，尽管动物伦理学和动物权利哲学的发展开辟了将至少某些动物纳入道德共同体的可能性，但它们仍然将机器排除在外。如果像雷根（1999, xii）所说的那样，在传统上，道德哲学的经典著作中曾经并无动物一席之地，那么我们也可以说，在最近的动物权利哲学的努力中也无机器一席之地。在决定"如何在有意识的动物和无意识的动物之间划一条分界线"的过程中，雷根（1983, 76）不可避免地将机器的形象视作被排除在外的他者的典型案例。"由于某些动物在这些方面与我们有许多根本性的差异，我们可以合理地认为它们完全没有意识。正如车库的自动门在识别到电信号时就会打开，或者正如弹球机在记录到玩家的猛烈操作就会亮起'倾斜!'，我们或许也可以合理地认为某些动物在世界中展现出'行为动作'时是没有任何意识的。"（Ibid.）尽管雷根是坚定的反笛卡尔主义者，但他的工作仍然深受动物－机器这一模型的影响。在雷根看来，尤其是那

些与真正有感觉的动物相比表现得更像是自动机器的非哺乳类动物，它们是可以被合理地排除在道德考量之外的，因为这些动物只是在根据预先设定好的指令来做出反应，没有任何迹象表明它们意识到了什么。

因此，雷根的分界线与他猛烈抨击的笛卡尔传统并无甚差别。笛卡尔在人类（甚至包括心智上最不健全的人类）和动物－机器之间划下分界线，而雷根在有感觉的哺乳动物（注意，其中并不包括所有的人类，例如，"心智极度迟钝的""心智上有缺陷的"以及"未满一岁的婴儿"）和那些仅仅只是有机机器或生物机器的动物之间划下分界线。雷根这一决定的有趣之处不仅仅在于他不断地通过将某些动物等同于机器来将它们排除在外，还在于机器被不容置疑地直接置于道德考量之外。当道德上的排斥被颁布、分界线被划定时，机器自始至终都是被排除的他者。换句话说，机器不仅仅只是一种被排斥的他者，它恰恰是排斥他者的机制本身。

这种未被质疑的排他性并不仅限于雷根在动物伦理学中的特定进路，它也存在于人工智能和机器人学的文献中以及最近对于动物权利伦理学的批判性考察中。前者在史蒂夫·托伦斯（2008, 502）所说的"伦理地位有机论"中有所体现。尽管托伦斯并不一定支持这个论点，但他仍然认为在机器伦理学领域的未来发展中，有机论（这个理论有很多不同的版本）需要得到重视。根据托伦斯的刻画，有机论包含以下五个互相关联的组成部分。

a）在拥有有机特征或生物特征的生命体与"纯粹的"机器之间，存在着至关重要的二分。

b）可以恰当地认为，只有真正的有机体（无论是人类还是动物；是自然出现的还是人工合成的）才能够拥有内在道德地位——因而任何在机器－有机体的二分中明显属于机器一边的东西都不能被融贯地视为拥有任何内在道德地位。

c）道德思维、道德感受和道德行动有机地产生于人类物种以及很多或许更加原始的物种（它们可能具有某些形式的道德地位，至少是原型或胚胎形式的道德地位）的生物历史中。

d）只有能够拥有感觉和现象意识的存在者才能真正被纳入道德关切或道德评价。

e）只有生物有机体能够真正地有感觉或有意识。（Torrance 2008, 502－503）

这样一来，托伦斯自己虽然并没有直接参与到有关动物权利哲学的争论中，但他对道德可考量性的阐述却与动物伦理学领域主张的观点如出一辙。就像雷根有关动物权利的决定一样，有机论（按照托伦斯对这种观点的刻画）也划定了一条分界线，建立了一套二分法，将一类存在者与另一类存在者区分开来。一边是有感觉的、因而能够被合法地纳入道德考量的有机的或有生命的有机体，无论它们是自然出现的还是人工合成的。另一边是没有任何道德地位的纯粹机器。因此，正如托伦斯明确承认的那样，这种划分事物的方式将"明确地把机器人排除在完整的道德地位之外"（Ibid., 503）。研究人员、科学家、工程师通常都会采用这种观点（尽管这种观点并不总是被冠以"有机论"这一名称）来解释和辩护将机器排除在严肃道德考量之外的做法。尽管他们的想法在细节上或许有很大的不同，但基本的论证却总是惊人

地一致：机器不能成为合法的道德主体，因为它们没有生命。

这也导致了一个附带的伤害：在最近重新评估和批判动物权利哲学中所盛行的排他性策略的努力中，机器被边缘化了。在这些案例中，重要的并不是人们关于机器明确说了什么，而是机器在讨论中明显缺席了。例如，马修·卡拉柯的《动物志》（2008, 3）一书在"人类－动物区分"上着墨颇多，但在其他形式的他性（即机器的他性）上却几乎沉默无言。用德里达式（1982, 65）的话来说，这种沉默在抹除的痕迹中显而易见。也就是说，机器在文本中被排除在考量之外，这种排斥通过它从文本中被划掉或删去时所留下的痕迹而显现出来。例如，卡拉柯在总结他对"动物问题"的研究时引用了唐娜·哈拉维颇具影响力的《赛博格宣言》中非常著名的一段话："到了20世纪末……人类与动物之间的界限已经被彻底打破。人类独特性的最后阵地——语言、工具使用、社会行为、心灵事件——也已经被污染，甚至变成了游乐园。没有什么东西可以真正令人信服地把人类与动物区分开来。而且很多人也不再觉得有必要进行这种区分。"（Calarco 2008, 148）通过引述这段话，卡拉柯想要"坚决拒绝人类－动物区分的舒适性与熟悉性"（Ibid.）——卡拉柯发现这一区分甚至在德里达这样富有革新精神的批判思想家的著作中都依然是根深蒂固的。然而在这个对哈拉维的引述中，有趣的是卡拉柯决定要排除和略去的东西。

对哈拉维来说，至少在她的《赛博格宣言》中，人类和动物之间的界限瓦解之后，紧接着的是"第二个有漏洞的区分"，即"动物－人类（有机体）与机器"之间的区分："20世纪末的机器已经彻底模糊了自然物和人造物、心灵和身体、自我发展和外部设计之间的区别，以及其他许多曾一度适用于有机体和机器之间的区别。我们的机器令人不安地充满活力，而我们自己却令人恐惧地怠惰迟缓。"（Haraway 1991, 152）因此，《宣言》针对的是一个复杂的、多层面的界限的瓦解，牵涉了人类－动物－机器区分的方方面面。然而，卡拉柯将自己的批判分析限定在人类－动物的区分之上，并在此过程中有效地将机器排除在考量之外。这种排他性的决定在卡拉柯截取哈拉维文本的方式上体现得尤为明显。当他选择他所选择的那些段落时，他就在字面意义上把机器删除了。

然而哈拉维（至少在她最近的著作中）并没有做得更好。尽管《宣言》中已经强调了人类独特性如何在概念上被污染以及曾经将有机体与机器区分开来的边界如何变得模糊，但哈拉维在其最新著作中除了对"lapdog"（宠物狗）和"laptop"（笔记本电脑）这两个词在名称上的重合所包含的潜在喜剧效果进行了简短的考虑之外，似乎更感兴趣的是重新在"critters（动物）"（哈拉维的用词）和机器之间做出区分，这些动物占据了物种相遇的接触地带——在面对面的相遇中，"现实的动物和人类"带着尊重"相互回看对方"（Haraway 2008, 42），而"机器，它们的**反应**会引起关注，但是它们并没有那种要求承认、关怀和共情的**在场**与面容"（Ibid., 71）。尽管最近这些道德思考中的反思和革新似乎颇具前景，但对机器的排斥似乎是最后一个被社会所接受的道德偏见。

由于这些原因，任何形式的动物伦理学都是一项排他性的事业，它所实施和颁布的种种带有偏见的决定和它所反对并试图取而代之的人类中心主义理论与实践一样都有问题。不过，这一结论可能并不完全准确，或者可能并没有注意到动物权利哲学中所包含的一些细

微差异。事实上，这一结论依赖于两个互相关联的假定。一方面，可以说动物权利哲学并不一定想要做到无所不包。尽管泰勒（1966，10）主张"所有事物在其内在的、真实的尊严和价值层面上是平等的"的观念，卡拉柯（2008, 55）也强有力地辩护了"**一种普遍伦理考量**（*universal ethical consideration*）的概念，即一种没有任何先天限制或边界的伦理考量"，但主流的动物权利哲学（至少就辛格、雷根等哲学家所代表的动物权利哲学而言）并不承诺这种无所不包的普遍性。虽然环境伦理学试图阐述一种"普遍考量"的伦理学（这尤其体现在伯奇 [1993] 的工作中），但与环境伦理学不同，动物伦理学从不把自己视为一种适用于万物的伦理学。事实上，德里达就告诫我们不要不加批判地使用"动物（Animal）"这个普遍的、无所不包的词：

> 事实上，一种批判性的不安将持续存在，一个核心的争论焦点将在我想要讨论的一切中不断重复。这首先将再次针对"动物（The Animal）"这个一般概念的单数使用，就仿佛所有非人类生物都可以被归入动物（The Animal）这一共同的类别中，不论所有的"动物（animals）"在它们存在的本质中有着什么样的深刻的差异和结构的限制，因此我们会建议，从一开始就把这个名称放在引号中。（Derrida 2008, 34）

所以，动物权利哲学既没有提供，也不打算提供那种"普遍考量"，因而也就不应该因为做出了有关谁或什么被包容在道德共同体之内或排除在道德共同体之外的战略决策而受到指责。尽管动物权利哲学始终批判传统的人类中心主义伦理学的排他性姿态，但这并不意味着动物权利哲学自身必须是一项不包含任何其他排他性决定的无所不包的努力。

另一方面，对其他形式的他性（如机器）的排斥，这只有在动物和机器共享同样的或至少是大致相似的本体论地位并在实际上无法区分时才成为一个问题。而这正是笛卡尔的人类中心主义形而上学的主张，它在人类主体（唯一能够进行理性思考的造物）及其非人类的他者（既包含动物也包含机器）之间划定了一条分界线。事实上，对笛卡尔来说，动物和机器在本质上是可以互换的，而在笛卡尔的文本中，这一结论被明确地用一个著名的（或者说臭名昭著的）复合短语**"动物－机器"**标明出来。从这种笛卡尔式的视角出发。动物权利哲学或许会显得不完整且不充分。也就是说，那些将道德考量拓展到非人类动物的努力很不幸并没有考虑到动物他者的另一面——机器。或者，正如我在其他地方所说的，"尽管机器的命运自笛卡尔以来就与动物的命运紧密相连，但这两者之中只有一个获得了被纳入道德考量的资格。这种排斥不仅很奇怪；它根本就是不合逻辑的、站不住脚的"（Gunkel 2007, 126）。

然而，我们并没有理由接受这一结论，除非我们已然接受了这个有关动物与机器之间关联关系的假定，无论这种关联关系是被表述为笛卡尔式的动物－机器还是被表述为利维（2009, 213）用"机器人－动物类比"这个术语所描述的较弱一些的关联关系；但动物权利哲学并不接受这种假定。事实上，研究动物问题的哲学家，从辛格和雷根到德里达和卡拉柯，即便不是猛烈抨击这种笛卡尔式的遗产，至少也对其保持批判态度。实际上，他们的努力所针对的恰恰正是动物－机器中的这个连字符，他们试图在两者之间划定新的分界线。而这些哲学家几乎一致同意，这个分界线的决定性因素在于是否能受苦。例如，在辛格看来，接受笛卡尔式的框架会促使我们去否定一个无比真实的、在经验上被证明的事实，即动物能够并且确实体验着疼痛："尽管17世纪法国哲学家勒内·笛卡尔曾主张动物是自动机器，但不论当时还是现在，对大多数人来说，如下事实都是显而易见的：如果我们将一把尖刀刺入一条未被麻醉的狗的肚子里，这条狗会感到疼痛。"（Singer 1975, 10）

雷根紧随其后，认为笛卡尔的哲学立场导致他否认了动物受苦的现实。雷根（1983, 3）写道："尽管表面上看起来并非如此，但实际上它们不能够觉知到任何东西，觉知不到景象和声音，觉知不到气味和滋味，觉知不到热和冷；它们经验不到饱和饥、恐惧和愤怒、快乐和痛苦。他（笛卡尔）曾认为，动物就像钟表：它们在某些事情上能够做得比我们更好，正如时钟能够更好地计时；但是，正如时钟一样，动物是没有意识的。"尽管笛卡尔的辩护者们，例如约翰·科廷汉（1978）和彼得·哈里森（Peter Harrison）（1992），认为这种对笛卡尔的刻画是漫画式的，并不完全准确或合理，但实际情况是，在动物权利哲学领域，动物和机器已经成功地通过感觉能力被区分了开来，尤其是疼痛的感觉。动物似乎和人类一样能够体验疼痛和快乐，而像恒温器、机器人、计算机这种机器，无论其设计有多么复杂，实际上都感觉不到任何东西。尽管有可能在动物和机器之间建立一些颇有说服力的类比关系，但正如戴维·利维（2009, 214）所总结的那样，"有一个极其重要的差别。动物能够以机器人无法做到的方式受苦和感受疼痛"。

2.3.4 方法论问题

如果动物伦理学的工作方式根源于边沁的问题"它们能受苦吗"，那么排除机器的做法似乎就是完全合理且正当的。只要没有机器能够或甚至看似能够体验疼痛或其他感觉，那么这一点就是正确的。可是如果实际情况并非如此呢？德里达（2008, 81）指出，"笛卡尔已经以一种貌似纯属偶然的方式谈及一种可以很好地模拟活体动物的机器，这种机器会'在你伤害它的时候大声叫唤'"。笛卡尔的这段论述出现在《谈谈方法》一书中的一个简短的附加性讨论中，它被用来把动物和机器关联起来——德里达（2008, 79）将这一关联称为"自动机假设"——从而把人类和动物区分开来。然而，从动物伦理学的视角出发，这段论述可以有另一种解读。即如果真的有可能造出一台能够满足笛卡尔要求的机器，一台"在你伤害它的时候大声叫唤"的机器，我们难道不应该因此断定这台机器是有感觉的、能够体验疼痛吗？值得注意的是，这不仅仅是一个理论构想或者思辨性的思想实验。事实上，机器人工程师不仅造出了能够合成可信的情感反应的机器（Bates 1994; Blumberg, Todd, and Maes 1996; Breazeal and Brooks 2004），例如牙科培训机器人 Simroid 就会在学生"伤害"它时发出痛苦的叫唤（Kokoro 2009），而且还造出了能够"体验"某种类似快乐和疼痛的东西的系统。

这种进路背后的基本设计原则，在恰佩克颇具影响力的作品《罗素姆万能机器人》中已经有所预见并得到了解释（这部 1920 年的剧作创造并首次使用了"机器人 [robot]"这个词）：

　　加尔博士：正是如此。机器人实际上感觉不到任何物理疼痛，因为小罗素姆对神经系统的简化有点过头了。事实证明这是一个错误，而我们正在致力于恢复疼痛。

　　海伦娜：为什么……为什么……如果你们不赋予它们灵魂，那么你们为什么想要给它们疼痛？

　　加尔博士：出于工业上的理由，格洛里小姐。机器人有时候会伤害自己，因为它感觉不到疼痛；它们会把手伸进机器里，切断手指，或者甚至打破自己的脑袋。这对它们都无所谓。但如果它们拥有痛觉那么他们就会自动避免伤害。

　　海伦娜：它们感觉到疼痛时会更加幸福吗？

　　加尔博士：恰恰相反，但这将是一个技术上的进步。(Čapek 2008, 28—29)

　　恰佩克笔下的加尔博士所做的努力，并不仅仅出现在科幻作品中。它们已经越来越成为一个科学事实，并成为机器人研究与工程中的一个重要方面。例如，汉斯·莫拉维克（1988, 45）就主张将"快乐"和"疼痛"作为自动机器人系统的适应性控制机制。由于要设计出能应对所有情况和事件的机器人是非常困难的，甚至是不可能的，更有效率的做法是去设计植入了某种"调节机制"的系统。莫拉维克写道："我所设想的调节软件会从机器人内部的任何地方接受两种信息：一种是有关成功的信息，一种是有关故障的信息。有些信息会由机器人的基本操作系统产生，例如代表电量充足的信息或即将发生碰撞的信息。另一些和执行某些特定任务更加相关的信息，则可以由负责这些任务的应用程序产生。我将把成功信息称作'快乐'，把危险信息称作'疼痛'。疼痛会倾向于打断活动进程，而快乐会增加活动持续进行下去的概率。"(Ibid.)

尽管这种对"快乐"和"疼痛"这两个词的用法可以被视为一种弗兰克·霍夫曼（Frank Hoffmann）（2011, 135）所说的"对动物行为学术语的严重滥用"，但实际情况是，人工智能研究者和机器人工程师已经成功地对情感进行建模，并造出了能够以貌似有感觉的方式来给出反应的机器。在一篇被颇具煽动性地命名为《当机器人哭泣时》（When Robots Weep）的文章中，胡安·D. 委拉斯凯斯（Juan D. Velásquez）（1998）描述了一个名为 Cathexis 的情感计算模型及其在一个名为 Yuppy 的虚拟智能体上的实现。Yuppy 具有狗的外形，并被设计得能够模拟真实宠物狗的行为。

> Yuppy 在不同情况下会产生不同的情感行为。例如，当它的**好奇**驱动很强时，虚拟 Yuppy 四处游荡，寻找由某些人类携带的合成骨头。当它遇到一块骨头时，它的**快乐**程度就会增加，特定的行为，如"摇尾巴"和"接近骨头"，就会处于活跃状态。另一方面，随着时间的推移，如果没有找到任何骨头，它的**痛苦**程度就会上升，悲伤的行为，如"垂下尾巴"，就会被执行。同样，当它四处游荡时，可能会遇到黑暗的地方，这将引起它害怕的反应，它将后退并改变方向。(Velásquez 1998, 5)

如果辛格根据外在迹象去推论内在状态的进路被一贯地运用到这类机器人上，有的人或许会得出结论，认为这种机制确实体验了某种类似快乐和疼痛的东西并因此在最低限度上是有感觉能力的（至少就辛格对这个术语的定义而言）。事实上，恰恰正是基于这种推论，像委拉斯凯斯这样的机器人工程师和人工智能研究者才会经常使用"好奇""快乐"或"害怕"这样的词汇去描述人工自主智能体。然而，在辛格看来，有一个重要的区别，它使事情变得非常复杂并排除了得出这种结论的可能性："我们知道，其他动物的神经系统并不是人工制造出来以模仿人类的疼痛行为的，而机器人则或许可以被人工制造出来。"（Singer 1975, 12）

这句看似简单直接的陈述，利用了至少自柏拉图以来就一直在发挥作用的两组概念上的对立——自然 *vs.* 人造，真实 *vs.* 模仿。辛格认为，动物和人类能够体验真实的疼痛是因为它们是自然选择的产物，而不是技术人造物。尽管有可能设计出一个机器人或其他什么设备来模仿看似是快乐或疼痛的东西，但它也仅仅只是模仿这些感觉而并没有体验真实的疼痛或快乐。在那个模仿了笛卡尔自动机假设的几乎所有要素的段落中，辛格写道，我们最好的朋友有可能其实只是一个"制作精巧的机器人"，它被设计得能够展现出疼痛体验的外在显象，但实际上和其他没有心智的机械一样没有任何感觉。或者，正如史蒂夫·托伦斯（2008, 499）所解释的那样，"如果我认为一个表现得非常痛苦的人不能有意识地感受到痛苦，只是表现出痛苦的'外在的'行为迹象而没有任何'内在的'感觉状态，那么我就不太可能感受到对这个人的道德关切"。因而，很多人都想要把那些能够模拟各种情感状态的外在迹象的存在物，也就是托伦斯所说的"无意识的行为者"（Ibid.），和那些真正体验到疼痛经验这种内在感觉状态的存在者区分开来。用更加带有形而上学色彩的术语来说，外在显象和真正的内在现实是两码事。

尽管人工智能研究者和机器人工程师是从另一个完全不同的方向来思考这个问题，但他们也采用了类似的概念区分（例如，外在—内在，显象—实在，模拟—现实）。在人工智能领域中，这种做法的最著名的版本或许就是约翰·塞尔的"中文屋"。这个有趣的、影响深远的思想实验在 1980 年的《心灵、大脑和程序》（Minds, Brains, and Programs）一文中被提出来，并在后续的一系列作品中得到了更详尽的阐述，被当作一个反驳强人工智能主张的论证。塞尔在一个对该论证的简短重述中写道，"这个论证从以下思想实验出发"：

> 想象一下，一个完全不懂中文的英语母语者被关在一个房间里，这个房间里全都是装有中文符号的盒子（数据库），他身边还有一本指导他如何操作这些中文符号的书（程序）。想象一下，房子外面的人递进来一些其他中文符号，而房间里的人并不知道，这些递进来的符号是用中文写就的问题（输入）。再想象一下，房间里的人可以通过遵循程序中给出的指令来把一些中文符号递出屋子，这些递出去的符号构成了对那些问题的正确回答（输出）。这个程序使得房间里的人能够通过理解中文的图灵测试，但同时又一丁点中文都不理解。（Searle 1999, 115）

塞尔这个富有想象力的（尽管它也带有种族优越感[1]）例子的要点很

1　在这个例子中选择中文既不是偶然的，也不是没有先例的。显然，任何其他语言都可以用来作为例子。为什么是中文？这是因为在现代欧洲人的想象中，中文和它的书面文字尤其构成了他性的主要标志。莱布尼茨尤其对中文书写感到着迷，将其视为欧洲语言和文字在概念上的对照物（Derrida 1976, 79—80）。

简单——模拟和真实的东西是两码事。仅仅把符号移来移去，表现得貌似理解一门语言，这并不能等同于对这门语言的真正理解。正如特里·维诺格拉德（1990, 187）所解释的那样，计算机并不真正理解它所处理的语言符号；它只是在"操作符号但并没有涉及对它们的诠释"。或者，正如塞尔在谈论这一洞见对人工智能的标准测试的影响时所总结的那样："这表明图灵测试并不能把真正的心智能力和对这些能力的模拟区分开来。模拟和复制并不是一回事。"（Searle 1999, 115）

类似的观点也出现在了有关其他心智能力（例如感觉能力和疼痛经验）的讨论中。如 J. 凯文·奥雷根（J. Kevin O'Regan）（2007, 332）所说，即便有可能设计出一个机器人，"尖叫并做出躲避的行为，在一切方面都模仿人类在疼痛时会做出的行为……所有这些都不足以保证，对这个机器人来说，实际上有某种疼痛的**体验**（*something it was like* to have the pain）。这个机器人可能只是做出了表现疼痛的动作但或许实际上什么感觉都没有。要让这个机器人**真正体验到**疼痛，或许还需要某些额外的东西，而这个额外的东西就是**原始感受**（*raw feel*），或者内德·布洛克（Ned Block）所说的**现象意识**（*Phenomenal Consciousness*）"。在奥雷根看来，看似很像疼痛的程控行为并不是对疼痛的真正体验。和塞尔一样，他认定需要更多的东西才能使这些疼痛感觉的显象成为实际的疼痛。

不论人们有没有清楚地认识到这一点，这些思想实验和证明其实都只是柏拉图《斐德罗篇》（*Phaedrus*）结尾所展示的苏格拉底反对书写技艺的论证的不同版本。在苏格拉底看来，书面文本可能会提供某种看起来像智能的显象，但它并不因此就真正有智能。柏拉图（1982,

275d）笔下的苏格拉底说道："书写有这种奇怪的性质，它和绘画十分相似；绘画中所画的生物站在那里和活的生物没两样，但如果你问它们一个问题，它们只能报之以庄严的沉默。书写的文字也是这样；你或许会认为它们在说些什么就好像它们有智能一样，但是如果你问它们问题，想要对它们所说的东西有更多的了解，它们却总是只能说出同样的东西。"根据这种苏格拉底式的解释，技术人造物和书面文本一样，常常会给人以一种智能的显象，让人们认为它拥有某种类似智能的东西；但仅凭这种纯粹的显象，它并不实际上有智能。如果你询问一个书面文本，它永远不会说出任何新的东西。它只能不断说同样的东西。因此，它只不过是一个死的人造物，只能不断再生产出预先设定好的指令，虚有其表。

事物的纯粹显象和实在事物自身之所是之间的区分是一个有说服力的区分，在哲学上相当有吸引力。正如任何哲学学生都会立即意识到的那样，这通常被认为是柏拉图主义形而上学的基本构架。对于主流的柏拉图主义来说，实在外在于现象并超越现象。也就是说，实在之物位于超感官的理念领域——柏拉图称之为 ειδος——而有形的、有限的人类所感知到的东西则是派生的、有缺陷的幻影。这一学说最终被称为"形式学说"，并以不同的形态贯穿了柏拉图的著作。例如，这一学说在《理想国》中通过洞穴喻而得以阐明。表面上看，洞穴喻涉及的是图像的欺骗性。它将在地下洞穴中所遇到的事物的阴影般的幻影和在太阳的完全照射下展现自身真实之所是的实在事物区分开来。然而，为了让这个通常所谓的本体论区分显现出来，我们就不仅要能够通达事物的显象，还要能够通达实在事物自身之所是。换句话说，只有当我们拥有关于实在事物的某些知识，并能够将事物的显象

与实在事物进行比较和评价时，事物的显象才能够被识别为显象并显现为显象。

　　这听起来有点抽象，但我们可以通过美国电视的所谓黄金时代的一个流行的电视游戏节目来阐明这一点。这个名为《别对我说谎》(*To Tell the Truth*) 的节目由鲍勃·斯图尔特（Bob Stewart）创作，由马克·古德森（Mark Goodson）和比尔·托德曼（Bill Todman）制作（他俩可以说是电视游戏节目行业的罗杰斯 [Rogers] 与汉默斯坦 [Hammerstein]），自 1950 年代首播以来断断续续地在几个美国电视网播出。《别对我说谎》是一个组队节目，和它的前身《明星猜猜看》(*What's My Line*，1950—1967) 一样，由四位名人组成一个小组，他们要面对另一个由三名挑战者组成的小组。[1] 每个挑战者都会声称自己是某个特定的人，有一些不寻常的背景、值得关注的生活经历或独特的职业。名人小组负责质问这三个人并根据他们对问题的回答判定这三个人中到底哪一个确实是他或她宣称自己所是的那个人——也就是说，判定到底是谁在说实话。在交流过程中，两名挑战者会故意说谎，在回答名人小组的问题时假装成他们所不是的另一个人，而剩下来的那名挑战者则会说实话。"真相时刻"出现在游戏的结尾，当节目主持人问出关键性的问题"请真正的某某某站起来，好吗?"时，三位挑战者中的一位会站起来。这样一来，站起来的这个人就表明了他或她才是货真价实的实在事物，而其他两个人只是冒牌货。然而，这种验证只有通过让那个实在事物最终站起来显示自己的真实身

1　有关《别对我说谎》和《明星猜猜看》的更多信息，请参见流行文化和相关现象的重要信息源：维基百科 (http://en.wikipedia.org/wiki/To_Tell_the_Truth, 2023 年 1 月 22 日访问)。

份才有可能。

类似塞尔的中文屋的那些试图把事物的显象和实在事物自身真实之所是区分开来的验证必定会要求我们不仅要能够通达事物的显象，还要拥有某种特殊的、直接的渠道可以通达实在本身。例如，为了把疼痛经验的显象和真实的疼痛经验区分开来，研究者不仅要能够通达看似疼痛的外在迹象，还要能够通达出现在他者心灵或身体中的真实的疼痛经验。然而，这一要求面临着至少两个根本性的哲学困难。首先，毫不奇怪的是，这个过程将遭遇他心问题。也就是说，我们没办法进入其他存在者——无论是人类、非人动物、外星生命体还是机器——的头脑里面去确定他们是否真的体验了他们看似拥有的那些感觉。不过，这里所面临的困难实际上要比这个心灵哲学领域内部的老大难的具体问题要更加复杂和普遍。这是因为，根据伊曼努尔·康德的批判哲学，人类知识绝对无法通达事物自身真实之所是。

康德追随柏拉图主义的先例，将通过感官的中介显现给我们（有限的、有形的人类）的对象和事物自身真实之所是（*das Ding an sich*）区分开来。康德（1965, A42/B59）在《纯粹理性批判》的开篇写道："我们想要说的是，我们的一切直观不过是对显象的表象；我们所直观的事物自身之所是也不是我们所直观到的样子，而它们之间的关系也并不自在地是它们向我们显现出的那样。"这一区分导致了一个根本的、不可调和的割裂："对象被理解为有**双重含义**，即作为显象的对象与作为事物自身的对象。"（Ibid., Bxxvii）人类只能通达前者，而后者，至少对我们来说，是永远无法通达的。"对象自在地、脱离了我们感性的一切接受性可能是什么样的，这对我们来说是完全不可知的。我们只能知道我们感知它们的方式——这种方式是我们所独

有的，尽管它被所有人类所共享，但却未必被一切存在者所共享。"
(Ibid., A42/B59)

尽管事物自身是彻底不可通达的，康德仍然"相信"它的存在："不过还有一点需要注意：尽管我们不可能**知道**作为事物自身之所是的对象是什么样子，但我们至少必须能够把它们**设想**为事物自身之所是；否则的话我们就会得出荒谬的结论：可以没有显现着的东西却有显象。"（Ibid., Bxxvi）因此，康德重新调用了实在事物及其纯粹显象之间的柏拉图主义区分，并且给出了进一步的限定：如果我们在界定我们理性的恰当使用与恰当限度时绝对谨慎，那么我们就应该认识到实在事物永远超出了我们理性所能把握的范围。这对研究机器受动性（不仅仅是机器受动性，甚至是受动性本身）意味着什么，是既显而易见又令人担忧的。我们根本无法确定当某个事物（无论是有生命的、没有生命的或是其他）表现得貌似体验到疼痛或其他什么内在状态时到底有没有这种体验。换句话说，我们无法跨越事物向我们显现的样子和事物自身之所是之间的鸿沟。尽管这么说听起来很冷酷麻木，但这意味着，如果某个东西表现得似乎处在疼痛之中，我们最终是无法确定它到底是否真的处在疼痛之中的。

其次，我们不仅很难（甚至完全不可能）通达事物自身之所是，我们甚至无法确定我们是否知道"疼痛"到底是什么。这一点正是丹尼尔·丹尼特在《为何无法造出一台感到疼痛的计算机》（Why You Can't Make a Computer That Feels Pain）一文中所问的问题。在这篇标题颇具挑衅意味的文章中，丹尼特想象"通过实际编写出一个疼痛程序或设计出一个痛感机器人"（Dennett 1998, 191），来试图反驳支持人类（和动物）例外主义的标准论证（该文的发表比痛感机器的初步工作原型的出现要早上数十年）。在就这个问题进行了一段冗长而细致的讨论之后，丹尼特最终认为，我们事实上无法造出一台感受疼痛的计算机。但丹尼特之所以这么说的理由是出人意料的，也没有为道德例外主义者提供任何支持。在丹尼特看来，我们之所以无法造出一台感受疼痛的计算机，并不是由于机制上的或者编程上的技术限制，而是因为我们首先就无法决定什么是疼痛。正如丹尼特的深入思考所表明的，我们所能做的最多只能是解释各种各样"疼痛的原因和结果"，但"疼痛本身却并没有显现"（Ibid., 218）。

这样一来，丹尼特的文章（辅以其中所包含的几张复杂的流程图）证实了莱布尼茨就任何种类的感知觉所下的断言："想象有一台机器，其构造使得它能够思考、感受和感知；我们可以进一步设想它被放大了，但同时其构造的各部件又保持着相同的比例，以使得我们能够走进其中，就像我们走进一个磨坊那样。如果我们接受这些假定，那么当我们观察其内部时，我们只能观察到机器的不同部分互相推动，而我们永远无法观察到任何可以解释感知觉的东西。"（Leibniz 1989, 215）在当时的历史环境下，莱布尼茨的思想实验考虑的是机械而非计算机建模，但和丹尼特一样，它能够找到感觉的因果机制但却无法找到感觉本身。因而，丹尼特所证明的并不是某个可行的疼痛概念在当下或在可预见的未来无法在计算机或机器人的机制中实现，而是疼痛的概念本身就是武断的、不确定的、模糊的。在文章的结尾，丹尼特（1998, 228）写道："不可能有正确的疼痛理论，因而没有任何计算机或机器人能够实现正确的疼痛理论，而它们要感受真实的疼痛的话，就必须要实现一个正确的疼痛理论。"因而，丹尼特所证明的并不是我们没有能力设计一台感受疼痛的计算机，而是我们始终无

法确定和阐明到底是什么构成了疼痛经验。尽管边沁的问题"它们能受苦吗?"或许彻底改变了道德哲学的发展方向,但实际上"疼痛"和"受苦"这些概念与它们所要取代的概念一样模糊不清、难以界定和定位。

最后,所有这些关于在机器中实现疼痛或受苦的可能性的讨论自身蕴含着一个特定的道德两难。瓦拉赫和艾伦(2009, 209)写道:"如果有一天机器人能够体验到疼痛和其他情感状态,那么问题就来了:建造这样的系统是不是道德的?——不是因为他们可能会如何伤害人类,而是因为这些人工系统自己将会体验到的疼痛。换言之,建造一个有身体结构、能够体验剧痛的机器人,这在道德上是合理的吗?是否应该被禁止?"如果为了验证感觉能力的边界,我们事实上有可能造出一台"感受疼痛"(无论这个概念如何定义和实现)的机器,那么建造一台这样的机器在道德上就是成问题的,因为我们没有尽一切可能去减少它的受苦。因此,道德哲学家们和机器人工程师发现他们处在一个奇怪的、不适的境地。为了验证感觉能力和道德责任,我们需要能够制造出这样的机器;但这么做却可能已经是在进行某种潜在不道德的行动。为了证明道德责任的可能性,我们需要一些证据,而为了获得这些证据我们需要采取一些行动,但这些行动的后果似乎在道德上是可疑的。换言之,对机器道德地位的验证可能会要求我们做一些不合乎伦理的行动;验证他者的道德受动性,这件事本身可能对于他者来说就是相当痛苦的。

2.4　信息伦理学

对动物伦理学的批评之一是：尽管这种道德革新承诺要阻止人类中心主义的传统，但它自身仍然是排他性的。卡拉柯（2008, 126）指出："如果占统治地位的伦理理论——从康德主义到关怀伦理学再到道德权利理论——都不愿意将动物纳入其考量的范围，那么显而易见的是，新兴的、对动物更加开放、包容的伦理学理论就只有通过施加另一些同样严重的排他性限制才能发展其立场。"例如，环境伦理学和大地伦理学一直在批评辛格的"动物解放"和动物权利哲学，因为它们虽然将某些有感觉的动物纳入了道德受动者的共同体，但却同时将其他种类的动物、植物以及构成了自然环境的其他存在物排除在外了（Sagoff 1984）。作为对这种排他性的回应，环境伦理学家追随以前的各类解放运动（例如动物权利哲学）的先例，主张更大程度地拓展道德共同体以包容这些被边缘化的他者。奥尔多·利奥波德（1966, 239）写道："大地伦理学只是拓展了共同体的边界以包容土壤、水、植物和动物，或者笼统地说，大地。"这类伦理学主张把道德甚至法律权利拓展到"森林、海洋、河流和其他所谓的'自然物'"（Stone 1974, 9）上。或者正如保罗·W. 泰勒（Paul W. Taylor）（1986, 3）所解释的，"环境伦理学关心的是人类与自然世界之间的道德关系。支配着这些关系的道德原则，决定了我们对地球的自然环境以及所有栖居于此的动物和植物所负有的职责、义务和责任"。

这一努力有效地拓展了合法的道德受动者共同体的边界，以包容那些曾经被排除在外的他者，但并不令人意外的是，环境伦理学也因为遗漏了另一些东西而遭到批评。尤其是，环境伦理学赋予了"自

然物"（Stone 1974, 9）和"自然世界"（Taylor 1986, 3）特殊优待而排除了非自然的人造物，例如艺术品、建筑、技术、机器等（Floridi 1999, 43）。这种区别对待体现在，这些其他存在者通常不会被给予任何明确的考量。也就是说，它们在文本的材料中是完全缺席的，正如在利奥波德的大地伦理学写作中从来没有非自然人造物的位置。或者，有的时候这种区别对待的做法会得到明确的解释和辩护，例如，泰勒的《尊重自然》（*Respect for Nature*）一书通过调用标准的人类中心主义、工具主义的理论来论证机器没有需要被尊重的"属于它们自身的善"：

> 机器的目的和目标是由它们的人类创造者设定的。正是人类最初的目标决定了这些机器的结构和目的论功能。尽管这些机器会进行目标导向的活动，但它们作为独立存在者并不具有属于它们自身的善。只有当它们被用作一种实现人类目的的有效手段时，它们的"善"才会得到"增进"。与此相反，有生命的植物和动物有属于它自身的善，正如人类有属于他自身的善一样。它独立于宇宙间的任何其他东西，其本身就是目标导向的活动的中心。哪些东西对它来说是好的或是坏的，这需要通过它自身的存续、健康和福祉来理解。作为一个生命体，它寻求其自身目的的方式与任何有目的论结构的机器都不同。只有通过诉诸**它自身**的目标我们才能对它的行为作出目的论解释。但我们却不能以同样的方式对待机器，因为对于机器来说，任何目的论解释最终都必须诉诸它们的人类制造者在制造它们时所设定的目标。（Taylor 1986, 124）

泰勒明确地将机器排除在他的环境伦理学之外，这里的引人注目之处在于，他承认这种排斥不一定适用于所有种类的机器。泰勒继续写道："我应该补充说明：机器和有机体之间的区分对目前以人工智能之名开发的复杂电子设备可能并不适用。"（Ibid., 124–125）因而，通过这个简短的说明，泰勒既承认了环境伦理学的结构性边界（不把机器视作合法的道德主体），又指出了未来的道德理论可能需要把这些被排除的他者视为与其他有机体一样的合法的道德受动者。

一个接受了这一挑战的学者是卢西亚诺·弗洛里迪，他发展了一种新的"以存在为中心的、以受动者为导向的、生态学的宏观伦理学"（Floridi 2010, 83）。弗洛里迪通过重新考察他所理解的一切行动不可化约的、根本性的结构来引入这一概念。弗洛里迪（1999, 41）写道，"任何行动，无论是否有道德意义，都具有一个行动者与受动者二元关系的逻辑结构"。他认为，标准的或经典的伦理学要么只关注行动者的性格品质（例如，德性伦理学），要么只关注行动者的行动（例如，后果主义、契约论、义务论）。因此，弗洛里迪认为，经典的伦理理论的关注点"不可避免地是以人类为中心的"，而"对受动者只有相对的兴趣"（有的时候他也会把受动者称为"接受者"或"承受者"）（Ibid., 41–42）。这种哲学现状最近遭遇了来自动物伦理学和环境伦理学的挑战。动物伦理学和环境伦理学都"试图发展一种以受动者为导向的伦理学，其中'受动者'不一定是人类，也可以是任何形态的生命体"（Ibid., 42）。

无论这些转变多么具有革新性，弗洛里迪认为它们对真正普遍和公正的伦理学来说都是不够的。他认为："即便是生命伦理学和环境伦理学也没能达到完全的普遍性和公正性，因为它们仍然对无生命之物或者纯粹可能之物抱有偏见（即便是大地伦理学也对技术和人造物抱有偏见）。在它们看来，只有有生命的东西才值得被视为道德主张的适当中心，无论其中所包含的生命程度多么低，因而一整个宇宙逃过了它们的注意。"（Ibid., 43）因此，对弗洛里迪来说，生命伦理学和环境伦理学代表了一种道德哲学中不完全的革新。一方面，它们阐明了一种更加普遍的伦理学，不仅将注意力转向了受动者，还使更多的存在者有资格成为受动者，从而成功挑战了人类中心主义传统。但与此同时，它们在伦理学上仍然抱有偏见，因为它们用生命中心主义取代了传统的人类中心主义。因此，弗洛里迪试图将生命伦理学和环境伦理学的革新往前再推进一步。他保留了它们以受动者为导向的进路，但"把成为道德关切的中心所需要达到的门槛降低到了任何存在者都共有的最小共同点"（Ibid.），无论是有生命的存在者，无生命的存在者，还是其他类型的存在者。

对弗洛里迪来说，这个最小的共同点是信息性的，因此，他将自己的方案命名为"信息伦理学（Information Ethics）"，简称 IE：

> IE 是一种用**存在中心主义**取代**生命中心主义**的生态学的伦理学。IE 认为，有某种比生命更基本的东西，即**存在**——也就是，所有存在者及其地球环境的存在与繁荣——而且还有某种比受苦更根本的东西，即**熵**。熵绝不是物理学家的热力学熵的概念。在这里，熵指的是信息对象的任何形式的**毁坏**或**损坏**。更加形而上学地来说，熵就是包括**虚无**在内任何形式的**存在**的匮乏。（Floridi 2008, 47）

追随生命伦理学和环境伦理学的革新，弗洛里迪改变了道德哲学的焦点、降低了包容的门槛，或者用弗洛里迪自己的术语来说，降低了抽象层级（LoA），从而拓展了道德哲学的范围。只要某人或某物作为一个融贯的信息体而存在，那么它就是道德受动者，值得某种程度的伦理考量（不论这种程度多么微小）。因此，从 IE 的角度来看，只要某物尊重并促进了一个存在者的信息福利，就可以说它是好的；只要它降低了一个存在者的信息福利，导致了信息熵的增加，就可以说它是坏的。事实上，对于 IE 来说，"反抗信息熵是一条需要被遵守的一般道德法则"（Floridi 2002, 300）。

这种关注点上的根本性转变，使得道德考量的领域向许多其他种类的他者敞开：

> 从 IE 的视角出发，伦理话语现在开始关注信息本身，也就是说，不仅关注所有的人、他们的培养、福祉和社会互动，也不仅关注动物、植物和它们适当的自然生活，还关注所有存在的东西，从绘画和书籍到星星和石头；任何可能或将会存在的东西，例如子孙后代；以及任何曾经存在但已经消失的东西，例如我们的祖先。与其他非标准的伦理学不同，IE 更加公正、更加普遍——或者说在伦理上更加没有偏见——因为它最大程度地拓展了我们关于哪些东西可以算作信息中心的概念，无论它们是否被物理实现。（Floridi 1999, 43）

弗洛里迪**以存在为中心**的 IE 看起来和约翰·卢埃林（John Llewelyn）（2010, 110）所主张的具有"一种真正民主的伦理性"的"生态伦理学（ecoethics）"非常相似，尽管两者在哲学光谱上处于相反的两端：后者借鉴的是伊曼纽尔·列维纳斯的创见。[1]对卢埃林来说，真正重要的是**存在**本身："我们的主题是存在本身。我们所要处理的不仅是区别于过去存在或未来存在的当下存在。而是说，我们所要处理的是生态伦理学决策领域中的存在，在其中我们的所作所为会影响某物的存在，会促成某物的不存在。"根据卢埃林的主张，存在事关伦理学。我们在道德上有责任要在我们做或不做的一切事情中将他者的存在纳入考量，无论这个他者是否当下存在于我们面前。因此，任何尊重了"他者，无论是人类还是非人类"（Llewelyn 2010, 109）的存在的事物都可以在道德上被视为"好的"。

反过来说，任何促成了他者的不存在的事物在道德上都是"坏的"。然而，考虑到卢埃林的理论出发点，我们可以理解他并没有使用弗洛里迪改造过的"熵"的术语来表述这一观点。相反，他采用了一个修正过的、源自于动物权利哲学的概念——**受苦**。"受苦不一定是受疼痛之苦。当某一事物被剥夺了某种善好时，它就在受苦。但存在是事物的善好之一。事物的存在不同于它的本性，也不同于它所具

1　西尔维亚·本索（Silvia Benso）在《物的面容》（*The Face of Things*）中提出了一个类似的列维纳斯式立场。本索（2000, 131）写道："伦理学首要处理的并不是好、坏或恶。相反，它处理的是一个人能够维持多少实在——不一定是人类可获得的本体论实在，而是形而上学实在，即拒绝被概念把握的另一种实在。这样一来，好的事物就被定义为最大限度地保护实在免遭破坏的事物，而坏的事物则被定义为反对实在、助长破坏和毁灭的事物。伦理学的**韵律**不再是抽象的价值原则，而是实在本身，它的具体性，物的重量。"虽然所用术语不同，但本索所说的"破坏"看起来与弗洛里迪所说的"熵"基本相似。然而，由于哲学学科中持续存在的分析哲学与欧陆哲学的分歧，这些交叉点和联系点往往被错过和忽视了。如果这两个阵营之间还有契机和理由展开持续的、富有成效的对话（而非不屑一顾的回应或漠不关心的宽容），那么这个契机和理由就是这种对伦理学的新思考。

有的或本质性的或偶然性的各类性质。事物的存在是它的善好之一，如果它能说话，它会请我们保护其存在，如果它不能说话，那么其他能够说话的存在者就应当为它发声。"（Llewelyn 2010, 107）虽然卢埃林并没有使用和信息相关的术语，但他对"受苦"概念的重塑在形式上和功能上都与弗洛里迪对"熵"这一术语的改造非常相似。根据卢埃林的论证，我们有责任去保护和尊重一切存在的事物并为那些无法为自己说话的存在者——"动物、树木和石头"（Llewelyn 2010, 110）——发声和代言。但是，当卢埃林把生态伦理学与言辞以及为不能发声者发声的责任联系在一起时，他的方案仍然扎根于并受限于 λóγος（逻各斯）以及那被认定为将 λóγος 作为其唯一决定性特征的存在者，即人类或 ζωον λóγον έχον（有逻各斯的动物）。这意味着，无论卢埃林的"生态伦理学"乍看上去多么有前景，它都仍然是一种人类主义，尽管这种人类主义被诠释得更加"人道"（Llewelyn 2010, 95）。弗洛里迪的 IE 有其自身的问题，但至少它的表述一以贯之地挑战了人类主义的残余。

这一挑战也是根本性的。事实上，假如我们非常宽泛地理解"终结"这个词，那么我们或许会想说 IE 构成了"伦理学的终结"。在海德格尔看来，**终结**不仅指某物的终止，即它不再存在或耗尽的**终点**，而且还指其目的或预期计划的完成或实现——也就是古希腊人所谓的 τελος（目的）。海德格尔（1977b, 375）写道："作为一种完成，终结是向最极端的可能性的聚集。"根据弗洛里迪的说法，IE 的规划将会完成辛格（1989, 148）所说的"解放运动"的规划。正如其他非标准的伦理学一样，IE 感兴趣的是扩大道德共同体的范围，以包容以前被排除在外的非人类他者。但与之前的这些努力不同的是，IE"更公正"和"更普遍"。也就是说，它并没有造成额外的在道德上成问题的排斥，并且相较于动物权利哲学或环境伦理学所建立的普遍性而言，IE 的普遍性更加普遍——换言之，它是真正普遍的。因此，IE 决心要实现一种更充分的道德普遍主义，这种对道德普遍主义的追求，正如贝恩德·卡斯滕·施塔尔（Bernd Carsten Stahl）(2008, 98)所指出的那样，"几千年来一直在困扰着伦理学家们"，而 IE 的做法看上去将会终结关于什么是或应该是合法道德主体的无休止的争论。

应该指出的是，这并不意味着弗洛里迪认为 IE 是完美无缺的。他明确承认，"和其他任何宏观伦理学一样，IE 的立场并非全无问题"（Floridi 2005, 29）。不过弗洛里迪对于 IE 的现状和前景确实非常乐观。弗洛里迪这样展望不远的将来："IE 力图提供一个好的、无偏见的平台，不仅教育计算机科学和 ICT（信息与通信技术）的学生，也教育信息社会的公民。新的世代将需要对整个生物环境和信息环境的伦理责任与管理工作拥有一种成熟的理解，从而培养对环境的负责任的关怀，而不是掠夺或纯粹的开发。"

因此，正如许多在 ICT 和伦理学领域工作的学者所认识到的那样[1]，弗洛里迪的 IE 提供了一个令人信服的且有用的方案。这是因为它不仅能够包容更多可能的对象（活的有机体、组织团体、艺术作品、机器、历史存在物，等等），还拓展了伦理思考的范围以涵盖那些由于各种原因而通常被排除在最近道德思考革新之外的他者。然

1　对这一点最好的说明或许是《伦理学与信息技术》（*Ethics and Information Technology* 10[2–3]）2008 年的一期特刊，该特刊的标题是《卢西亚诺·弗洛里迪的信息哲学和信息伦理学：批判性反思与现状》（Luciano Floridi's Philosophy of Information and Information Ethics: Critical Reflections and the State of the Art），由查尔斯·埃斯（Charles Ess）主编。

而，尽管 IE 有许多优点，它也仍然不乏批评者。例如，米科·西波涅（2004, 279）称赞弗洛里迪的工作"大胆且打破常规，旨在挑战道德思考中的诸多基本信条，包括有关什么构成了道德能动性以及我们应该如何对待那些值得道德尊重的存在者的信条"。但与此同时，西波涅并不认为 IE 及其对信息熵的关注能够更好地阐明道德责任。事实上，西波涅主张，"IE 的理论并不如它的主要竞争对手（例如功利主义以及各种有关可普遍化性的理论）那么实用"（Ibid., 289），因而 IE 归根结底是一种实践意义不大的实践哲学。施塔尔（2008）为了促进"有关弗洛里迪信息伦理学之优点的讨论"，着重关注该理论所宣称的普遍性，并将它与其他进路所发展的普遍性相对比，尤其是尤尔根·哈贝马斯（Jürgen Habermas）和卡尔－奥托·阿佩尔（Karl-Otto Apel）的对话伦理学。在施塔尔看来，"这种对两个相关的伦理理论的比较"旨在发起"一个关于 IE 目前在哪些方面有进一步细化和发展空间的批判性讨论"（Ibid., 97）。

更进一步，菲利普·布雷（Philip Brey）（2008, 110）认为弗洛里迪可以说是引入了"计算机伦理学的一种激进的、统一的宏观伦理基础，以及一种本身就富有挑战性的伦理学理论"，使道德哲学"既超越了只把人类视为道德受动者的经典的人类中心主义立场，又超越了把活的有机体或生态系统的诸要素也纳入道德受动者中的生命中心主义和生态中心主义立场"（Ibid., 109）。然而，尽管这些革新颇有前景，布雷仍然认为 IE（至少就弗洛里迪所发展的版本而言）并没有足够说服力。因此，他主张对 IE 进行"修正"，从而取其精华，去其糟粕。布雷写道："我将论证，弗洛里迪并没有成功地证明所有存在的东西都有某种最低限度的内在价值。不过我将论证，该理论仍然可以在很大程度上得到补救，只要我们将它从一种基于价值的理论修正为一种基于尊重的理论，根据这种基于尊重的理论，许多（即便不是所有）无生命物体都值得道德尊重，但这并不是因为什么内在价值，而是因为它们对人的（潜在的）外在的、工具性的或情绪性的价值。"（Ibid.）布雷所提议的修订方案的有趣之处在于，它恰恰重新引入了IE 一开始所反对的人类中心主义特权。布雷认为弗洛里迪应该这么做："弗洛里迪可以主张说，虽然无生命的对象并不拥有内在价值，但它们仍然值得尊重，这是因为它们对特定人类（或动物）或人类总体具有外在价值或（实际的或潜在的）工具性或情绪性价值。"（Ibid., 113）换言之，布雷为IE 的问题所提供的解决办法，恰恰就是IE 原本想要解决和补救的问题。

这些对IE 的规划的回应，只能在"批判"一词的通俗意义上被视为"批判的"。也就是说，它们指出了IE 目前在表面上所面临的一些问题或不一致之处，从而提出了一些修正、调整、修订或调适，来改良这个系统。然而，在批判哲学的传统中根植着一种对批判活动的更加根本的理解，其努力的方向并不是指出和修复缺陷或瑕疵，而是去分析"该系统之可能性的根基"。正如芭芭拉·约翰逊（1981, xv）所说，这种批判"从那些看似自然、明显、自明或普遍的东西出发，进行回溯，以表明这些东西有其自身的历史，有其之所以如此这般的理由，有其自身之后果，也表明它们并非既定的起点，而是某种它们自己通常视而不见的构造的结果"。从这个角度来看，我们可以说IE 至少有两个**批判性的**问题。

首先，在将关注点从行动者导向的伦理学转向受动者导向的伦理学时，弗洛里迪只是颠倒了一个传统的二元对立。如果说经典的伦理思考所关注的是行动者的性格品质以及（或者）行动者所做的行动而忽略了受动者，那么，IE 所要做的则是追随环境伦理学和生命伦理学的革新，通过强调受动者而非行动者来重新为伦理思考提供新的方向。从字面上看，这确实是一项革命性的主张，因为它颠倒或"翻转了"传统的方案。然而，颠倒本身通常不是一种有效的干预措施。正如尼采、海德格尔、德里达和其他后结构主义者所指出的，对二元对立的颠倒实际上并不能真正地挑战相关系统的根本结构。事实上，颠倒恰恰是以一种颠倒过来的形态保留和维持了传统的结构。肯尼斯·艾纳·希玛在评论弗洛里迪在 IE 领域的早期工作时注意到了这一点对 IE 的影响，他指出，对受动者的关注只不过是老式的以行动者为导向的伦理学的另一面而已。"说某物 X 拥有道德地位（即是一个道德受动者）归根结底只是在说某个道德行动者有可能错误地对待 X。因而，X 拥有道德地位，当且仅当（1）某个道德行动者在如何对待 X 上至少有一项义务，以及（2）这项义务是 X 应得的。"（Himma 2004, 145）根据希玛的分析，IE 的受动者导向的伦理学和传统伦理学并没有什么不同。它只是从另一面来看待行动者与受动者的关系，因此仍然局限在标准的体系之内。

其次，IE 不仅将视角从行动者转移到受动者，从而改变了伦理学的方向，而且还降低了准入的门槛，从而扩大了伦理考量的范围。弗洛里迪（1999, 44）主张："IE 认为，任何存在者，作为对存在的表达，都拥有一种由其存在方式和本质所构成的尊严，这种尊严值得被尊重并因此对与之互动的行动者提出了道德要求，应该有助于约束和指导该行动者的伦理决策和行为。这一本体论上的平等原则意味着，任何形式的现实（任何信息载体），仅仅因为它之所是就享有一种初

级的、可推翻的权利，去按照适合其本性的方式存在与发展。"因此，
IE 既反对排他性的人类中心主义也反对排他性的生命中心主义，并试
图代之以一种相较之下更加包容、更加普遍的"存在中心主义"。

　　然而，在采取这种进路时，IE 只是用一种形式的中心主义取代
了另一种形式的中心主义。正如伊曼纽尔·列维纳斯所指出的，这种
做法和传统做法本质上其实没有什么不同："西方哲学通常是一种本
体论：通过插入一个保障了存在之把握的中间项或中立项来把他者还
原为同一。"（Levinas 1969, 43）根据列维纳斯的分析，西方哲学的标
准操作流程或操作假定就是对差异的还原。事实上，至少从亚里士多
德的时代开始，哲学的通常做法就是通过在表面的多样性的背后寻找
某些本质上的共同点来解释和处理差异。例如，人类中心主义伦理学
在种族、性别、族群、阶级等方面的显而易见的差异之下设定了一种
共同的人性作为其基础。同样，生命中心主义伦理学认为生命本身有
一个共同的价值，它被包含在一切形式的生物多样性之中。而在 IE
的存在中心主义理论中，构成了一切明显的差异化的基础的是存在，
即本体论本身的主题。正如希玛（2004, 145）所说，"任何存在着的
事物，无论是否有感觉，无论是否活着，无论是自然的还是人造的，
都因其自身的存在而拥有一些最低限度的道德价值"。但正如列维纳
斯所言，这种想要通过明确的定义或弗洛里迪的抽象方法来阐明一个
普遍的、共同的要素的渴望实际上是把他者的差异还原为了表面上的
同一。列维纳斯（1963, 43）写道："按照这种思路，哲学将会不断把
所有与之对立的他者还原为同一的东西。"因此，在采取存在中心主
义进路时，IE 将所有的差异还原为一种据说是被一切存在者所共有
的最小共同点。弗洛里迪解释道，"一个存在者的道德价值是基于它

的本体论"。尽管这种进路提供了一种更具包容性的"中心主义"，但它仍然利用了一种中心主义的思路，因此，它对他者的包容也就必定是以将这些他者的差异还原为某种预选定的共同点或抽象层级为代价。

环境伦理学家托马斯·伯奇也提出了类似的批评，他认为一切阐明"普遍考量"的努力都基于一个有根本性缺陷的假定。在伯奇看来，这些努力总是试图阐明某些充分且必要的条件或限定性特征，任何存在者想要被纳入合法道德主体的共同体都必须满足这些条件或特征。这些标准要么是以人类学和生物学的术语来规定的，要么就像在IE那里一样是以本体论术语来规定的。例如，在传统的人类中心主义伦理学中，是 *anthropos*（人类）及其被刻画的方式（应该指出的是，对人类的刻画总是允许相当多的社会协商和重新定义）为决定谁被纳入道德共同体以及谁或什么被排除在外提供了标准。伯奇认为，问题并不在于我们究竟采用哪种中心主义，也不在于我们究竟用什么标准去定义和刻画它。问题在于这整个策略和进路。伯奇（1993, 317）写道："任何为道德可考量性设立任何标准的做法都是在对那些无法满足这个标准、因而不被允许享有**被考量者**（*consideranda*）俱乐部成员资格的他者施加权力，且归根结底是一种针对这些他者的暴力行为。这些他者成为剥削、压迫、奴役甚至消灭的'合适的对象'。因此，道德可考量性问题本身在伦理上就是成问题的，因为它为西方主宰全球的可怕计划提供了支持。"

从这个角度看来，IE并不像它乍看上去那样激进或革新。虽说它对生命伦理学表面上的进步提出了质疑（而生命伦理学曾经也对人类中心主义的局限性提出了质疑），但它的所作所为和生命伦理学在本

质上并无差别。也就是说，它对之前各种形态的宏观伦理学中所固有的问题的批评和修正恰恰是通过引入另一种中心主义——存在中心主义——和另一种所谓的"最终标准"（Birch 1993, 321）来进行的。然而，在这么做的时候，IE 遵循了同样的议程，做出了同样的决定，并摆出了相同的姿态。也就是说，它挑战一种形式的中心主义的方式是设立另一种形式的中心主义，但这种替代并没有从根本上挑战或改变游戏的规则。如果说历史可以教会我们什么的话，那么它告诉我们，一种新的中心主义和标准，无论它乍看上去多么有前景，都如伯奇和列维纳斯所说的那样仍然是一种对他者施加权力和暴力的行为。因此， IE 并不像它所宣称的那样足以对宏观伦理学进行真正彻底的重塑。它不过是把老一套重新包装了一下——新瓶装旧酒。

2.5 小结

道德受动性从另一个角度来看待机器问题。因此，它关心的并不是确定行动者的道德品质或衡量他 / 她 / 它的行动的伦理意义，而是这些行动的承受者或接受者。正如哈伊丁（1994）、弗洛里迪（1999）等人所认识到的那样，这种进路是对议程的重大改变，是一种处理道德权利与责任问题的"非标准"的方式。从字面上来讲，IE 确实是一种**革命性的**替代方案，因为它扭转了局面，不是从主动的行动者的视角，而是从接受者或受动者的立场和角度去思考伦理关系。这种受动者导向的伦理学在动物权利哲学之中有所体现。以行动者为导向的进路关注的是确定某人是不是拥有权利和责任的合法道德人，而动物权利哲学则从一个完全不同的问题出发——"它们能受苦吗?"这一看似简单直接的发问导致了道德哲学的基本结构和议程上的范式转换。

一方面,动物权利哲学批判性地质疑了人类给予自身的、很少被检视的特权,从而挑战了伦理学中的人类中心主义传统。实际上,它是在道德哲学中发起了一场哥白尼式的革命。正如哥白尼挑战了宇宙的地心说模型,并在此过程中动摇了许多人类例外主义的假定,动物权利哲学则挑战了既定的伦理学系统,废止了传统上塑造了道德宇宙的人类中心主义特权。另一方面,这一关注点的重大转变使得曾经封闭的伦理领域再次被打开,以包容其他类型的非人类他者。换言之,道德上重要的事物不仅仅包括了其他"人",还包括了曾经被边缘化的、处于道德共同体大门之外的各种存在者。

尽管这一革新十分重要,但动物权利哲学并非无可指摘,它面临着一系列严重的、似乎无法避免的困难。首先是术语问题。术语问题不仅仅是语义学问题,而且还影响到基本的概念框架。尽管边沁的问题有效地将道德考量的关注点从如何确定"使人成为人的属性",如(自我)意识和理性,转移到了对他者的受苦的关切,但事实证明,"受苦"这个概念同样是一个模糊不清的概念。和意识一样,受苦也是一种神秘的属性,对它可以有各种各样不同的、互相竞争的刻画。更糟糕的是,至少在辛格和雷根那里,这个概念被认为和"感觉能力"有同样的外延,这就导致边沁有关某种基本脆弱性的问题被转变为一个有关一种新的心智能力的问题。这样一来,感觉能力的概念看起来就和意识的概念没什么两样了,只不过是在弗洛里迪和桑德斯(2003)所谓的"较低的抽象层级"上进行表述而已。

其次，这导致了一个似乎无法解决的认识论上的他心问题。即便我们有可能就受苦的定义做出判定，并阐明其必要且充分的条件，我们仍然面临着这样的问题：我们是如何知道其他看似在受苦的人或物是否真的在受苦，还是说他们只是以一种预定的或自动的方式在对负面刺激做出反应，甚至是伪装出那些看似疼痛的效果和迹象？解决这些问题的尝试往往将有关动物权利的争论引向准－经验性的努力或者面相学这样的伪科学，在其中，人们试图通过生理证据或其他形式的可观察现象来辨别内在状态和经验。跟笛卡尔一样，动物权利哲学家们不幸地发现自己处于一种不适的境地：他们无法以任何可信的方式确定某个他者——无论是另一个人、另一个动物还是另一个东西——是否真的在承受和体验被认为是疼痛的感觉。尽管"它们能受苦吗？"这个问题有效地改变了决策标准，促使我们去思考一系列不同的问题，并要求我们去寻找不同种类的证据，但基本的认识论问题仍然悬而未决。

除了这些实质性的问题，动物权利哲学还面临着重大的伦理学后果。虽说它有效地挑战了人类中心主义传统的歧视和系统性偏见，但归根结底，它自己的所作所为也没有好到哪里去。尽管动物权利哲学表面上肯定了辛格（1976）所说的"一切动物皆平等"这一信条，但事实证明，正如乔治·奥威尔（1993, 88）所说，"某些动物比其他动物更平等"。[1] 例如，对于像汤姆·雷根这样的主流动物权利理论家来说，只有某些动物——主要是那些年满一岁、长相可爱、毛茸茸的哺

1　本书已有中译本：《动物庄园》，乔治·奥威尔著，隗静秋译，上海三联书店，2009年。——编者注

乳动物——才有资格具备道德上的重要性。其他种类的存在者（例如爬行动物、贝壳类动物、昆虫、微生物等）则实际上无关紧要，不值得严肃的道德考量，而且根据雷根对"动物"一词的特定刻画，它们甚至不被视为"动物"。这种判定不仅是有偏见的，而且在道德上也是成问题的，因为雷根虽然倡导要对将动物排除在伦理学之外的"笛卡尔的否定"进行批判，但他本人的所作所为却违背了他所倡导的东西——他的理论使得大多数动物有机体在道德考量中被边缘化。

动物权利哲学不仅导致了这些新形式的种族隔离，而且还不能或不愿处理机器问题。虽说从笛卡尔的**动物－机器**的形象开始，动物和机器就共享同一种形式的他异性，因为它们都另类于人类，但这对组合中只有一方被纳入了道德考量。动物他者的他者仍然被排除在外，处于边缘地带。因此，动物权利哲学在挑战笛卡尔遗产的道路上半途而废了。而且雪上加霜的是，当雷根和其他动物权利倡导者就哪些动物要被纳入、哪些有机体要被排除在外做出决定时，他们通常转而利用他们所反对的笛卡尔式策略，把那些被排除在外的他者描述成纯粹的机器。因此，机器始终是首要的排除机制，从笛卡尔的 *bête-machine*（动物－机器）一直到雷根的《为动物权利辩护》，这一点从未受到挑战。

当然，这个问题并没有被忽视，环境伦理学在发展过程中就触及了这一问题。正如萨戈夫（Sagoff）（1984）、泰勒（1986）和卡拉柯（2008）所指出的那样，动物权利哲学的内在困难清楚地体现在，动物权利哲学的努力将一切种类的其他主体都排除在道德考量之外，而且它们不得不进行这样的排除。为此，环境伦理学试图提供一种更具包容性的"普遍考量"，以使得几乎所有东西都可以是合法的道德关切的中心。尽管主流的环境伦理学倾向于不把这种包容性拓展到技术人造物上（见 Taylor 1986），但卢西亚诺·弗洛里迪的信息伦理学（IE）的方案却似乎能够实现这种普遍性。IE 承诺要真正贯彻动物问题所带来的革新。动物权利哲学将关注点从以人类为中心的伦理学转移到了以动物为中心的体系；环境伦理学更进一步，采用了一种以生命为中心的，甚至是以生态为中心的进路；而 IE 则通过提出一种以存在为中心的伦理学完成了这一进程，它不排除任何东西，并且能够包容一切已然存在、正在存在或能够存在的东西。

这种包罗万象的总体化努力既是 IE 最大的成就，同时也是它的一个重大问题。这是一项成就，是因为它将从动物权利哲学开始的以受动者为导向的进路真正贯彻到底了。正如弗洛里迪（1999）所说的那样，IE 承诺要阐明一种"以存在为中心的、以受动者为导向的、生态学的宏观伦理学"，它包容一切，不做任何有问题的排除，并且具有充分的普遍性、完整性和一致性。然而，这种进路所采用和支持的策略本身就是一种总体化的帝国主义计划的一部分，因此它也是一个问题。问题并不在于人们应该发展和支持哪种中心主义，也不在于哪种中心主义对他者更具包容性；问题在于中心主义进路本身。正如卢卡斯·英特洛纳（2009, 405）所指出的，所有这些中心主义的努力，"无论是以自我为中心、以人类为中心、以生命为中心（Goodpaster 1978, Singer 1975）或甚至以生态为中心（Leopold 1966, Naaess 1995）——都终将失败"。因而，就 IE 所做出的承诺而言，它所采用的仍然是一种总体化把握的策略，即通过不断降低抽象层级来把一切他者还原到某种公约数上，从而使一切差异都能够被纳入同一的共同体。这当然正是问题所在。因此，我们需要的是另一种进路，一种不再追求总体化的、潜在地包含着暴力性同化方案的进路，一种不再单纯满足于其创见的革命性的进路，以及一种能够对那些超出了整个被行动者和受动者所界定的概念场域的东西做出回应并承担责任的进路。我们需要的是某种另类的前进与思考的方式。

第三章

另类思考

3.1 导论

　　道德哲学通常会以这样或那样的方式，对谁是、谁不是合法的道德行动者或受动者做出排他性的决定。实际上，我们已经尝试过在被视为道德主体共同体的成员与被排除在外的人或物之间划定一条分界线。正如托马斯·伯奇（1993, 315）所解释的那样，我们的这种尝试假定了"我们能够且应该找到、表述、确立、并在实践中建立一套标准，来证明哪些存在者有资格成为道德**被考量者**（*consideranda*）"。例如，许多（即便不是大多数）西方伦理学传统始终是全然以人类为中心的，这一点已不再是什么新闻。尽管在美德伦理学、后果主义、义务论和关怀伦理学之间存在着种种差异，但西方主流伦理学理论的核心一直是一种对 ἄνθρωπος（人类）的不约而同的、几乎无可争辩的认可——这种 ἄνθρωπος 只对与他／她自己类似的存在者负有责任，也就是说只对 ἄνθρωποι（人类）共同体的其他成员负有责任。从某种角度来看，这种做法是完全可以理解的，甚至是合理的，因为伦理学理论并不是什么超验的、从天而降的柏拉图式的形式，而是一个由个体所组成的特定群体在特定的时间为了保护某些特定的利益而创造的产物。然而，与此同时，这些排他性的决定给他者带来了毁灭性的后果。换言之，一切试图定义和确定**被考量者**的恰当范围的努力都不可避免地会将他者排除在外。伯奇（1993, 315）解释说："当涉及道德可考量性时，就**有**且**应当**有内部人与外部人，公民与非公民（例如奴隶、野蛮人和女人），**被考量者**'俱乐部成员'与其余的存在者。"

因此，伦理学始终是一项排他性的事业。这种排他性是根本性的、结构性的、系统性的。它并非通常意义上的意外、偶然或偏见。也正是由于这个原因，道德理论与道德实践在其发展与成熟的过程中并没有什么真正的变化。即便是在**被考量者**俱乐部的成员资格经过艰难的反抗与斗争缓慢地被拓展到这些以前被排除在外的他者身上之后，也仍然存在着似乎更加根本的和必然的排斥。换言之，任何新的、看似进步的包容，都是以那些必然被排除在这一过程之外的他者为代价的。例如，动物权利哲学不仅挑战了伦理学中的人类中心主义传统，还采取了一种明显以动物为中心的进路来重塑**被考量者**俱乐部，根据这种进路，进入道德主体共同体的限定性条件并不是被一系列模糊的、具有人类特征的能力（意识、理性、自由意志等等）所决定的，而是由受苦的能力所决定的，或者用德里达（2008, 28）的话说，是由一种"不能够的能力（the ability to not be able）"所决定的。

尽管这种努力包含着重要的革新，但它仍然排除了他者，特别是那些处于进化阶梯低层的非哺乳类动物；其他有机体，例如植物和微生物；无生命的自然物，例如土壤、岩石以及作为整体的自然环境；以及所有非自然人造物、技术和机器。而且，即便当这些被排除在外的他者——这些其他种类的他者——根据其他道德理论（例如环境伦理学、机器伦理学或信息伦理学）所提出的"更具包容性"的合格标准清单而最终被纳入俱乐部之后，排斥也仍然存在。似乎总有某些人或物是而且必须是**他者**。这个序列是无限的，或者如黑格尔（1981，137）所说，是一种"坏的或否定性的无限"："某物成为他者；这个他者本身就是某物；因此它也同样成了他者，以此类推以至无穷。"（Ibid.）因此，伦理学似乎无法摆脱它的他者——不仅是那些它最终承认为他者的他者，还有那些仍被排除在外的和边缘化的其他他者。归根结底，伦理学始终在一种**兄弟会逻辑**（fraternal logic）的基础上运作——这种逻辑始终通过必然地把他者排除在它排他性的、有门槛的共同体之外来定义和捍卫自身的成员资格。

排他当然是个问题。但包容，作为排他的纯然的反面和辩证的对立面，似乎问题也不小。尽管"包容"这个词最近在政治和智识上颇受欢迎，但它仍然面临着重大的伦理问题和后果。哈贝马斯（1998）所说的"对他者的包容"，无论这个他者是其他人类、动物、环境、机器还是什么其他完全不同的东西，都总是会不可避免地会面临同样的方法论难题，即把差异还原为同一的难题。为了将道德能动性和（或）道德受动性的边界拓展至那些在传统上被边缘化的他者，哲学家在什么使得某人或某物有资格被纳入伦理考量的问题上已经提出了越来越具有包容性的定义。正如伯奇（1993，314）在讨论肯尼斯·古德帕斯特（Kenneth Goodpaster）时所解释的那样："可考量性的问题一直被广泛理解为一种对充分必要条件的寻求，这些充分必要条件要求对任何满足这些条件的人或物给予实际的尊重。"例如，人类中心主义理论把人类置于伦理学的中心，并将一切满足了被认定为构成人类的基本标准的人纳入考量——我们应该记得，这些标准本身可以说是多变的且不完全一致的。动物权利哲学把关注点放在动物身上，并将考量的范围扩张到任何满足了"它们能受苦吗?"这一决定性标准的有机体上。某些形式的环境伦理学的生命中心主义的努力则更进一步,把生命看作公约数,并把一切可以说是有生命的东西都纳入考量。而存在中心主义则完成了这种道德考量的扩张,它把一切实际存在的、曾经存在的或潜在存在的东西都纳入道德考量,并且这样一来,正如弗洛里迪(1999)所说的,它提供了一种最普遍的、总体化的、无所不包的伦理学。

虽然这些革新的焦点和范围各不相同,但它们都采用了类似的策略。也就是说,它们重新定义了道德考量的中心,以描述逐步扩大的、越来越具有包容性的、能够包容更广泛的可能参与者的圈子。尽管在谁或什么有资格来定义这个中心以及谁或什么应该被包容在内或排除在外的问题上始终存在相当大的分歧,但这种争论并非问题所在。问题在于这个策略本身。在采取这种特定的进路时,这些不同的伦理学理论都试图在个体的显著多样性之中找到本质上相同的东西。因此,它们实际上是通过消除和还原差异来包容他者的。这一进路虽然看上去越来越具有包容性,但正如伯奇(1993, 315)所说的那样,它"很明显是一种帝国主义权力贩卖的产物"。因为它直接抹去了他者的独特的他异性并把它们转变为更多相同的东西,制造出了斯拉沃热·齐泽克(1997, 161)所说的莫比乌斯带的结构:"在他性的核心,我们遭遇了同一的另一面。"不过需要注意,在给出这种论证时,批评采用了它所批评的东西(换句话说,对问题的阐明,其本身依然不可避免地涉及阐明所依赖的材料)。在关注这些不同形式的道德中心主义在本质上的相同之处时,这种分析所做的恰恰正是它所批评的事情——它找出了一个支撑着表面多样性的共同特征,并有效地将各种

不同的差异还原为同一。然而，指出这一点并不意味着刚刚所得出的结论是无效的，而是恰恰表明了，无论是在理论上还是在实践上，任何试图阐明包容性的努力都已然包含了这些成问题的操作。

排他是个问题，因为它使人们的注意力聚焦在差异上却忽视了相似。包容是一个问题，因为它强调了相似却牺牲了差异。因而，一个是另一个的颠倒。用迈克尔·海姆（Michael Heim）（1998, 42）的话来说，它们是"二元兄弟"，或者用通俗的话来说，它们是一枚硬币的两面。只要道德争论和革新依然围绕着这两种可能性展开，就不会有什么真正的改变。正如在道德人格、动物权利、生命伦理学和信息伦理学的讨论中所发生的那样，出于对更大的包容性的追求以及对能够包容曾经被排除在外的他者的伦理理论的追求，人们将不断识别出新的排他并对之进行挑战。与此同时，阐明包容性的努力将会受到挑战，正如我们在对这些努力的批判性回应中已经看到的那样，这些努力被批评为"帝国主义权力贩卖"（Birch 1993, 315），它们把它们最初试图尊重的差异还原为同一。

所以，我们需要的是第三种方案，既不用包容来反对排他，也不用排他来反对包容。我们需要的是一种以另类的方式进行定位和导向的进路。在进行这种另类思考的过程中，我们将不再对选边站感兴趣，也不再对遵循现有的游戏规则感兴趣。相反，我们将挑战、批评甚至改变这场争论所赖以维系的条款和条件。这种另类的处理问题的方式在欧陆哲学的传统和分析哲学的传统中都能找到先例。例如，这正是雅克·德里达等后结构主义者用"解构"一词所想要表达的东西，也是托马斯·库恩（Thomas Kuhn）在其具有范式改变意义的著作《科学革命的结构》（*The Structure of Scientific Revolutions*）一书中所力图阐明的东西。不过这种做法的历史要久远得多。例如，它在康德的"哥白尼式革命"中就有所体现。康德的哥白尼式革命想要解决现代哲学的根本问题，但它并不是通过支持或证明理智主义与经验主义之争中的任何一方，而是通过改写游戏规则来实现这一点（Kant 1965, Bxvi）。

但另类思考的历史甚至早于现代欧洲思想中的这一革新，其真正的源头可以追溯到苏格拉底正式成为第一位哲学家的时刻。如约翰·萨利斯所指出的那样，在柏拉图的《斐多篇》中（这部对话讲述了苏格拉底生命的最后时光），这位年迈的哲学家回忆起了一切的开端。"在死亡面前，苏格拉底回想起他是如何成为他自己的：他回想起他是如何从遵循前辈的道路开始的，这些道路经由某种传统的运作而流传下来，它们所代表的是一种被称为 περί φύσεως ίστορία（对自然的探究）的智慧；他回想起这种所谓的智慧是如何让他困惑茫然的；他回想起他最终是如何拿起船桨，借助 λόγοι（逻各斯）再次起航的。"（Sallis 1987, 1）在一开始，苏格拉底遵循他从前辈那里继承的传统，提出被前辈们认定为重要的问题，遵循被前辈们认定为有效的方法，评估那种会被前辈们认定为恰当的证据，当苏格拉底这么做时，他失败了。苏格拉底并没有一条路走到黑。相反，他决定换一条道路，以另类的方式前行和思考。

3.2 使主体去中心化

虽说机器人学家罗德尼·布鲁克斯绝非一个柏拉图主义者，甚至也不是一个哲学家，但他却提供了一种有效的方法来进行另类思考。在《肉身与机器：机器人将如何改变我们》（*Flesh and Machines: How Robots Will Change Us*）一书中，布鲁克斯以一种与柏拉图笔下的苏格拉底类似的自传姿态描述了给他带来成功的"研究启发法"："早年在麻省理工学院做博士后和在斯坦福大学做初级教员时，我发展出了一种做研究的启发方法。我会看看其他所有人是如何处理某个问题的，然后找到他们都一致同意以至于甚至不会去讨论的核心信条。接着，我会否定这个未被言明的核心信条，看看将会带来什么后果。这种方法往往被证明是相当有用的。"（Brooks 2002, 37）

按照这个步骤，我们可以说，对道德能动性和道德受动性的不同表述有一个共同的、往往不被言明的特点，那就是它们都假定了道德可考量性是某种可以根据而且应该根据个体性质来决定的东西。例如，这一核心假定在道德人格的问题中就发挥着明显的作用：在该问题中，首要目标是以一种不武断、不偏颇的方式找到或阐明"使人成为人的性质"；验证某种东西，例如动物或机器，如何在事实上提供了证据，表明它们拥有那些特定性质；并确立一系列指导原则，来规定这些人应该如何被群体中的其他人对待。尽管在究竟应该采用哪些性质或标准的问题上仍然存在着相当大的分歧，但没有争议的是，为了被视为合法的道德人，个体需要满足加入俱乐部的充分且必要的条件，并证明自己满足了这些条件。与其在这条道路上继续走下去、论证某些其他个体也能满足条件或者主张对准入条件进行修改，我们或许可以另起炉灶。具体来说，我们可以挑战——或者用布鲁克斯的话说，"否定"——有关个体道德主体特殊地位的基本假定（这种假定可以说产生于笛卡尔哲学和启蒙哲学对自我的痴迷），并代之以一种对道德主体性的去中心化的、分布式的理解。实际上，我们可以认为，中心始终且已然无法维系，"一切分崩离析"（Yeats 1922, 289; Achebe 1994）。

一个这样的替代方案是 F. 阿兰·汉森（F. Allan Hanson）（2009, 91）所说的"延展能动性理论"，其本身是行动者网络进路的一种拓展。汉森采取的似乎是一种实践性的、全然实用的观点，在他看来，机器责任仍然是悬而未决的，因此，人们在对这个问题进行思辨猜测时应该小心谨慎，不要走得太远："未来可能的自动化系统的发展和关于责任的新的思考方式，将会为非人类行动者的责任提供可信的论证。然而，就目前而言，有关机器人和计算机的心灵性质的问题使得我们最好不要走得这么远。"（Ibid., 94）相反，汉森追随彼得 - 保罗·韦贝克（Peter-Paul Verbeek）（2009）的工作，建议这一问题或许可以通过考虑各种有关"共同责任"的理论得以解决，在这种共同责任中，"道德能动性分布在人类和技术人造物之间"（Hanson 2009, 94）。这进一步阐发了海伦·尼森鲍姆（1996）为了描述计算机化社会中责任的分布式特征而提出的"多手"概念。

这样一来，汉森的"延展能动性"引入了一种"赛博格道德主体"，在其中，责任并不位于某个既定的伦理个体之中，而是位于人类个体与他者（包括机器）的关系网络之中。在汉森看来，这种分布式的道德责任摆脱了启蒙思想中以人类为中心的个体主义（这种个体主义把世界划分为自我和他者），并引入了一种更加符合近期生态学思维革新的伦理学：

当主体被更多地视为动词而非名词时，即当主体被视为一种把不同的存在者以不同的方式结合起来以从事各种各样的活动的方式时，自我和他者之间的区分就变得模糊且不重要了。当人类个体意识到他们并非独自行动，而是在延展能动性中与其他人和物共同行动时，他们就更有可能理解到，在追求共同福祉的道路上，所有的参与者都是互相依赖的。相较于道德个体主义，这种思维模式中所包含的共同责任的观念更能促进人与他人、与技术以及与一般而言的环境之间的富有建设性的互动。（Hanson 2009, 98）

戴维·F. 查奈尔在《活的机器》（*The Vital Machine*）一书中也提出了类似的方案。在相当深入地探讨了我们通常在机器和有机体之间所做的种种概念区分是如何瓦解的之后，查奈尔用一段有关"活的机器时代的伦理学"的简短思考结束了他的分析。查奈尔（1991, 146）首先提出了一种故意否定了标准进路的刻画："伦理学理论的焦点不再是自主的个体。伦理判断不再能依赖于人类的内在价值与技术创造物的工具性价值之间的简单区分。活机器的伦理学的焦点必须被去中心化。"然而，这种去中心化并不适用于所有环境下的所有机器。相反，它是情境化的，它要对特定处境中的差异给出回应并负起责任："在某些情况下，当所涉及的是传统工具的使用时，互动可能非常简单，伦理的'中心'将更多地在人类这一边，而在另一些情况下，当所涉及的是智能计算机的使用时，互动则可能相当复杂，伦理的'中心'将或多或少地被同等分布在人类和机器之间。"（Ibid.）为了回应这种道德考量"中心"的明显转移，查奈尔提出了"一种反映了仿生学世界观的、去中心化的伦理框架"（Ibid., 152），他称之为"仿生学伦理学"（Ibid., 151）。

这个想法源于对奥尔多·利奥波德（1966）的"大地伦理学"的改造。"虽然利奥波德的大地伦理学关注的是有机物，并且实际上常常被理解为反对技术，但它确实提供了一种模型，将有机体和机器都纳入一种拥有更广阔边界的新伦理学之中。事实上，利奥波德经常用引擎部件或车轮和齿轮来解释自然界有机要素之间的互相依赖关系。"（Channell 1991, 153）尽管利奥波德的大地伦理学通常被与技术关切区别开来，查奈尔却认为利奥波德的大地伦理学阐明了一种能够尊重无生命物体（不仅是土壤、水和岩石，还有计算机与其他技术人造物）并为之负责的道德思考。在查奈尔看来，这种把不同的关切联系在一起的做法不仅是一种比喻性的比较——这不仅是因为我们常常用明确的机械术语来描述和刻画自然，而且是基于既定的道德和法律先例，也就是说，基于如下事实："诸如信托机构、公司、银行、船舰等无生命物体长期以来都被法院认为拥有权利"；一些"作家建议，我们应该按照对待濒危物种的方式来对待地标性建筑"；以及，"艺术创作的对象⋯⋯拥有存续并得到尊重的内在权利"（Ibid.）。

然而，在采取这种进路时，查奈尔并不是在主张无生命物和人造物，例如机器，应该被视为与人类、动物和其他生物体相同。相反，他追随利奥波德，倡导一种整体性的生态学视角，借用理查德·布劳提根（Richard Brautigan）的话来说，这种视角可以称之为"控制论生态学"。查奈尔认为，"控制论生态学的观念并不意味着机器应该被赋予与人类或动物、植物、河流、山丘同等的地位。即便在自然界内部，也存在着生物体的等级，某些物种支配着其他物种。'食物链'是任何生态系统的根本要素。在任何环境中，一个物种的存续都依赖于它是否能够吃掉环境的另一部分（或者用更笼统的话来说，依赖于它能够从环境的其他部分转移能量）"（Ibid., 154）。因此，主要的问题是搞清楚各种技术人造物在这个"控制论生态学"的"食物链"中的位置。虽然目前看来这仍然是一个悬而未决的问题，但查奈尔的方案为我们提供了一种更加全面的对道德景观的理解。在他看来，问题不在于谁是、谁不是某个排他性俱乐部的成员，而在于生态的不同要素是如何在一个不仅包括"鹿和松鼠"还包括"计算机和电子设备"（Ibid.）的系统中相互配合、相互支持的。"在一个生态系统中，任何要素都有某种内在价值，但由于系统内部的相互依赖关系，每个要素又都对系统的其他部分有某种工具价值。生态的每个部分都拥有一定程度的自主性，但在整个系统中，每个部分又都对整个生态的调控发挥着某种作用。"（Ibid.）因此，查奈尔所倡导的是一种视角上的转变，从近视的笛卡尔式主体转变为一种整体性的生态学导向，在其中，每个要素都是它在整体中所占据位置的产物，每个要素都根据整个系统的运作和持续成功而被赋予适当的权利与责任。

这种决定道德可考量性问题的去中心化的系统进路听起来颇有前景，但它也面临着一些问题。首先，这种利用了利奥波德大地伦理学的新的控制论整体论（我们应该记住，控制论从一开始就是一种涵盖了动物和机器的总体化科学），也继承了环境伦理学的许多常见问题。尽管它挑战并废除了人类在道德哲学中传统上赋予自身的人类中心主义特权，但正如伯奇（1993, 315）所指出的那样，它仍然设立了一个道德关切的中心，并围绕着这个新的道德主体来塑造和规范其伦理体系。虽然它极大地挑战了人类中心主义视角，但这种焦点的转移仍然不可避免地是中心主义的。它只是对被视为道德宇宙之中心的东西进行了重新分布。因此，尽管查奈尔的仿生学伦理学承诺要去中心化，但它实际上只是一长串互相竞争的、越来越具有包容性的各种形式的中心主义中的一员。和弗洛里迪的 IE 一样，它显然更加普遍、更加包容，但也正因如此，它只是老调重弹。

其次，这里面有一个主体性的问题。这个问题在查奈尔的文本的最后一个段落中浮现出来，在那里，他结束于一段颇为乐观的甚至是乌托邦式的评论："在控制论生态学中，技术和有机生命都必须被明智地保护起来。如果没有游隼和蜗牛，整个系统可能会变得更糟，但如果没有远程通信技术和大部分医疗技术，整个系统也会变得更糟。另一方面，我们可能不想要保存核武器和二噁英，但如果艾滋病病毒灭绝的话，我们也可能会变得更好。最后，只有当我们能够找到有机生命和科技之间的和谐时，我们才能建立一个新的耶路撒冷。"（Channell 1991, 154）在这个乐观主义的评估中，没有被回答的问题是：谁或什么是这段话的主体？谁或什么是代词"我们"的所指？谁或什么在做这个总结陈词？如果第一人称复数"我们"指的是人类，如果它面对的是那些阅读文本的并共享某种语言、共同体和传统的人类个体，那么不论这段话给出了怎样的承诺，它都似乎是把人类中心主义从后门偷运了进来。这样一来，控制论生态学的视角不过是阐明、维护和保护那些归根结底是人类利益和资产的东西的另一种方式。查奈尔所举的例子似乎也支持了这一结论，因为艾滋病病毒是某种对人类这个物种的免疫系统和完整性有害的东西。

然而，这个"我们"也有可能指的不是人类，而是活的机器以及整个控制论生态。但问题是，谁或什么给了查奈尔（查奈尔大概率是一个人类）代表这么大的共同体来发言的权利。就此而言，这个个体，或任何其他个体，究竟凭什么代表这个共同体的所有成员（人类、动物、机器或其他成员）来发言？谁或什么授予了这种代表更大整体发言的权威？这当然是任何形式的宗教话语都会面临的问题，在其中，某个特定的人类个体（例如某个先知），或一群人（例如教会），代表神圣存在发言，阐明神想要什么、需要什么或欲求什么。这么做显然有其方便之处，但它也是一种决定性的对权力的施加——伯奇（1993, 315）称之为"帝国主义权力贩卖"。因此，如果查奈尔所说的"我们"是人类，那是不够的。然而，如果"我们"指的是活的机器或者整个控制论生态，那么似乎又太过了。我指出这一点的目的并不是想要指责查奈尔的错误，而是想要指出，试图找到正确答案的努力是如何已然受到它所反对的系统的制约和限制的。因此，提出一个替代性方案，这既非简简单单、一劳永逸，也不可能摆脱新的批判性反思。

乔安娜·齐林斯嘉（2009, 163）提出了一种不同的去中心化的伦理学思考。她主张"一种受德勒兹影响的'分布式与复合式能动性'的概念"。这种"分布式能动性"是为了回应和替代当代元伦理学的各种革新而提出的，这些革新虽然批评了人类中心主义传统，但不幸的是都没有走得足够远。比方说，齐林斯嘉认为，彼得·辛格这样的动物权利哲学家的开创性工作成功地"通过改变'人'的边界而彻底改造了人类主义伦理学"，但同时它"仍然保留了这种伦理学的结构性原则，把个人视为基石"（Ibid., 14）。因此，在齐林斯嘉看来，辛格只是对传统的人类中心主义伦理学进行了重混和修改。他质疑了谁或什么有资格参与这个游戏，但却最终保留了人类主义游戏的基本结构和基本规则。与此相反，"分布式能动性"的概念承认并肯定如下事实：无论我们如何定义"个人"，个人都总是处在复杂的互动关系网络中并已然在其中发挥着作用。

齐林斯嘉在提到史帝拉（Stelarc）的赛博格行为艺术时提出，"人类能动性并没有从这个创造性的、偶然的演化地带中完全消失，而是被分布在一个由力量、机构、身体和结点构成的系统之中。这种对能动性分布的承认（这里包含着一个悖论：它要求一个暂时理性的、自我呈现的自我来认识到这种分布）会带来一种对技术的更加友好的关系，而不是一种对异己的他者的偏执恐惧"（Ibid., 172）。这样一来，"分布式与复合式能动性"或者齐林斯嘉所说的"集合体的能动性"（Ibid., 163）就超越了尼森鲍姆的 "多手"理论、汉森的"延展能动性理论"或者查奈尔的"仿生学伦理学"。其他这些理论家主张在一个行动者网络内部对能动性进行去中心化，而齐林斯嘉则用这种分布来发展一种独特的、受列维纳斯影响的对他者的好客——这种好客可以对完全不同的、异己的他者保持开放。换言之，其他形式的去中心化伦理学不可避免地将注意力集中在某个其他中心，因而依赖于它们最初想要反对的结构和进路，而齐林斯嘉则提出了一种激进的去中心化，在其中，没有什么是道德关切的中心但一切又都可能受制于伦理。齐林斯嘉的去中心化之所以能奏效，是因为它关注的是极端他者和其他形式的他者。这种新的看待事物的方式最终会涉及对道德受动性问题的重塑。事实上，这种替代性的进路似乎使得受动性成为具有优先地位的概念，而不是某个既定的道德能动性概念所派生出来的方面。只有当某人或某物首先被纳入道德主体的兄弟会之后——即只有当某个他者被承认为他者后，才能成为道德行动者。

3.3　社会建构的伦理学

在去中心化的进路看来，道德责任往往不是由个体主体构成的，而是分布在一个由相互关联的、相互作用的参与者构成的网络中。但这并非唯一的选项。其他的替代性方案并不通过追踪道德主体在某个网络的社会结构中的分布来关注道德主体的去中心化，而是考虑道德主体（无论被理解为行动者、受动者，还是两者皆是）是如何被社会地建构、规约和分配的。贝恩德·卡斯滕·施塔尔的"准责任"概念就给出了这样一种方案。在《负责的计算机？抛开人格或能动性，将准－责任归属给计算机》（"Responsible Computers? A Case for Ascribing Quasi-Responsibility to Computers Independent of Personhood or Agency"）一文中，施塔尔通过重构整个进路，有效回避了能动性和人格的问题："本文并不处理能动性或人格的问题，也不分析计算机何时可以成为（道德）责任的主体，而是引入一种不同类型的责任。这种准－责任只包含了传统意义上的责任的一个有限的子集，但它明确地适用于非人类主体，包括计算机。"（Stahl 2006, 212）

施塔尔既没有试图回答也没有严肃关注似乎无法解决的机器道德能动性和机器人格问题。相反，他追随阿兰·图灵的先例和策略，通过将研究限定在"准责任"上而改变了问题。施塔尔承认这个术语并不考究，不过它"效仿的是利科的术语，利科建议用'准－能动性'这个术语来刻画诸如国家或民族等历史集体，它们可以被有用地描述为行动者，尽管它们并非传统意义上的行动者"（Ibid., 210）。相应的，"准责任"被刻画为一种社会建构的能动性归属，它无需依赖于任何有关能动性或人格的传统考量：

当说话者使用"准责任"一词时，这表明他想要使用社会建构的观念，从而将一个主体赋予某个个体，以便在无须考虑该主体是否满足责任的传统条件的情况下对其进行制裁（责任的核心）。这说明，准责任归属的焦点是社会效应与后果，而不是有关能动性或人格的考量。这个概念是以计算机作为主要案例发展起来的，但我们并没有什么根本性的理由去认为它不能够被拓展到其他非人类存在者上，包括动物。（Ibid.）

因此，施塔尔提倡一种新的对道德责任的理解，它是"一种社会建构出来的归属"，完全摆脱了有关道德能动性与人格的惯常争论和问题。

安妮·福尔斯特将这一革新往前又推进了一步，她通过重新审视和大幅度修改人的概念来对能动性的位置以及它被（或不被）分配的方式提出疑问。福尔斯特在一次访谈中解释道："'人'是一种分配，在我们每个人出生之后由我们的父母和周围的共同体赋予我们。它首先由上帝赋予我们，我们有自由将它分配给其他存在者。但我们也有自由拒绝将其分配给其他存在者。"（Benford and Malartre 2007, 162–163）根据福尔斯特的观点，人格的决定性特征并不是某种在个体存在的形而上学结构或心理结构中被发现的东西。它并非个体所拥有的个人属性，就好像个体能够在某种测试或验证中向他人展示这种属性，而这种测试或验证又大概率成为将其纳入道德主体共同体或排除在外的依据。相反，"人"的概念是一种社会建构和分配，是由他者通过明确的决定所赋予（或不赋予）的。因此，正如希拉里·普特南（1964, 691）在谈论人工生命问题时所说的那样，人格问题"需要的是决定而不是发现"。而在福尔斯特看来，这正是实际情况："我

们每个人都只把人格分配给极少数的人。伦理立场总是要求我们必须把人格分配给所有人，但在实际中，我们并不这么做。我们最终并不会以一种充满情感的方式去关心上百万在他国死于地震的人。我们尝试去关心，但是我们没法真正关心，因为我们并不共享相同的物理空间。对我们来说，或许我们的狗生病了更加重要。"（Benford and Malartre 2007, 163）

当被直接问及这种主体地位是否能被合法地分配给机器时，福尔斯特的回答是肯定的："我认为机器当然可以成为人。我们的机器越是社会化，它们的互动性就越强，它们从与我们这些创造者的互动中所学到的东西就越多，而我们与它们互动也就越多。对我来说，毫无疑问，在某个时刻它们会像其他任何人一样成为人。它们不会成为人类，因为它们是由不同的物质材料构成的，但它们将成为我们共同体中的一部分，这一点在我看来是毫无疑问的。"（Ibid.）根据福尔斯特的主张，我们并不是先被定义为一个道德人，然后才去与他人一起参与行动。相反，道德人（无论是行动者，还是受动者，抑或两者皆是）的地位之所以会被分配给我们，恰恰是社会关系的产物，这些社会关系先于我们之所是并规定了我们之所是。一台机器也能和人类、动物、组织等一样轻易地占据这个特定的主体地位。

这彻底重塑了研究领域。R. G. A. 杜比（R. G. A. Dolby）在《计算机成为人的可能性》（The Possibility of Computers Becoming Persons）一文中写道："我们应该讨论的不是机器灵魂或机器心灵的可能性，而是机器是否能够参加到人类社会中来。机器人必须满足的要求是，人类准备好把它当作人来对待。如果人类准备好了这么做，那么他们也就准备好了把他们认为一个人所必须具备的任何内在性质归属给它。"（Dolby 1989, 321）因此，人格并不是某种基于是否拥有一些我们在认识论上无法把握的神秘的形而上学属性而被决定的东西，而是一种在社会中被建构、协商和赋予的东西。并不是说某人或某物首先表现出自己拥有道德主体性的既定性质，然后才参与到道德上正确或不正确的主体间关系之中。顺序恰恰是相反的。已然与他人进行某种特定互动的某人或某物，在互动的过程中，凭借这一过程被回应和赋予道德主体性的地位。道德主体派生自互动过程，但却被反过来当作是互动的源头和基础。在这个意义上，道德主体是被"（预先）设定"（Žižek 2008a, 209）的东西。

　　这意味着，道德人并不是什么既定的、稳定的、根深蒂固的本体论地位，而是如丹尼特（1998, 285）所描述的那样，是一种"规范性理想"。换言之，"人的概念只是一个自由浮动的尊称。我们都愿意把它用到自己身上，并在情感、审美感受、政策考量等因素的影响下把它用到他人身上"（Ibid., 268）。根据这种理解，道德人格并不要求图灵测试或者其他类似的验证。唯一需要的是如下证据：某人或某物（无论基于何种理由）已经被某个特定共同体中的其他人视为一个人。这也正是莱伯所虚构的控诉中所采取的论证思路："可以争论的问题是，它们（黑猩猩 Washoe-Delta 和计算机 AL）是否确实是人，因此我们应该从这个问题开始。我们认为 Washoe-Delta 和 AL 与人类机组人员之间有互动，并且被人类机组人员所承认。"（Leiber 1985, 5）换言之，只要被他人当作人来对待，就足以成为人。又或者，用唐娜·哈拉维的话来说，"同伴并不先于他们之间的关联关系"，而是在这种关联关系之中并通过这种关联关系成为他们之所是。

　　根据福尔斯特、杜比和施塔尔的替代性方案，某人或某物要成为一

个有合法伦理地位的道德主体，并不取决于事先确定和验证他／她／它是否拥有能动性或是否拥有某些被视为"使人成为人"的心理属性，而是通过在具体的情境和遭遇中被一个特定的共同体当作一个人来进行定位、对待和回应。这意味着，正如福尔斯特所总结的那样，"人"并非一种"经验事实"；相反，它是一种动态的、社会建构的谢礼或"礼物"（Benford and Malartre 2007, 165），可以由某个特定的共同体在特定的地点和特定的时间授予（或不授予）他人。因此，"人"（假定我们决定要保留这个词的话）从来都不是什么绝对和确定的东西，而是始终是一个相对的概念，对它的分配有其自身的道德含义与道德后果。

这种进路把与他人的伦理关系视为先于本体论决定，而非依赖于或派生于既定的本体论决定。然而，尽管这种进路颇具前景，它也面临着一些批评的声音。克里斯托弗·谢里（Christopher Cherry）（1991, 22）在回应杜比的文章时写道，"在很多层面上存在着很多古怪之处"：

> 说机器"加入人类社会"、被当作人来"对待""接纳"等诸如此类的话是什么意思？杜比认为我们应该从授予它们颜色开始（而不是结束）。然后，我们可以，但只在我们感到必要的情况下，把感觉"性质"归属给它们——用我的话来说，也就是在它们那里看到感觉状态。这和神学家的命令有粗俗的相似之处：为了相信而行动，为了理解而相信。在最好的情况下，这个建议是令人费解的：在这种情况下，它也是不具有吸引力的，它暗示，我们的人性是一种需要被纵容的形而上学幻想。（Ibid.）

在谢里看来，这种解释人格的替代方案不仅威胁到了人类的尊严，而且还是"相当不融贯的"，在哲学上也充满了缺陷。或者正如杰伊·弗里登伯格（Jay Friedenberg）（2008, 2）对这种进路的漫画式描绘："一个人之所以是人，是因为其他人认为他是人，这个想法从科学的角度来看是无法令人满意的。科学追求客观，并想要找到一些可以测量和检测的关键的人类物理属性。"

然而，这一切的真正问题在于，这种进路只是把事情颠倒了过来，让道德人格成为关系的产物，而不是相反。虽然这一做法颇具前景，但颠倒是不够的；颠倒从来都是不够的。当它把事情颠倒过来时，它所依据的逻辑仍然受它所要颠倒的系统所影响与支配。个体道德主体不再是关系的起源，而成了关系的产物。所以，这种进路仍然受到中心主义逻辑的塑造和规约。因此，这种革新虽然颇具前景，但并不足以打破个体主义的传统；它只是这种传统的否定和颠倒。虽然它承认道德**被考量者**俱乐部是社会建构的产物并且我们要负责决定其成员资格，但这一方法仍然是在一个成问题的兄弟会逻辑的基础上运作的。借用一个因托德·索伦兹（Todd Solondz）的《欢迎来到娃娃屋》（*Welcome to the Dollhouse*）（1995）而流行起来的短语，我们仍然是在组织"特殊人物俱乐部"并决定谁特殊、谁不特殊。这可能会让我们更诚实地理解这些决定是如何被做出的，但它没有说明的是，这种决定本身就是一个有其自身的假定和后果的伦理问题。因此，在道德之前就有某种道德。在某种事物被决定为道德行动者或道德受动者之前，我们就已经做了一个决定，一个有关是否要做这个决定的决定。或者按照索伦·克尔凯郭尔（Søren Kierkegaard）（1987, 169）对这种加倍的道德决定的描述："我所说的非此即彼（Either/Or）指的

并不是在善与恶之间的选择，而是在善恶与排除善恶之间的选择。"

3.4 另一种替代方案

要说对他者进行另类的思考，特别是涉及伦理学问题时，或许没有任何学者比伊曼纽尔·列维纳斯更适合这项任务。和许多被称为"道德哲学"的东西不同，列维纳斯的思想并不依赖于什么形而上学的一般化概括，也不依赖于什么抽象的公式或简单的虔敬。列维纳斯哲学不仅批判西方本体论中的传统套路和陷阱，还提出了一种极端他性的伦理学，刻意抵制并打断了最典型的形而上学姿态，即从差异到同一的还原。这种极端不同的思考差异的方式，并不只是一种有用的、权宜的策略。换句话说，它不是一个花招。它构成了一种根本性的转向，有效地改变了游戏规则和标准的操作假设。这样一来，正如列维纳斯（1969, 304）所总结的那样，"道德并非哲学的一个分支，而是第一哲学"。这种在顺序和地位上都把伦理学放在**第一**位的根本性重构使列维纳斯能够规避和转移许多传统上阻碍着道德思考的困难，特别是阻碍着我们对机器问题进行处理的困难。

首先，对列维纳斯来说，他心问题[1]——这一似乎无法解决的事

---

[1] 列维纳斯，作为可以说是欧陆哲学传统中最具影响力的道德思想家，从未使用过这个带有分析哲学色彩的称呼。不过一些英语世界的列维纳斯诠释者却使用了这个术语。例如，西蒙·克里奇利（Simon Critchley）（2002, 25）就利用"他心问题的认识论陈词滥调"来解释列维纳斯思想的进路和重要性。同样，阿德里安·佩波扎克（Adriaan Peperzak）（1997, 33）谈到了"'他心'问题的理论家"，以表明列维纳斯的哲学对差异的处理和理解与这些理论家有着根本性的差异。

实：我们不能确切地知道面对着我的他者是否拥有有意识的心灵——并不是某种在道德决策之前必须被处理和解决的根本性认识论局限，而是恰恰构成了伦理关系的条件，这种伦理关系是一种不可还原的暴露，暴露于一个总是且已经超越了自我的总体化把握的界限的他者。因此，列维纳斯哲学并没有被他心问题这一标准的认识论问题所左右，它直接肯定并承认他心问题是伦理学的可能性的基本条件。理查德·科恩（Richard Cohen）对此的简明描述正好可以用来当作列维纳斯思想的营销口号："请注意，不是'他心'，而是他者的'面容'，所有他者的面容。"（Cohen 2001, 336）那么，这样一来，列维纳斯提供了一种似乎更加周到的、更有经验基础的处理他心问题的进路，因为他明确承认他者的原初的、不可还原的差异，并努力对这种差异做出回应和承担责任，而不是参与到各种各样思辨性的智力游戏（很不幸这些智力用错了地方）中去。列维纳斯（1987, 56）写道："伦理关系并非嫁接在一个在先的认知关系上；它是基础而不是上层建筑。……因而，它比认知本身更具有**认知性**，而且一切客观性都必须参与其中。"

其次，这一点意味着，列维纳斯对他者的关切既不构成一种以行动者为导向的伦理学，也不构成一种以受动者为导向的伦理学，它针对的是先于并且超越了这一看似根本的逻辑结构的东西。虽然列维纳斯对他者的关注从某个角度上看似乎是一种将他者的利益和权利置于自己之上的"受动者导向的"伦理学，但它不是且不能满足于对行动者 - 受动者辩证法中某一方的简单认可，它也不是且不能满足于对这个行动者 - 受动者辩证法的简单遵从。弗洛里迪的 IE 主张一种以受动者为导向的伦理学，以反对支配了整个领域的以行动者为导向的传统进路；与弗洛里迪的 IE 不同，列维纳斯更进一步，他可以说是对行动者和受动者的概念秩序本身进行了**解构**[1]。正如列维纳斯（1987，117）所解释的那样，这种替代方案位于"主动 – 被动这个二分的另一面"，因此，它极大地重构了标准的条款和条件。列维纳斯解释说："因为，自我的条件，或者说自我的无条件性，并不始于某个享有独立主权的自我的自身感发，而这个自我在此之后才对他者产生同情。恰恰相反：只有在来自他者的迷恋中，在先于任何自身认同而经历的创伤中，在一个无法表征的**之前**中，负责任的自我的独特性才是可能的。"（Ibid., 123）正如列维纳斯所描述的那样，自我并非某种既成的、确定的条件，这种条件先于之后出现的与他者的关系且导致了这种关系的出现。它（还）没有成为一个有能力决定在有意的同情行为中将他 / 她自身延伸到他者身上的主动的行动者。相反，它之所以能成为它之所是，是某种不受控制的、无法把握的向他者面容暴露的副产品，这种暴露要先于任何能动性意义上的对自我的表述。

同样，他者也没有被理解为一个受动者，就好像他者是行动者的行动的接受者，其利益和权利需要被识别、接纳和尊重。相反，绝对的、不可还原的暴露于他者是某种先于且外在于这些区分的东西，它不仅超出了它们的概念把握和规约的范围，而且还使得之后被用来刻画自我与他者、行动者与受动者之差异的对立结构本身成为可能。换

---

1 我意识到，在这个特定的语境中使用"解构"一词是有些问题的。这是因为解构与列维纳斯自己的工作并不完全匹配。列维纳斯在个人层面和智识层面都与雅克·德里达的作品有着相当复杂的关系，而德里达正是通常被误称为"解构主义"的立场的主要倡导者；列维纳斯在个人层面和智识层面与马丁·海德格尔的关系则更为复杂，甚至有争议，而德里达认为海德格尔是最早引入解构的概念和实践的思想家。

句话说，至少对列维纳斯来说，对能动性和受动性的事先确定并没有首先确立自我与他人以及具有其他形式他性的他者之间的一切可能的相遇的条款与条件。实际情况恰恰相反。他者首先面对、呼唤并打断了自我沉溺，并在此过程中决定了阐明和分配道德行动者与道德受动者的标准角色的条款与条件。因此，列维纳斯的哲学并不是通常所理解的伦理学、元伦理学、规范伦理学甚至应用伦理学。它是一种约翰·卢埃林（1995, 4）所说的"原型伦理学"（proto-ethics）或者其他人所说的"伦理学的伦理学"。德里达解释道："的确，列维纳斯意义上的伦理学是一种无法则、无概念的伦理学，它只有在被规定为概念和法则之前才能保持其非暴力的纯粹性。这并非一个反驳：我们不要忘记，列维纳斯并不试图提出什么法则或道德规则，也不试图规定**一种**道德，而是想要规定一般而言的伦理关系的本质。但是，由于这种规定本身并非伦理学的**理论**，它因而是一种伦理学的伦理学。"（Derrida 1978, 111）

再次，正因如此，和许多其他想要让道德思考向其他形式的他性开放的尝试不同，列维纳斯的思想并不纠缠于争论和决定道德人格的问题。严格来说，他者还没有成为另一个人。换言之，我之所以对他者做出回应并承担责任，并不是因为他／她／它总是已经和我一样是一个人，一种拥有与我类似的属性、权利和责任的另一个自我（alter ego），而是因为他者总是且已经是另类的。正如西蒙妮·普洛德（Simmone Plourde）（2001, 141）所解释的那样，"列维纳斯用面容的概念代替了人格的概念，从而将人格的概念推到了它最隐秘的深处"。但他者的面容并不一定是另一个"人"（按照这个词在道德哲学史中被运用和发展的含义）的面容。

人格通常是先于伦理关系被决定的，这一决定的基础往往是对某种排他性标准的阐明以及有关谁具有、谁不具有使人成为人的适当性质的决定。例如，在康德看来，"作为我的道德行动之对象的另一个人，是在我已然将自己构成为先天的道德主体**之后**才被构成的。因而，这另一个人在本质上是我自己完全有意识的道德人格的类似物"（Novak 1998, 166）。根据这种理解，我对任何符合标准可以被纳入人的俱乐部（我已然认定我自己属于这个俱乐部）的一切人或物都有伦理义务。一切不符合该标准的其他人或物则不在这种义务的范围之内，我可以随心所欲地将其弃置一旁。无论人格是通过一个明确的合格标准清单而被定义（Cherry 1991; DeGrazia 2006; Dennett 1998; Scott 1990; Smith 2010），还是通过决定一个适当的抽象层级（Floridi and Sanders 2004）而被界定，情况都没什么两样。无论人格以何种方式被确定，道德人的共同体的成员资格都是被先天决定的，而道德义务则要以这一决定为基础和前提。

列维纳斯刻意地通过重构先后次序来扭转局面。在他看来，伦理关系，即我对他者的道德义务，先于并规定了谁或什么在此之后要被视为道德主体或"人"。因此，伦理学并不以某种对人格的先天的本体论规定为基础。相反，人格（假定我们要保留这个词的话）是某种首先在伦理关系的基础之上、作为伦理关系的产物而被规定的东西。列维纳斯（1987, 127–128）写道："现代的反人类主义否定了自由的人类对于存在意义的首要地位，这种观点的真实性超越了它给予自身的理由。它为主体性在舍弃、牺牲和先于意志的替代中设定自身扫清了障碍。它的洞见是要放弃有关人、目标及其自身的起源的观念，在其中，自我仍然是一个物，因为它仍然是一个存在"。因此，在列维纳斯看来，他者始终使我负有义务，这先于有关人格以及谁或什么是或不是道德主体的惯常决定与争论。卡拉柯（2008, 71）写道："如果说伦理学产生于与他者的相遇，而这个他者在根本上是无法被我的自我中心的、认知的机制所还原和预料的"，那么，"谁是他者"就是一件无法被一劳永逸地确定的事情。然而，这种明显的无能为力或犹豫不决不一定是个问题。事实上，它是相当大的一个优势，因为它使得伦理学不仅向他者开放，还向其他形式的他性开放。卡拉柯总结道："如果情况确实如此，也就是说，如果我们不知道面容从哪里开始、在哪里结束，如果我们不知道道德可考量性从哪里开始、在哪里结束，那么我们就有义务从任何东西都可能有面容这一可能性出发。而且我们还有义务让这一可能性永远保持开放。"（Ibid.）

　　因此，列维纳斯哲学并不在谁或什么将被视为合法的道德主体这一问题上做出事先的承诺或决定。对列维纳斯来说，似乎一切面对我并质疑这个我的**我性**（*ipseity*）的东西都是他者，都构成了伦理学的场所。尽管这一革新有望构建一种完全不同的道德哲学，但列维纳斯的工作仍然不能够摆脱人类中心主义的特权。无论列维纳斯的独特贡献有多大，他所说的他者仍旧显然是人类。尽管杰弗里·尼伦（Jeffrey Nealon）不是第一个发现这个问题的人，但他在《他异性政治》（*Alterity Politics*）中或许对这个问题给出了最简洁的描述："当列维纳斯完全通过人类面容和声音来对回应进行主题化时，他似乎并没有触及最古老或许也最险恶的未被检视的同一的特权：**人类**（ἄνθρωπος）而且只有人类才拥有**逻各斯**（λόγος）；因此，人类并不对野蛮人或无生命物做出回应，而是只对那些有资格拥有'人性'特权的东西做出回应，只对那些被认为拥有面容的东西做出回应，只对那些被承认为

活在逻各斯中的东西做出回应。"（Nealon 1998, 71）这种人类和某种版本的人类主义的残余，正是德里达在其 1997 年的瑟里西萨勒演讲的导言中对列维纳斯作品所做的批判性回应的批判对象，也是理查德·科恩在列维纳斯 1972 年的著作《他者的人类主义》（*Humanism of the Other*）的英译本（Levinas 2003）导言的主题。

对德里达来说，列维纳斯哲学中的人类主义色彩引起了相当大的担忧："列维纳斯说，在注视他者的目光时，我们必须忘记他眼睛的颜色，换句话说，我们必须在看到他者可见的眼睛之前，先看到目光，看到凝视着的面容。但是，当他提醒我们'与他者相遇的最好方式是甚至不要去注意他眼睛的颜色'时，他谈论的是人类，是作为人类、同类、兄弟的同伴；他想到的是另一个人类，而这对我们来说将会是一个需要严肃担忧的问题。"（Derrida 2008, 12）真正令德里达"担忧"的，不仅是这种人类中心主义对列维纳斯的哲学革新的限制，而是它已经对动物他者的（不）可能性做出了排他性的判定。德里达指出："伊曼纽尔·列维纳斯在他的作品中完全没有把动物当作其发问的焦点。至少从我们所关心的角度来看，这种沉默似乎比所有那些可能将列维纳斯与笛卡尔和康德在有关主体、伦理、人的问题上区分开来的差异都更加重要。"（Ibid., 105–106）

此外，在那一两个罕见的场合，当列维纳斯直接谈论动物时，当他似乎不再对动物保持沉默时，他也只是为了让动物沉默，或者说把它们排除出任何进一步的考量。例如，著名的鲍比（Bobby）场景：鲍比是列维纳斯和他的战俘同伴在被德国人监禁期间遇到的一条狗（Levinas 1990, 152–153）。尽管列维纳斯直接地、带着强烈的同情描述战俘们与这只特定动物（列维纳斯把这条狗称为"纳粹德国最后的康德主义者"[Ibid., 153]）的关系，但列维纳斯提及这条狗只是为了将其边缘化。列维纳斯认为，鲍比"既没有伦理也没有**逻各斯**"（Ibid., 152）。在做出这种区分时，列维纳斯对鲍比的考量并没有颠覆或质疑笛卡尔传统，而是表现出了对这个传统的认同，而这正是德里达对列维纳斯的不满之处。正如戴维·克拉克（2004, 66）所指出的，"因而，鲍比更接近于一个赛博格，而不是一个有感觉的生物；他就像笛卡尔在观察动物时所幻想出来的那种空心机器"。

德里达对列维纳斯在动物问题上的沉默及其相当传统的人类主义底色保持批判的态度，而理查德·科恩则努力看到它积极的一面："《他者的人类主义》的三个章节都在辩护人类主义——这种世界观的基础是对不可还原的人类尊严的信念，对人类自由与责任的效力和价值的信念。"（Cohen 2003, ix）然而，对科恩来说，这种人类主义并不是寻常的人类中心主义；它是一种把人类视为伦理学的独特场所的激进思考：

> 自始至终，列维纳斯的思想都是一种关于他者的人类主义。列维纳斯哲学的独特之处并没有得到充分的阐明，但却不难被识别出来：他人在道德上的最高优先性。它提出了一种对"人类之人性"，"主体之主体性"的理解，根据这种理解，"为他者（for-the-other）"的存在要先于并且优于为自身的存在（being for-itself）。伦理学被理解为一种形而上学的人类学，因而就是"第一哲学"。（Ibid., xxvi）

值得注意的是，在这两种对列维纳斯作品中显而易见的人类中心主义

的不同回应中，双方都认可，列维纳斯的他者伦理学中贯穿着一种根本的、无法还原的人类主义。对列维纳斯以及他的许多前辈和追随者来说，他者始终都被当作另一个人类主体。对德里达来说，这是一个需要认真考量的问题，因为它可能会破坏列维纳斯的整个哲学事业。然而，对科恩来说，这表明了列维纳斯对他者的人类主义的独特信念和关注。不管我们选择哪一种回应，如果像列维纳斯所说的那样，伦理学先于本体论，那么在列维纳斯自己的作品中，人类学和某种版本的人类主义先于伦理学并支撑着伦理学。

3.4.1 动物他者

如果列维纳斯哲学要提供一种另类思考的方式，从而能够对其他形式的他性做出回应并承担责任，或者像约翰·萨利斯（2010, 88）所描述的那样，考虑并回应"其他他异性的问题"，那么我们就需要以一种超越列维纳斯和反对列维纳斯的方式来使用与诠释他的哲学革新。借用德里达（1978, 260）在谈论乔治·巴塔耶（Georges Bataille）对黑格尔思想极其谨慎的处理时所说的话，我们需要一路追随列维纳斯直到最后，"直到和他一起反对他自己的地步"，并从他自己提供的有限诠释中夺回他的发现。这种彼得·阿特顿（Peter Atterton）和马修·卡拉柯（2010）所谓的"激进化列维纳斯"的努力将从列维纳斯及其支持者和批评者通常提供的相当有限的表述中挣脱出来，去继承和推进列维纳斯的道德革新。卡拉柯尤其对列维纳斯不假思索地将动物从伦理学中排除出去（至少按照某种对其作品的解读是如此）的做法提出异议。卡拉柯写道："在列维纳斯关于动物的写作中，有两个支配性的论点：没有任何非人类动物能够对他者做出真正的伦理回应；非人类动物不是那种能够引起人类伦理回应的存在者——他者始终只能是**人类**他者。"正如卡拉柯正确指出的那样，按照包括德里达在内的许多列维纳斯的批评者和支持者对列维纳斯的惯常解读，列维纳斯否定了动物的道德能动性和受动性。换言之，动物不能回应他者，也不构成要求伦理回应的他者。

然而，对卡拉柯来说，这并非一锤定音："尽管列维纳斯本人在大多数情况下都不加掩饰地、教条地以人类为中心，但他思想的底层逻辑并不容许这种人类中心主义。如果我们严格地阅读列维纳斯，就会发现，列维纳斯伦理学说的逻辑并不允许这两个主张中的任何一个。事实上，我将会论证，列维纳斯的伦理哲学承诺了，或者至少应该承诺，一种**普遍伦理考量**的概念，也就是说，一种不可知论的伦理考量，这种伦理考量没有任何先天的限制或边界。"（Ibid.）在提出这种替代性方案时，卡拉柯是在以一种反对列维纳斯的方式来诠释列维纳斯，他认为列维纳斯的伦理学说的逻辑实际上比这位哲学家本人最初为其提供的有限诠释更加丰富、更加激进。因此，卡拉柯不仅揭露并质疑列维纳斯的人类中心主义（它有效地将一切非人类的事物排除在伦理考量之外），而且还试图在列维纳斯的著作中找到阐明伯奇所谓的"普遍考量"的可能性。事实上，卡拉柯不仅采用了伯奇的术语，还利用伯奇的文章来一种列维纳斯式的视角激进化："与其试图确定道德可考量性的决定性标准，不如遵循伯奇以及我提倡的对列维纳斯的解读，从'普遍考量'的概念出发，承认我们在判定面容从哪里开始、在哪里结束时有可能犯错。普遍考量意味着在伦理上对任何东西都可能有面容的可能性保持关注和开放。"（Calarco 2008, 73）

这种激进的可能性，显然为一个在某些人眼中可能显得荒谬的结

论打开了方便之门。卡拉柯承认："这时候，大多数理智的读者可能
会认为我的论证蕴含着荒谬的后果。虽然说我们或许可以合理地认为
和我们'相似'、具有复杂的认知和情感功能的'高等动物'有可能
对我们有道德要求，但我们难道要相信'低等动物'、昆虫、泥土、
头发、指甲、生态系统诸如此类也有可能对我们有道德要求吗？"
（Ibid., 71）在回应这一指控时，卡拉柯采用了一种明显的齐泽克式
（2000, 2）的策略，即"**完全赞同被指控的东西**"。卡拉柯说："我建
议，认可和接受批评者视为荒谬的东西。任何转移或拓展道德考量范
围的尝试，最初都会遭到来自那些维护常识的人的同样的反动反驳，
说这种尝试是荒谬的。但是，任何值得被称为'思想'的思想，尤其
是伦理思想，都始于对常识和既定信念的批判，并因而要求我们去仔
细思考那些荒谬的、闻所未闻的想法。"

约翰·卢埃林也做出了类似的决定。他承认，当我们试图把他者
以及其他形式的他性纳入考量时，我们总是有滑向"胡言乱语"的
风险：

> 我们想让伦理可考量性的大门向动物、树木和岩石敞开。这
> 促使我们提出了一个区分，该区分承诺了我们可以在打开伦理可考
> 量性大门的同时不会因此引入我们对数字这类东西有伦理责任的想
> 法。这个想法是胡言乱语吗？也许。但胡言乱语本身，是相对于
> 特定的历史时期和地理位置而言的。在一个时间和地点没有意义的
> 东西，在另一个时间和地点却有意义。这就是为什么伦理学是有教
> 育作用的。这也是为什么，如果我们想要让本章所论述的以存在为
> 核心的伦理学的概念满足正义所要求的广泛性和民主性的话，我们

就有可能在伦理上有义务进行胡言乱语。(Llewelyn 2010, 110−111)

当然，动物问题就曾经是一种胡言乱语。动物问题最初就是被托马斯·泰勒作为一种荒谬的想法提出的，目的是嘲讽另一个在他看来荒谬的想法——将权利拓展至女人。当克里斯托弗·斯通（Christopher Stone）（1974）对"树木应该有地位吗？"这一看似荒谬的、"不可思议"的问题进行考虑时，类似的情况再次出现了。斯通（1974, 6−7）写道："因而，纵观法律史，每一次权利向某种新的存在者的进一步拓展，都曾经是有些不可思议的……事实上，每一次出现要将权利赋予某种新的'存在者'的运动时，其主张都注定会听起来很奇怪、令人恐惧或使人发笑。"正是在被压抑的笑声中，在那种面对看似胡言乱语的说法时总是快要爆发出来的尴尬笑声中，看似是胡言乱语的机器问题得到了考量，这一点在马文·明斯基《可转让的权利》(Alienable Rights) 一文开头所附的编者说明中体现得尤为明显："最近，我们在通常清醒的学术界听到了一些有关机器人权利的声音。我们努力摆出一副严肃的表情，请麻省理工学院的人工智能元老马文·明斯基来讨论一下这个令人上头的问题。"(Minsky 2006, 137)

因此，卡拉柯对列维纳斯哲学的重构产生出了一种更具包容性的、能够将其他形式的他性纳入考量的伦理学。这无疑是一个令人信服的方案。然而，他的论证的有趣之处不在于那些通过他对列维纳斯的富有创见的重构而被包容的其他形式的他性，而在于那些在此过程中（不幸地）被遗漏的东西。从卡拉柯的文本的字面上来看，以下存在者应该被纳入道德考量："'低等'动物、昆虫、泥土、头发、指甲和生态系统。"这份清单里显然没有任何非"自然"的东西，也就是没有任何形式的人造物。因此，卡拉柯的"普遍考量"，一种在潜在的荒谬与不可思议面前毫不退缩的伦理关切，所遗漏的是工具、技术和机器。这些被排除在外的他者可能被卡拉柯附在清单末尾的短语"诸如此类（and so on）"所涵盖，正如我们通常会在一连串他者的名单后面加上朱迪斯·巴特勒（Judith Butler）（1990, 143）所说的"一个尴尬的'等等'"，以示意那些没有被涵盖在清单里的其他他者。但如果"诸如此类"这个短语是在遵循它通常的用法，表示某种近似于"更多和已经被点名的东西类似的东西"的意思，那么似乎机器就不会被包容在内。尽管卡拉柯（2008, 72）显然准备好了以他者和其他类型的他性的名义，"仔细思考荒谬的、闻所未闻的想法"，但机器仍然被排除在这种努力之外，并超出了这种努力所能把握的范围，因而包含了一种超越荒谬的荒谬，不可思议的不可思议，或者一切被视为他者的东西的他者。根据卡拉柯，一切类型的其他非人类事物对**我性**（*ipseity*）的抵抗都确实会产生伦理影响，这一点与列维纳斯自己对事物的诠释相反。然而，这似乎并不适用于机器：对列维纳斯和卡拉柯来说，机器都仍然是另类于伦理学的东西，或者说是超越了他者的东西。

3.4.2 其他物

西尔维亚·本索在《物的面容》（*The Face of Things*）（2000）一书中以一种完全不同的方式提出了一个类似的方案。卡拉柯借助伯奇的"普遍考量"使列维纳斯激进化，而本索试图通过迫使列维纳斯伦理学与海德格尔本体论进行对峙来阐明"伦理学的另一面"：

　　海德格尔与列维纳斯在有关物的问题上的对峙，体现为一个双重真理。一方面，在列维纳斯那里没有物，因为物是为了同一（for the same），或者为了他者（for the Other），但不是为了它们自身（for themselves）。也就是说，在列维纳斯那里，并没有物的他异性。相反，在海德格尔那里，有物。对海德格尔来说，物是四重整体（the Fourfold）——终有一死者（the mortals）、神（the gods）、大地（the earth）、天空（the sky）——在一种和而不同的亲密性中交汇的场所。每个物在承载四重整体时都以其独特的方式保持为他者：另类于四重整体且另类于一切其他物；另类于终有一死者（只有当终有一死者能把物当作物来对待时，当他们能任由物在它们的他异性中存在时，他们才能在物的成物过程中栖居于物的身边）……毫无疑问，在列维纳斯那里有伦理学，即便他的伦理学概念只延伸到其他人（当然包括了其他男人，但愿也包括其他女人和小孩）。相反，在海德格尔那里没有伦理学，至少根据最通常的解读是如此。如果这两位思想家被迫在一场他俩都不会特别喜欢的对峙中面对面，其结果将是一种交叉结构，其分支连接着一个双重否定——无伦理学与无物——和一个双重肯定——伦理学与物。（Benso 2000, 127）

　　虽然本索并没有使用"混搭（*mashup*）"这个词，但她所描述的正是一种**混搭**。"混搭"指的是一种数字媒体中的做法，在其中，两段或两段以上录音、出版物或数据源被混合起来，以产生出可以说比各个组成部分的总和更好的新作品。尽管近来这种做法在所有形式的数字媒体内容中数量激增，成为威廉·吉布森（William Gibson）（2005,

118）所说的"我们世纪之交的特色枢纽"，但它最早是在流行音乐领域中得到运用和发展的。或许最著名的音频混搭作品是 DJ 危险老鼠（DJ Danger Mouse）的《灰色专辑》（*Grey Album*），它是杰斯（Jay-Z）的《黑色专辑》（*Black Album*）中的人声部分与摇滚中无可争议的经典之一披头士（the Beatles）的《白色专辑》（*White Album*）中的器乐部分的出人意料的巧妙组合。本索对两位哲学家做了类似的事情（这两位哲学家之间的差异不亚于杰斯和披头士之间的差异），上演了一场列维纳斯与海德格尔之间的对峙，这是两位思想家本人都不会想要看到的，但它却产生出了一个有趣的两者的混合体。

正如本索预料的那样，我们从这个列维纳斯伦理学和海德格尔本体论的未经授权的重混中所能听到、看到或读到的东西可以带来两种不同的可能性：要么是一种伦理学与物的思考，要么相反，即一种无伦理学与无物的思考。面对这两种可能性，本索认为后一种可能性不仅过于简单而且还会产生意料之中的、老一套的结果。因此，她选择努力走上较少人走过的道路。本索（2000, 127–128）以一种尼采式的口吻解释道：

> 自苏格拉底以来，哲学一直在走否定的道路。如果有伦理学，那么它就不关于物；而如果有物，它们也不是伦理的。肯定的道路是一条窄路，很少有人去探索。它通向一种物的伦理学，在其中，伦理学不能是任何形态的传统伦理学（功利主义的、义务论的、以美德为导向的），而物也不能是传统的物（与主体相对的对象）。在伦理学与物的交叉点上，列维纳斯与海德格尔相遇了，有如"一次岔路口的接触"。前者提供了一种非传统的伦

理学的概念，后者提供了一种非传统的物的概念。

本索的哲学重混听上去颇具创意和前景。和卡拉柯的"普遍考量"一样，它试图阐明一种带有鲜明列维纳斯色彩的伦理学，这种伦理学不再全然以人类为中心甚至不再全然以生命为中心，能够在实际上适应**物的面容**并对它们做出适当的回应。除此之外，列维纳斯的"非传统的伦理学"和海德格尔的"非传统的物"的混搭在哲学上完成了一些重要的工作，促成了双方的会面，在其中，一方批判并**增补**（*supplement*）另一方，而且不仅仅是通俗意义上的"批判"或单纯的纠正性的补充。换句话说，就像一切有趣的数字媒体中的重组一样，列维纳斯和海德格尔的混搭并不试图用这一个来定义另一个，也不试图用另一个来定义这一个，而是寻求保留它们之间的特殊距离和独特差异，以阐明各自所遗忘、遗漏或忽略的东西。本索总结道："在增补对方的同时，列维纳斯和海德格尔仍然是外在于彼此的、另类于彼此的，任何一方都不通过另一方被定义。但作为增补，他们各自都为对方提供了对方未曾思及的余留。"（Ibid., 129）因此，这个混搭超越了其中任何一个思想家的支配性权威和把握，产生了一个未经授权的混合体，它既不是这一个，也不是另一个，也不是一种在黑格尔式辩证解决中扬弃了差异的对两者的综合。

> 根据德里达的观点，增补的概念同时包含了两种不同的含义，这一点虽然奇怪，但却是必然的。增补是一种剩余，是一种补充，是一种充实丰富了另一种充实。然而，增补不仅是一种剩余。增补之物增补着。它的补充是为了替代。就好像它填补了一

个空洞，一种事先缺席了的在场。它是补偿性的和替代性的，
"它的位置是由一个空虚的标记在结构中分配的"（Derrida 1976,
144–145）。海德格尔和列维纳斯都不需要对方。然而，在双方
之中都有一个未被描述的、在沉思中被遗忘的余留。在海德格尔
那里，这个余留是伦理学，而在列维纳斯那里，这个余留是物。
（Ibid.）

本索正确地指出，对海德格尔来说，物是贯穿其整个哲学规划的一
个核心议题："海德格尔在后来以《物的追问》（*Die Frage nach dem
Ding*）为名出版的 1935/1936 讲座课的开头说道，物的问题是最古老、
最可敬、最根本的形而上学问题之一。"（Ibid., 59）本索的细致解读展
示了这个"物的追问"是如何在海德格尔自己的作品中运作的：这个
追问开始于《存在与时间》对胡塞尔现象学的批判性的重新考察，在
胡塞尔现象学那里，分析的努力被导向"事物本身"（Heidegger 1962,
50）；接着是一系列课程和出版物：《什么是物?》（*What Is a Thing?*）
（Heidegger 1967），《物》（The Thing）（Heidegger 1971b）和《艺术作
品的本源》（The Origin of the Work of Art）（Heidegger 1977a）。本
索还把海德格尔关于物的思考划分成三个不同的阶段：工具式揭蔽
（*disclosure*）、艺术式揭蔽，以及一种伦理式揭蔽的可能性。

工具式揭蔽

海德格尔有关物的最初思考是在他的第一部作品、大概也是最著
名的一部作品《存在与时间》中得到发展的。在这部早期作品中，
所有物都被涵盖在海德格尔称之为 *das Zeug* 或"用具"的范畴之中

(Heidegger 1962, 97)。海德格尔以其标志性的方法处理这一主题："希腊人关于'物'有一个恰当的词：πράγματα——那种人们在操劳实践（πραξις）中所关涉的东西。然而，从本体论上讲，希腊人恰恰让 πράγματα 所特有的'实用'特征陷入晦暗之中；他们将它们视为'近似于''纯粹的物'。我们将把那些我们在操劳中所遭遇的存在者称为**用具**（*Zeugen*）。在我们的实践中，我们会遭遇用于书写、缝纫、工作、交通、测量的用具。"(Ibid., 96–97) 根据海德格尔，这类用具所拥有的本体论地位或存在种类首先被揭蔽为"上手性（ready-to-hand）"或 *Zuhandenheit*，意思是某物在被人类**此在**（*Dasein*）为了某个特定的目的而使用的过程中成为其所是，或者说，获得其适当的"物性"(Ibid., 98)。锤子（海德格尔的主要例子之一）是用来捶打的；笔是用来书写的；鞋是用来穿的。任何物都是通过它的**为了什么**（*for which*）或用途而是其所是。

本索（2000, 79）解释道："这并不一定意味着所有的物都是工具，都是被**此在**有效使用或利用的器具，而是说，它们向**此在**将自身揭蔽为对此在的存在和任务来说有某种重要性。"因此，就海德格尔在《存在与时间》中的分析而言，**用具**一词不仅涵盖了人造物的揭蔽——海德格尔举了一连串这类物的例子：鞋、钟、锤、笔、钳、针——还涵盖了自然物。按照这种理解，自然物要么以原材料的方式被遭遇——"锤、钳、针，它们在其自身中指向钢、铁、金属、矿、木头，因为它们由这些东西构成"(Heidegger 1962, 100)。或者正如本索（2000, 81）指出的那样，"要么，自然可以在**此在**作为 *Geworfen*（被抛）而存在的环境中被遭遇。同样，对自然的生态学理解是通过其有用性而被揭蔽的，从而森林总是可以被用作木材的木头，山总是

可以开采的石料资源，河流是为了产生水能，而风是'吹动船帆的风'"。一切物，只有在它总是且已经被人类**此在**自身的操劳实践所容纳和把握的时候，才是其所是并拥有它自身独特的存在。

然而，在这种**原初揭蔽**中，物本身几乎是透明的、不可察觉的且习以为常的。当上手之物被视为为了某个其他的事物时，它立刻且必然地从视野中隐退了，它显现出来也仅仅只因为它对实现某些特定目的是有用的——仅仅只作为"称手"的东西显现出来。由于这个原因，只有当用具出故障了、损坏了或中断了其自身的流畅使用时，物的用具性本身才会闯入我们的视野并变得明显起来。本索（2000，82）写道："当物展现出它的无用性，或者找不到了，或者'妨碍'了**此在**的操劳时，物的用具特征就以一种**否定的方式**被明确地领会到了。"在这些情况下，物被揭蔽为"现成在手性（presence-at-hand）"或 *Vorhandenheit*。但是，有一个重要的限定条件：严格来说，现成在手性是一种派生的、有缺陷的、否定性的揭蔽模式。只有当某物明显**不上手**（Heidegger 1962, 103）时，纯粹的现成在手之物才会出现并显示自身。因此，对《存在与时间》时期的海德格尔来说，一切物——无论是像锤子这样的人造物，还是像森林这样的自然物——都被原初地揭蔽为某种为了人类**此在**而被人类**此在**使用的东西。任何不上手的物都只是现成在手的，但它们作为不再上手之物派生自上手之物。本索解释道："在《存在与时间》中，一切物，即一切非**此在**的存在者，都被同化为 *Zeug* 或 *Zeug* 的不同形态，甚至自然存在物也是潜在的用具。"

因此，海德格尔有效地将一切物——无论是技术人造物还是自然存在物——都变成了一种工具，这种工具原初地服务于人类**此在**及其对世界的操劳实践，并被人类**此在**及其对世界的操劳实践所揭蔽。因而，在这个早期文本中，海德格尔并没有把技术视为一种物，而是通过他自己思考物的模式把一切物都变成了技术性的东西——一种服务于人类**此在**自身的利益和关切并首先被人类**此在**自身的利益所揭蔽的工具。事实上，海德格尔后来在《技术的追问》（The Question Concerning Technology）一文中明确地把这些点联系起来，将 Zeug 归入技术性的东西："用具、工具和机器的制造和利用，被制造和被使用的物本身，以及它们所服务的各种需要和目的，都属于技术之所是。"（Heidegger 1977a, 4–5）因此，尽管《存在与时间》承诺说要以一种另类的方式来思考物，以兑现现象学"回到事物本身"的承诺，但这部作品其实是在用一种传统的人类中心主义的、工具主义的观点来看待一切物，而海德格尔本人在他后来的作品中也批评了这种观点。本索总结说："备受提倡的'回到事物本身'仍然只是部分地向**物**本身的回归。海德格尔声称，'物性必须是无条件的东西'。然而，海德格尔在《存在与时间》及相关作品中所主题化的内容却是：**此在**是物的存在方式的源头。也就是说，与海德格尔在探究物的问题时所承诺的相反，物的物性并不是真正无条件的。"（Benso 2000, 92）

艺术式揭蔽

由于这个相当传统的结果（尽管这个结果得到了细致、系统的阐明），"物的问题需要被再次提出"（Ibid.），而本索把这第二个阶段称为"艺术式揭蔽"。对物的思考的这一阶段位于《艺术作品的本源》中，这篇文章原为海德格尔 1935 年的一次公开演讲。尽管从这篇文章的标题可以看出，该文的目标是确定"艺术作品的本源"，但海德格尔（1971a, 20）认为，这一目标只能通过"首先注意到作品中物的因素"来实现。他写道："为此，我们有必要完全搞清楚物是什么。只有这样，我们才能说艺术作品是不是物。"（Ibid.）为了回应这个挑战，海德格尔通过将注意力转向物来开启他对艺术作品本源的研究。尽管海德格尔承认，"物"这个词在其最一般的意义上"指任何不是无的东西"，但他也指出，这种刻画"对我们界定具有物之存在方式的存在者与具有作品之存在方式的存在者的尝试来说没有什么用处，至少没有什么直接用处"（Ibid., 21）。

为了对这个问题进行更细致的思考，海德格尔发展出了本索所说的"三分法"。首先（这里的"先"既是解释次序中的在先，也是本体论优先性中的在先），存在着"纯粹的物"。在海德格尔那里，"纯粹的物"指的是"无生命的自然存在者"（例如，一块石头、一抔土、一根木头、一块花岗岩）。海德格尔认为，纯粹的物无法被直接通达。它们总是且已经退场、隐而不彰。如果我们强行用列维纳斯的术语来表达这个观点，我们可以说，"纯粹的物"构成了他异性和外在性的极限。根据海德格尔在同时期另一篇文章《什么是物?》中的说法，这是一种康德式的"物自身"，但又没有这个康德式概念所蕴含的形而上学包袱。因此，正如本索（2000, 99）所描述的那样，我们只能"在用具中，而非在纯粹的物中，去接近物的物－存在（thing-being），尽管它们的物－存在的纯粹性已经因其有用性而丧失了"。

因此，其次，存在着"使用的对象"，《存在与时间》中分析过的器具或用具（Zeugen），包括"飞机和收音机"等复杂工具以及"一把锤子、一只鞋、一柄斧头或一台钟"（Heidegger 1971a, 21）。然而，"为了让我们与物的关系能够任由物在其自身本质中存在，我们需要对用具的有用性进行主题化的悬搁"(Benso 2000, 101)。在《存在与时间》中，这种"主题化的悬搁"发生在用具的故障中，这种故障揭示出纯粹的现成在手性。然而这种分析已经不再被认为是充分的了。海德格尔对其早期的努力进行了某种修正："在剥去一切用具性特征的过程中，物性特征是否会显现出来，这一点仍然值得怀疑。"人们之所以发现物，例如一双鞋子，"不是通过对一个实际出现在这里的鞋子的描述和解释，不是通过对制鞋过程的报道，也不是通过对鞋子的实际使用的观察"(Ibid., 35)。这项重要的工作是由艺术作品完成的，具体而言，在海德格尔的分析中，这项工作是由凡·高的一幅画完成的。"是这幅艺术作品让我们知道了鞋子真实之所是"(Ibid.)。海德格尔主张，正是在这幅鞋子的画作中，这一特定的存在，"一双农民的鞋子，在画作中站到它存在的光亮里"(Ibid., 36)。因此，正如本索（2000, 101）所指出的那样，揭蔽的场所和任务发生了转变："因此，艺术作品取代了**此在**，在《存在与时间》那里，正是**此在**的在世存在（being-in-the world）的结构使得揭蔽得以发生。"或者，正如本索那一章的章名所表明的，有一个从"工具式揭蔽"到"艺术式揭蔽"的转变。

根据本索的评价，"如果与早期《存在与时间》中提供的工具性解释相比，向艺术式揭蔽的转变对物的物－存在来说肯定是有益的"(Ibid., 102)。这是因为，根据本索的解读，艺术式揭蔽大大减少了对物的暴力，而且增加了对物的尊重。尤其是，艺术式揭蔽质疑了，甚至破坏了人类中心主义特权及其对物的工具主义理解。本索写道："艺术式揭蔽所抛弃的是**此在**的工具性态度。"(Ibid., 103)因此，艺术式揭蔽将物的揭蔽场所从人类**此在**的操劳实践转移到了艺术作品中，这

样就改变了人类学的、工具主义的对待物的方式。这意味着，"艺术作品虽然是人类制作的，但却是自足的"（Ibid., 104）。或者正如海德格尔（1971a, 40）所解释的那样，"正是在伟大的艺术中……艺术家与作品相比才是无关紧要的，几乎就如同一条通道，在创作过程中为了作品的出现而自我毁灭"。

然而，艺术式揭蔽虽然比《存在与时间》中的工具式揭蔽有显著的进步，但它仍然面临着问题。正如本索（2000, 104-105）所言，艺术式揭蔽"在它暴露物的物性时并非全然清白的"。一方面，海德格尔对艺术式揭蔽的阐明是排他的，甚至是势利的。本索指出："只有伟大的艺术才能够带来真理的发生。"（Ibid., 105）因此，在我们既不艺术也不伟大的日常遭际中，一切物都可能丧失，也就是说，一切物都可能得不到揭蔽。本索担心"物的物 – 存在的某些本质部分会在我们日常与物打交道过程中不可逆转地丧失"（Ibid., 107）。

另一方面，在艺术作品中仍然有一种暴力在起作用，虽然海德格尔自己并不这么想。本索认为，"暴力存在于如下事实之中：揭蔽并不源自于物本身之中，并不源自于其大地一般的、幽暗的、缄默的、隐晦的深处，而是源自于物的外部，源自于艺术"（Ibid., 108）。根据本索的解读，这种暴力与技艺有关："希腊人已经清楚地认识到艺术活动所固有的暴力潜能。希腊人用同一个词，**技艺**（τέχνη），来表达艺术和那种后来孕育了技术及其变体的知识。艺术并不是物的自我揭蔽；相反，它是一种外部的揭蔽行为。"（Ibid.）至少对本索来说，这是不够的。在她看来，物应该从它们自身之中揭蔽它们的存在。换言之，揭蔽"应该源自于已然是大地的东西——源自于物的物 – 存在"（Ibid.）。所以，艺术作品已然是一种反常的干扰，一种我们应该可以摆脱的技艺性中介。"对艺术的求助似乎是一种不必要的叠加，在这种叠加中，艺术充当了物和对其物－存在的揭蔽之间的中介。然而，正如列维纳斯所教导的，和所有的中介一样，这种干扰可能会导致各种各样暴力。例如，对物的物－存在的误解、忽视、滥用和背叛。"（Ibid.）

伦理式揭蔽?

虽说艺术式揭蔽比工具式揭蔽有明显的进步，但本索认为艺术式揭蔽仍然太过暴力，仍然太过于**技术性**，因而无法尊重地关注物的物－存在。因此，根据本索的诠释，只有在后来的作品中，特别是《物》这篇文章，海德格尔才终于走上正轨。本索解释道："在《物》中，海德格尔选择了一个相当明显的物的例子，一个人造物—— 一个壶，在《存在与时间》中，它最多被理解为一件用具，而根据《艺术作品的本源》，它的真相只有通过它在艺术作品中、作为艺术作品的显现才能够被揭蔽。"（Ibid., 112）在《物》中，情况则完全不同。海德格尔（1971b, 177）试图把他所有的分析线索串联起来："这个壶是一个物，既不是在罗马人所谓的 res 意义上的物，也不是在中世纪人所谓的 ens 意义上的物，更不是在现代人所谓的对象意义上的物。壶是一个物，因为它物化。只有从物之物化出发，壶这种在场者的在场才首先得以自行显现并得以规定其自身。"这第三种揭蔽模式是一种源自物的对物的揭蔽，它要求一种完全不同的回应。正如本索所诠释的那样，它要求一种对物的他异性的回应，这种回应并不是将一种源自外部的揭蔽暴力地强加给物，而是任由存在者存在——海德格尔称之为 Gelassenheit（泰然任之）。本索解释道："既不是漠不关心，也

不是忽视，既不是松懈，也不是纵容，而是一种对形而上学权力意志的放弃，并因此是一种'无为'之为，*Gelassenheit* 意味着委身于物，任由物存在。"

无论这是不是对海德格尔的准确解读，它所产生的东西至少对本索来说是足够的。本索总结道，正是在这些后来的文章中，"海德格尔才最终抵达了物之物性，而且是在物的根本的他异性之中抵达了物之物性：无条件的他异性，因为物是无条件的；绝对的他异性，因为物的他异性并非源自于物与终有一死者或者物与神的对抗，相反，终有一死者与神都是通过物的他异性才被重新居有和重新安置"（Ibid., 119）。正因如此，本索到此才终于在海德格尔本人的文本中发现了追问她所说的"伦理式揭蔽"的可能性。"这种关系能够囊括 *Gelassenheit* 与物之间的关系，这种关系是何种关系？虽然海德格尔的作品对此保持沉默，但如果伦理以一种列维纳斯的方式被理解为对无法化约的他者的爱的场所，那么我们就可以适当地将这种关系称为伦理。因而，物强加了一个近似于伦理要求的命令。它们要求一种爱的行为——伦理——这种爱的行为能够任由物作为物去存在。……然而，海德格尔从未明确地对这种行为的伦理特征进行主题化。"（Ibid., 123）

在找出海德格尔对物的思考中的这种伦理学的可能性时，本索同样也找到了一个与列维纳斯的连接点，列维纳斯尽管并没有思考物的他异性，但却阐明了一种海德格尔所未曾主题化的伦理学。因此，就如同一切精心设计和制作的重混作品一样，这两位思想家的混搭并不是某种从外部强加给他们的东西，而似乎是在对被混搭的原始文本的细致考察中自行呈现出来的东西。这种混搭所产生的是一种前所未闻的东西——一种对物和伦理的另类思考，可以被称为"物的伦理学"：

> 作为对列维纳斯和海德格尔进行增补的结果，"物的伦理学（ethics *of* things）"这个表述获得了双重含义：它是物的，因为它是物能够在它们自身的实在中自行显现为四重整体的守护和容器的场所，也是物能够从它们自身的接受性出发去要求人类栖居于它们身边的场所。但它也在另一个意义上是物的：人类被物迫使着去回应加诸他们身上的要求并按照物的内在镜像来塑造他们的行为。物既指向伦理学的主体也指向伦理学的对象。因此，"物的（of things）"意味着一个双向运动的方向：从物出发抵达我和他者的运动；以及，作为对第一个运动的回应，从我和他者出发抵达物并关心物的运动。第一个运动是要求的运动，物仅仅通过它们无法穿透的在场而加诸人类身上的要求。这是物的伦理学中物的一面。第二个运动是温柔的运动，是对要求的回应，是物的伦理学中人类的一面。（Ibid., 142）

尽管这个方案听上去颇具革新性（特别是这个想法：我们在遭遇物时，物"偏执地要求"我们把它们承认为他者，而我们也被要求去对它们做出某种回应），但有一样东西不断逃脱了本索的"物的伦理学"，那就是机器。

尽管海德格尔在刚开始思考物时，将所有的物都划归为人类操劳于世的工具，但在他后来的文章中，也就是在那些本索认为提供了对物更加充分的思考的文章中，海德格尔将物和纯粹的技术对象区分开来。在与《物》同一时期的另一篇文章《技术的追问》中，海德格尔将"现代技术"刻画为一种总体化的、排他性的揭蔽模式，这种揭蔽模式将物转变为资源或者海德格尔所说的 *Bestand*（储备资源）而威胁到物的揭蔽。"技术的现身威胁着揭蔽，凭借着这样一种可能性威胁着揭蔽：一切揭蔽都在订造中出现，一切物都仅仅在储备资源的无蔽状态中呈现出来。"（Heidegger 1977a, 33）根据本索（2000, 14）的解读，这意味着技术并不任由物去存在，而是通过一种"变态的强力逻辑"，"把物贬低为操纵的对象"，使物"被剥去它们的物性"。或者从另一个角度来看，"物所传达的要求是一种邀请，邀请我们放下支配性的思维方式，将我们自身释放到物那里去，只有这样才能任由物作为物去存在，而不是作为技术和理智的操纵对象而存在"（Ibid., 155）。

这种对海德格尔的解读导致本索对前工业时代的农民以及他们与大地上的物之间的那种想象中的直接的、无中介的联系进行了浪漫化的描述（需要指出的是，这种对海德格尔的解读并不完全准确，因为它忽略了海德格尔 [1977a, 28] 所说的"技术的本质必然在自身之中蕴藏着救赎力量的生长"）。"一种更为尊重的与物的关系（这种关系是由物的物－存在本身所要求的）似乎并不发生在凡·高的画作《农鞋》中，而是发生在农妇的态度中——不是发生在她要求鞋子具备的有用性中，而是发生在她对鞋子的'可靠性'的依赖中；上述想法与海德格尔在《艺术作品的本源》中的主张是相反的，但与他之后所发展出来的对物的沉思是一致的。"（Benso 2000, 109）换句话说，与海德格尔在其后期作品中所青睐的艺术、艺术家和诗人相反，恰恰是农民"可能接近于物的物－存在，尊重并保护它们的大地特征"（Ibid.）。

因此，本索的分析将特殊地位赋予了她构想中的前工业社会的、浪漫的欧洲农民形象（实际上，这本身就是一种现代的、工业社会的虚构，被反向投射到一个从未实际存在过的过去）以及她假想出来的一种与真实之物的直接的、无中介的交涉。

机器，作为纯粹的物，在列维纳斯的非传统伦理学中本来就没有位置。就列维纳斯而言，甚至就卡拉柯那样致力于激进化列维纳斯思想的人而言，机器始终是另类于他者的东西。机器或许有精心设计的、有用的**界面**（*interface*），但是它没有也永远不会有**面容**（*face*）。同样，机器在海德格尔对物的理解中也没有合适的位置。尽管海德格尔努力处理物，特别是试图思考物的物－存在，但机器，作为一种技术对象，仍然另类于物。就本索的理论而言，机器既不是一个物，也不是物的反面（即"无"）。因此，尽管本索对两位思想家的混搭颇具前景，也包含了对相关文本的细致解读，但它并不能够处理机器问题。而这主要是由本索最初为两位哲学家的相遇所定下的条款和条件所导致的。她赞同她所谓的"肯定的窄路"——物和伦理学——并立刻排除了两位哲学家相遇的否定性模式——无物和无伦理学。在这一相遇中，机器并没有一席之地，因为机器始终处在被排除在外的那一面——无物和无物伦理学的那一面。在本索选择致力于海德格尔与列维纳斯之间肯定性的混搭模式时，她就已然决定（无论有意或无意）将机器排除在这个重混之外了。因此，机器在一开始就位于考量的空间之外，超出了这个列维纳斯－海德格尔混搭，并仍然先于且外在于这种以另类方式思考物与伦理学的尝试。

机器在《物的面容》中没有一席之地（应该指出，"机器"这个词从未在该书中出现过），因为本索的进路在研究开始之前就已经有

效地把它排除在外了。需要指出的是，这个结果不一定是某种有意的失败，并不一定可以被归咎于这个特定的作者或其作品。在撰写文本和论证的过程中，她需要做出一个决定；需要做出某种切割，这是无可避免的。也就是说，如果不对两位哲学家的会面的条款和条件做出一些的排他性决定，分析就无法推进，甚至根本无法开始。这些决定，无论是在列维纳斯与海德格尔的哲学混搭中所做出的决定，还是在比方说麦当娜（Madonna）和性手枪乐队（the Sex Pistols）的重混（Vidler 2007）中所做出的决定，都是策略性的、经过计算的，并且是出于一个特定目的，在一个特定时间、为了一个特定目标而做出的。一个持续且似乎无法避免的问题是，只要有切割，某些东西就总是不可避免地被遗漏和排除在外。而这个东西（严格来说，它既不是某 – 物，也不是无 – 物）往往是机器。由于这个原因，我们可以说，无论他异性以多么不同的方式被重思、重混或激进化，机器一直是而且已然是他者的他者（the other of the other）。

3.4.3　机器他者

虽然卡拉柯和本索的文本没有明确地就机器说任何东西，但其他理论家已经在力图提供一种能够明确处理此类事物的思考方式。和本索一样，卢卡斯·英特洛纳努力阐明一种物的伦理学，或者更确切地说，"一种与物进行伦理性相遇的可能性"（Introna 2009, 399）。本索通过对海德格尔与列维纳斯的文本进行细致解读而创造出了一种海德格尔思想与列维纳斯思想的混搭，而英特洛纳则聚焦在海德格尔上，并主要依赖二手文献，特别是格拉汉姆·哈曼（Graham Harman）（2002）对《存在与时间》中"工具 – 存在"的解读。在英特洛纳看来，哈曼对海德格尔文本的解读，至少在两个方面与正统解读相悖。"他认为上手性（*Zuhandenheit*）已经'在如下意义上指向了客体：它们从人类的视野中撤离到一个昏暗的隐蔽实在之中，这种实在从不在实践行动中现身'（Harman 2002, 1）。他进一步提出了一个相当有争议的主张：*Zuhandenheit* 并不是一种只与人类**此在**相关的揭蔽实在的模式。相反，*Zuhandenheit* 是所有存在者自身的行动，是它们自身存在的自我展开。"（Introna 2009, 406）哈曼（2002, 1）以这种方式发展了他所谓的"以客体为导向的哲学"，这种哲学通过区分"被明确遭遇的客体（*Vorhandenheit*）和在其撤离的执行者存在状态中的同一些客体（*Zuhandenheit*）"（Harman 2002, 160）而有效地将海德格尔重新诠释为康德。

　　遵循这种非传统的、相当保守的对海德格尔的诠释（如果把这种诠释和本索作品中提供的对同一批文本的分析进行比较，我们就很容易看出这种诠释是多么非传统、多么保守）的后果是某种英特洛纳（2009, 410）所说的"*Gelassenheit*（泰然任之）的精神"。英特洛纳将 *Gelassenheit*（后期海德格尔的关键词之一）刻画为一种行为模式，它放弃了"人类将物作为这个或那个存在者进行处置的表征性、计算性的思维（或行为）"（Ibid.），而"任由物按照它们自身之所是去存在，以它们自己的方式去存在"（Ibid., 409−410）。一方面，这种努力比本索的革新有所进步，因为英特洛纳继承了哈曼对用具和工具的兴趣，并没有将物局限在自然物上，而是专门处理我们与汽车、钢笔和椅子等技术人造物的关系或涉及它们的行为（Ibid., 411）。然而，另一方面，英特洛纳的"与物共同栖居的精神"远不如本索的混搭那么成功。实际上，英特洛纳打着"*Gelassenheit* 的精神"的旗号所主张的东西不过是关于德国工程师的灯泡笑话的一个复杂版本。"问：换一个灯泡需要几名德国工程师？答：一名都不需要。如果这个灯泡设计正确而你又好好保养它的话，那它应该可以用一辈子。"到头来，英特洛纳所说的东西只不过是对以存在为中心的伦理行为的另一种阐明，看上去和弗洛里迪的 IE 没什么实质上的不同，这主要是因为英特洛纳依赖于哈曼对早期海德格尔的"以客体为导向的"有限诠释。英特洛纳所说的"一种非常另类的与物共在的不可能的可能性"最终还是老调重弹。

理查德·科恩从另一个角度出发，直接考察伦理学（尤其是列维纳斯式的伦理学），和他所谓的"控制论"之间的连接点。[1] 这项批判性研究的直接对象和出发点是雪莉·特克尔（Sherry Turkle）的《屏幕生活》（*Life on the Screen*）（1995）一书与英特洛纳 2001 年的文章《虚拟与道德：论（不）被他者所扰》（Virtuality and Morality: On [Not] Being Disturbed by the Other），科恩将两者放在了同一场辩论的论辩双方的位置上：

> 特克尔赞美控制论能支持一种新形式的自身性（selfhood），一种去中心化的多重自我（或者更准确地说，多重自我们 [selves]）。多重自我和完整的道德自我并不能以同样的方式被追究责任。这

1　科恩的文章《伦理学与控制论：列维纳斯式的反思》（Ethics and Cybernetics: Levinasian Reflections）最初是为了 1998 年 12 月 14—15 日在伦敦政治经济学院举行的名为"计算机伦理学：哲学探索"的会议而撰写的，并在该会议上宣读。它于 2000 年首次发表在《伦理学与信息技术》杂志上，随后被收录在彼得·阿特顿和马修·卡拉柯的《激进化列维纳斯》（*Radicalizing Levinas*）（2010）一书中。

样一来，控制论解放了传统自我，从而给多重自我以自由。

英特洛纳在谴责信息技术时似乎主张的是相反的观点。但事实上，他也认为控制论带来了一种对道德的彻底改造，或者说带来了一种彻底改造的可能性。因为控制论充当了面对面关系的中介，而根据列维纳斯的伦理哲学，面对面关系是道德的根源，所以控制论将会是对道德的破坏。（Cohen 2010, 153）

那么，科恩的主张是，尽管特克尔和英特洛纳看似互相是辩论中的对立方——一方赞美的东西，另一个就要斥责——但他们实际上"对控制论持有同样的元诠释：控制论被认为能够彻底改造人类处境"（Ibid.）。

科恩并没有在这场辩论中选边站，他针对和质疑的是这个双方共享的假定，而他自己的主张几乎是不假思索地遵循了海德格尔所指出的人类学的、工具主义的立场："那么，问题在于，计算机是否导致了对人性的彻底改造，还是说恰恰相反，计算机只是一种非常先进的信息与图像处理及通信的器具、工具或手段，其本身在道德上是中立的。"（Cohen 2010, 153）根据科恩的解读，特克尔与英特洛纳都支持前一种立场，而他则努力捍卫后一种立场。在提出这一主张时，科恩不仅重申了标准的工具主义假定，断言"所谓的计算机革命""并不像它的支持者（如特克尔）或它的批评者（如英特洛纳）所说的那样彻底、重要或具有变革性"，而且还把列维纳斯诠释为一位既认可这种对技术的传统理解又为这种传统理解提供了理论支持的哲学家。

这当然只是一种对列维纳斯哲学的投射或诠释。列维纳斯本人实际上几乎没有就机器写过任何东西，尤其是没有就计算机和信息技术写过任何东西。科恩指出，"无可否认，虽然列维纳斯的哲学是在 20 世纪下半叶发展起来的，但是列维纳斯并没有专门讨论过控制论、计算机和信息技术"（Ibid.）。虽然在列维纳斯生活和工作的年代，计算机正在广泛普及，远程通信和网络技术也在以一种通常被认为是在人类历史上前所未有的速度飞速发展，但列维纳斯和海德格尔不同，他从未以任何直接、明确的方式探讨有关技术的问题。科恩不仅将这种沉默诠释为在支持人类学的、工具主义的立场，而且还进一步主张，虽然列维纳斯的伦理学没有就这一问题提供任何明确的说法，但它"非常适合被用来去提出和解决信息技术的伦理地位问题"（Ibid.）。

因此，科恩接受了列维纳斯文本的字面说法。构成伦理关系的面对面相遇是专属于人类的，因而它必定会排挤其他类型的他者，特别是笛卡尔式难兄难弟，即动物和机器。科恩相信，这种排他性并不是不道德的，也不是在伦理上成问题的，因为机器和动物至少就目前而言并不构成他者。

> 奇怪的是，计算机不思考——它们并不是人类，但这并不是因为它们没有人类的身体，而是因为它们跟石头和动物一样缺乏道德。它们的确是具身的，但与人类的具身性不同，计算机的具身性并不是被一种伦理敏感性（ethical sensitivity）所构成的或"选举出来的"。简而言之，计算机本身无法设身处地地为他者着想，无法换位思考，无法相互关怀，而这些是伦理的核心，因而也是人类之人性的根基。（Ibid., 163）

由于这个原因，机器是可以被插入自我和他者之间的工具，从而在面对面的相遇中充当中介，但它们仍然只是人类互动的工具。"因此，控制论代表了一种数量上的发展：印刷术中就已经包含的通信在速度、复杂度和匿名性的方面获得了增长，并且也越来越不同于（但并非彻底的割裂）面对面相遇中所包含的直接性、特殊性、单一性和邻近性。"(Ibid., 160) 换句话说，计算机没有面容，因此无法参与到作为伦理关系的面对面相遇中。相反，计算机所提供的是一个界面，一个或多或少透明的媒介，介于面对面的相遇之间。那么，在提出这一论证时，科恩有效地将列维纳斯伦理学调整成了媒介理论。

科恩的论证的主要问题在于，他对他文章标题中的两个词均有误解。一方面，他误解了或者至少严重歪曲了控制论。根据科恩的分析，控制论只是"通信技术的历史长河中最新的重大发展"(Ibid., 159)。因此，他把"控制论"这个词理解为一个总称，不仅涵盖了一般的信息技术和计算机，也涵盖了电子邮件、文字处理和图像操作软件这些具体的应用。这种理解不仅极端不准确，而且也相当不幸。

首先，控制论既不是一种技术，也不是各种信息与通信技术的集合体。按照其创始人诺伯特·维纳最初的介绍和表述，控制论是通信与控制的一般科学。维纳在最初出版于 1948 年的《控制论》(Cynbernetics) 一书中写道："我们已经决定将控制与通信理论的整个领域（无论涉及机器还是动物）称为'控制论'。这个词借鉴自希腊语 χυβερνήτης 或**舵手** (steersman)。"(Wiener 1996, 11) 那么，控制论并不是一种技术或一种特定的技术应用模式，而是一种通信与控制的理论，它涵盖了从个体有机体和个体机制到复杂的社会互动、组织和

系统的一切事物。[1]根据卡里·沃尔夫的说法，控制论引入了一种思考和组织事物的全新方式。他认为，控制论提出"一种有关生物、机械和通信过程的新的理论模型，剥夺了人类和**智人**（*Homo Sapiens*）在一切与意义、信息和认知有关的方面的任何特定的特权地位"（Wolfe 2010, xii）。因此，科恩在使用"控制论"这个词时并没有注意到这个概念的丰富历史。在此过程中，科恩忽视了控制论本身是怎样一种激进的、后人类的理论，它否定了人类中心主义并使曾经被排除在外的他者也能够得到细致深入的考量。正因如此，最初发表科恩那篇文章的杂志的编辑们提供了以下解释性的脚注，以对这种误解进行某种开脱："理查德·科恩用'控制论'这个词来指所有形式的信息与通信技术。"（Cohen 2000, 27）

但我要指出的第二点是，科恩不仅是在歪曲控制论的概念或误用"控制论"这个词上"搞错了"，这种错误最后总是可以被看作无伤大雅的术语方面的失误。相反，借用一个因马丁·斯科塞斯（Martin Scorsese）执导的《愤怒的公牛》（*Raging Bull*）（1980）中由罗伯

1　关于这个概念的历史和这门科学的发展的详细考察，参见 N. 凯瑟琳·海勒（N. Katherine Hayles）的《我们何以成为后人类》（*How We Became Posthuman*）（1999）。这部作品不仅提供了对控制论的演变的批判性分析（包括对其三个历史时期或三波"浪潮"的详细考察：内稳态 [1945—1960]、反身性 [1960—1980] 和虚拟性 [1980—1999] [Hayles 1999, 7]；1943—1954 年间举行的梅西会议 [Macy Conference of Cybernetics] 的作用；以及各个时期的代表人物，例如，诺伯特·维纳、克劳德·香农 [Claude Shannon]、沃伦·麦卡洛克 [Warren McCulloch]、玛格丽特·米德 [Margaret Mead]、格雷戈里·贝特森 [Gregory Bateson]、海因茨·冯·福尔斯特 [Heinz von Foerster]、温贝托·马图拉纳 [Humberto Maturana] 和弗朗西斯科·瓦雷拉 [Francisco Varela]），还为所谓的"第四波浪潮"奠立了基础和协议，在其中，控制论被用来服务于由唐娜·哈拉维（1991）的开创性工作所带来的、现如今被称为"后人学（posthumanities）"的东西。关于这一发展，参见卡里·沃尔夫的《什么是后人类主义?》（*What Is Posthumanism?*）（2010）。

特·德尼罗（Robert De Niro）所饰演的杰克·拉莫塔（Jake LaMotta）
而流行开来的短语来说，科恩的这个错误实际上"挫败了他自己的
目的"。特别是，科恩因为误解了控制论的含义而没有察觉到控制论
与列维纳斯哲学之间更加根本、更加有力的连接点。如果列维纳斯
伦理学如科恩所说，是基于主体间性的、交流性的（communicative）
对他者的经验或与他者的相遇，那么，作为一种通信/交流
（communication）的一般理论，控制论就不仅致力于处理相似的问题
和选项，而且，由于控制论挑战了人类中心主义特权并且打开了与曾
经被排除在外的他者进行通信/交流的可能，控制论因而提供了一种
通过追问其他形式的他性来"激进化"列维纳斯思想的机会。因此，
控制论可能是另一种阐明和处理"另类于存在"（这正是列维纳斯伦
理学的核心关切）的方式。我们应该还记得，正是海德格尔为这种可
能性打下了基础，他在 1996 年发表于德国杂志《明镜》的访谈中提
出，曾经被称为哲学的东西正在被控制论所取代。

在《论文字学》一书中，德里达对这个线索有一段著名的讨论，
他展示了，控制论即使是在与形而上学作斗争时，也仍然是被某种书
写的概念所限制的："最后，无论控制**程序**是否有根本界限，它所涵
盖的整个领域都将是书写的领域。如果控制论可以凭借自身驱逐所有
的形而上学概念——包括灵魂的概念、生命的概念、价值的概念、选
择的概念、记忆的概念——不久前人们还用这些概念来将机器与人区
分开来，那么它就必须保留书写的概念、痕迹的概念、书写语言或书
写符号的概念，直至其自身的历史 – 形而上学特征也被暴露出来。"
（Derrida 1976, 9）因此，科恩捏造了一幅控制论的衍生漫画——在其
中，控制论变成了一种纯粹的技术工具，这样一来它就能够像一个工

具那样被操纵，以服务于科恩自己的主张，这一主张重申了对技术的工具主义式理解。然而，科恩的这种做法不仅有搞错的风险，而且更重要的是，他错过了他本可以"搞对"的东西。通过推动列维纳斯伦理学与控制论的结合，科恩使这两个在战后影响深远的革新有了一次很有可能有趣且成果丰硕的相遇，只可惜科恩在这种结合所带来的激进性面前退缩了，并再次给出了恐怕是最反动、最老套的回应。

另一方面，科恩也有可能歪曲了伦理学，尤其是列维纳斯伦理学。尽管他承认并认可了列维纳斯哲学中的"他者的人类主义"（Levinas 2003），但值得称道的是，他并不认为这是一个本质性的甚至绝对的限制。在未来的某一天，情况可能会改变。科恩（2010, 165）承认："我提到过动物和机器加入伦理敏感性的兄弟会的可能性。然而，在我们的时代，道德责任与道德义务的根源在人类的敏感性之中，在人类的人性之中。"因此，科恩似乎打开了列维纳斯哲学的边界，使之有可能处理另一种类型的他性。换句话说，尽管他者一直是并且仍然是全然局限于人类的，但科恩认为，在未来的某个时刻，动物或机器或许能够加入"伦理敏感性的兄弟会"。然而，至少在科恩眼里，就目前而言，动物和机器，这对笛卡尔式难兄难弟，仍然外在于列维纳斯对外在性的反思。[1] 或者换句话说，动物－机器至少在目前仍然是列维纳斯的他者的他者。我们需要对这个结论做至少两点评论。

首先，值得称道的是，科恩并没有忽视重新利用列维纳斯哲学来

1　列维纳斯（1969）的《总体与无限》（*Totality and Infinity*）的副标题是"论外在性（An Essay on Exteriority）"。

处理他者（尤其是在动物和机器中发现的其他形式的他性）的可能性。但不幸的是，科恩最终认可了笛卡尔式的决定，把由这些他者所带来的道德挑战推迟到了未来的某个时间点。让事情更加复杂的是，科恩认为，即便在未来的这个时刻，我们成功地造出了像"电影《机械战警》（*Robocop*）中的警察机器人或电视剧《星际迷航：下一代》中的角色 Data"（Ibid., 167）那样有感觉的机器人，它们将仍然从属于完全由人类有机体构成和占据的道德中心并被认为要服从于这一道德中心。科恩在一个谈及这两个科幻角色的脚注中写道："在人们对服务于人类和其他有机体的机器负有道德义务与责任之前，人们首先对有机体，尤其是人类有机体，负有道德义务和责任。……注意：优先考虑对人类的道德义务和责任，这并不是在否认对非人类事物（无论有机还是无机）的道德义务和责任。这么做只是为了明确道德义务与责任的真正根源。"（Ibid.）尽管科恩承认其他有机物和无机物不应该被简简单单地排除在道德考量之外，但他仍然强调人类中心主义的特权，宣称这些他者将始终从属于人类存在者以及他或她的利益（这种从属也是字面意义上的从属：它们只在脚注这种从属位置里被考量）。这样一来，科恩既打开了一种挑战列维纳斯伦理学中的"他者的人类主义"的可能性，但同时又通过加强和重申人类中心主义霸权而将这个挑战拒之门外。

其次，尽管科恩认为在未来的某个时刻可能会有其他形式的他性需要被纳入考量，但这些他者却需要通过实现科恩（2010, 164）所说的"人类的人性"才能成为他者。

动物或机器并不会因为它们掌握了逻辑或者目的－手段的工

具理性就拥有人类的人性。毕竟，蚂蚁、白蚁、蜜蜂和海豚在这个意义上都是理性的。相反，当一个动物或者任何存在者被道德和正义而不是效率所触动时，人类的人性就产生了。当一个存在者在它自身的感性之中，经由语言的媒介，发现自己渴望为他者提供不值得欲求的、永不满足的服务，将他者的需求放在自己需求之前时，它就变得道德和正义了。……如果有一天，动物和机器能够拥有这种独立的道德敏感性，那么它们也将加入道德能动性的统一的、有凝聚力的团结之中。（Ibid., 164–165）

换句话说，至少就目前而言，为了让这些被排除在外的他者（即动物和机器）被视为他者，也就是被纳入"道德能动性的统一的、有凝聚力的团结之中"，它们就需要获得那种构成了人类之人性的定义的"独立的道德敏感性"。它们需要像阿西莫夫的短篇小说《双百人》中的安德鲁一样，不仅要成为理性存在者，还要成为人类。

　　无论人们是否明确认识到这一点，这都是一种极端形式的人类中心主义，比其他那些被称为"人格主义"的立场要更具有排他性和限制性。这样一来，科恩不仅重申了"人是万物的尺度"这一古老的教条，而且似乎还主张一种至少在结构上与列维纳斯自己的道德革新的文字和精神都相悖的立场。也就是说，无论科恩口头多么支持列维纳斯伦理学，他就这些其他形式的他性所做的决定似乎都将这些他者还原为了同一，这种姿态明显是反列维纳斯的。动物和机器，作为他者，和其他形式的他性一样，对抗着人类中心主义伦理学的自以为是的封闭。但科恩并没有允许这种他者的干扰去引起对那种自以为是和霸权的质疑。相反，他以一种列维纳斯所试图批评的暴力姿态将那种自以为是和霸权强加给这些他者。这样一来，科恩的论证主张就暴露在尤尔根·哈贝马斯（1999, 80）追随卡尔 – 奥托·阿佩尔而称之为"述行性矛盾（performative contradiciton）"的指控之下，即陈述与认可一个东西的方式使得被明确陈述与认可的东西遭受质疑。应该指出的是，这并不一定是某种可以被归咎于或者甚至应该被归咎于这个特定作者的缺陷或无能。相反，这表明了，在我们对他者（尤其是动物以及动物的他者，机器）的处理中存在着固有的持续性的、系统性的困难。

3.5　更远处的道德 [1]

本索（2000, 136）以一种全面性的姿态（这种姿态恰恰体现了它试图处理的问题）写道："一切哲学都是对整全性（wholeness）的追寻。"她认为，通常有两种方式追求这一目标。"传统的西方思想通过对所有部分的还原、整合、系统化来追寻整全性。总体性（totality）取代了整全性，其结果是极权主义（totalitarianism），在其中真正的他者没有一席之地，从而揭示出了这种体系的缺陷与谬误。"（Ibid.）列维纳斯用"总体性"这个词所代表的正是这种暴力的哲学思考方式，

1　本节标题的英文原文为"Ulterior Morals"。在这里，"ulterior"一词需要在其拉丁文语源的意义上来理解。在拉丁文中，*ulterior* 是 *ulter* 的比较级，意为"更远的，在更远一边的"。作者用"ulterior morals"作为本节的标题是想要强调，这一节中所说的"道德"超出了我们视为理所当然的、显而易见的范围。这也意味着，这里所说的"道德"并非一种具有绝对确定性的道德，而是一种需要被不断追问、不断反思、不断挑战的道德。此外，需要注意的是，在今天的英语中，"ulterior"通常被用来形容某人的动机是不纯粹的、隐瞒的、不可告人的，但作者并非在这一意义上使用"ulterior"一词。——译者注

至少对列维纳斯来说，这种哲学思考方式涵盖了像柏拉图、康德和海德格尔这样的标志性大人物。这种总体化进路的替代方案是一种另类导向的哲学，例如列维纳斯和其他人所提出并发展的哲学。然而，这另一条进路"必须不是从同一出发，而是要从他者出发，而且不仅是他者，还有他者的他者，以及如果是这样的话，那么还有他者的他者的他者。在这种'必须'中，它还必须意识到任何对他者的表述中所包含的不可避免的不公正"（Ibid.）。这两种策略的有趣之处并不在于它们之间的不同，也不在于它们是如何阐明看似与其对立的进路的。有趣之处在于，它们为了成为彼此不同的、对立的两种进路而共同认可的东西。"它们都共享同样的对包容性的要求"（Ibid.）（不论这种包容是同质性的还是异质性的），而这正是问题所在。

因此，我们似乎陷入了俗话所说的进退维谷之境。一方面，同一从来就没有足够的包容性。尤其是机器，它从一开始就被排除在伦理学之外。不论我们尝试了多少种不同的哲学视角，它都既不是道德行动者也不是道德受动者。它一直被理解为只不过是一种技术工具，可以被人类或多或少地有效使用。因此，它始终处在道德可考量性之外，或者用尼采（1993, 44）的话来说，它"超越善与恶"。正如利奥塔尔（1993, 44）所提醒我们的那样，技术仅仅事关效率。技术设备不涉及形而上学、美学或伦理学的大问题。它们不过是人类能动性的装备或延伸，由人类行动者或多或少负责任地使用，并对其他人类受动者产生影响。因此，至少在大多数哲学观点看来，像计算机、机器人和其他机械设备这样的技术人造物在伦理学中并没有适当的位置。尽管其他曾经被排除在外的他者已经在斗争中缓慢地被授予了道德主体共同体的成员资格——女人、有色人种、某些动物，甚至环境——

但机器仍然处于边缘。它甚至超出并躲开了那些实现更大包容性的最佳努力。

另一方面,这一传统的各种替代方案从来都没有包含足够的差异。虽然对他者的关切承诺要将一切思想领域激进化——身份政治、人类学、心理学、社会学、形而上学和伦理学——但它从来都不是完全充分的,或者说从来都没有以恰当的方式包含差异。这是因为这样的努力仍然是"人性的,太人性的"(如果允许我们再次引用尼采[1986] 的典故的话)。许多所谓的替代方案,那些声称自己对另类事物感兴趣、以另类事物为导向的各种哲学,通常都把机器排除在差异的空间之外,排除在差异的差异之外,或者说排除在他者的他性之外。技术设备当然有界面,但它们并没有面容,或者说它们并不会与人类使用者在面对面的相遇中照面,而正是这种面对面的相遇才构成了伦理。

这种排他性并不只是"最后一个被社会所接受的道德偏见"或辛格(1989, 148)所说的"仅存的最后一种歧视":只有当我们已经认为机器未来有可能被包容在内时,我们才能够说机器是"最后一个被社会所接受的道德偏见"或"仅存的最后一种歧视"。对机器的边缘化要完整和全面得多。事实上,机器并不只是在未来某个时刻会被包容在内的另一种形式的他异性。如上所述,机器包含着排除的机制本身。丹尼特(1993, 233)写道:"在许多哲学家眼里,决定论(或非决定论)与道德责任是否不相容的老问题已经被这一假设所取代:机械论很可能与道德责任是不相容的。"因此,每当一种哲学试图做出决定,在"我们"和"他们"之间划定一条分界线,或者区分谁或什么有面容、谁或什么没有面容时,它都不可避免地要搬出机器。因

此，机器超出了差异，它存在于一种极端的、过度的差异化之中，超出了通常被理解和把握为差异的东西。它另类于他者，并且另类于一切其他的他者。换句话说，它仍然被那些出于好意去思考和处理被排斥者的尝试排斥在外。对列维纳斯一部书的书名稍作修改[1]，我们可以说，机器是另类于他者的，或者，是超出了差异的。

因此，机器构成了一种批判性的挑战，它既质疑道德考量的界限，也抗拒各种拓展道德考量的努力，不论这些努力是表现为无所不包的、极权主义形态的同一，还是表现为某种关注差异的替代性进路。换句话说，机器持续占据着一种极端的外在性，这种外在性超出了那些已然塑造着和规约着整个道德考量领域的各种概念对立：内在—外在，同一——差异，自我—他者，行动者—受动者，主体—对象，等等。因此，机器问题带来了一系列相关的后果，这些后果不仅影响着我们将要去向何方，还影响着我们从何处来，以及我们最初是如何抵达这里的。

首先，在用词和术语上存在着一个持续的、无法避免的问题。要阐明机器问题并尝试处理这种极端形式的他异性（这种他异性另类于通常被视为他者的东西），我们就需要对语言进行一种奇怪的扭曲（这句话本身已经清楚地表明了这一点）。这不一定是机器问题所独有的困难；任何想要"跳出思维定式"或超越托马斯·库恩所说的"常规科学"的尝试都会面临这个反复出现的困难。库恩（1996, 10）写道，"常规科学指的是稳定地建立在一个或多个过往科学成就基础之上的

1　这里指的是列维纳斯的著作《另类于存在，或超出本质》（*Otherwise than Being, or Beyond Essence/ Autrement qu'être ou au-delà de l'essence*）。——译者注

研究，这些成就被一些特定的科学共同体在一段时间内承认为其进一步科学实践的基础"[1]。因此，常规科学建立了一个研究的框架或范式，一套公认的做研究的步骤和方法，以及，或许最重要的是，一套用来提出问题和交流成果的共同词汇。如果我们想要挑战这种先例并试图找到、命名或处理始终位于这一概念领域的范围之外的"某物"（从通常做法的常规化视角看来，这个"某物"实际上会被视为"无物"），我们就必然会超出和抗拒我们手头现有的语言和概念。由于这个原因，通常有两种可能的模式来回应和阐明这些范式转换所带来的挑战——**旧词新义**（*paleonymy*）和**杜撰新词**（*neologism*）。

旧词新义是德里达（1981, 71）用已有的拉丁语成分构造出来的术语，用来指给"旧词"赋予新的用法和目的。因此，"旧词新义"这个词本身就是旧词新义的一个实例。要使用"一个旧的名字去表达一个新的概念"（Ibid.），就需要对这个词进行仔细的挑选和战略性的重构，以便用来阐明某个不同于它最初所要传达的东西。因此，它要求德里达所说的双重姿态："我们的步骤如下：（1）提取出一个经过弱化的、保留下来的谓词特征，并把它限定在一个给定的概念结构中，我们可以将这个概念结构**命名为** X；（2）对这个提取出来的谓词进行界定、嫁接和有规则的延伸，在这个步骤中，X 充当**干预的杠杆**，让我们能够抓牢我们所要改变的先前的组织。"（Ibid.）例如，这种旧词新义的做法在吉尔·德勒兹的著作《差异与重复》[2]（*Difference*

1　本书已有中译本：《科学革命的结构》，托马斯·库恩著，张卜天译，北京大学出版社，2022 年。——编者注

2　本书已有中译本：《差异与重复》，吉尔·德勒兹著，安靖、张子岳译，华东师范大学出版社，2019 年。——编者注

and Repetition）中就有所体现，这部 1968 年出版的著作不仅标志着德勒兹从早期的哲学史写作向有关哲学本身的写作的重要转变，而且正如德勒兹本人所言，这部作品预示着他后续所有著作的方向，包括那些与菲利克斯·加塔利（Félix Guattari）合著的作品（Deleuze 1994, vx, xvii）。正如其书名所表明的，《差异与重复》关注的是"差异的形而上学"并努力表述一种对差异的不同理解，即"一种不包含否定的差异概念"（Ibid., xx）。德勒兹在序言中写道："我们提议，独立于那些将差异还原为同一的表象形式来思考差异本身，独立于那些使它们经受否定之物洗礼的表象形式来思考差异之物与差异之物的关系。"（Ibid., xix）因此，《差异与重复》重新使用**差异**这个旧词来命名一种"新的"且不同的差异的概念——一个不能够被还原为否定的差异概念，这个概念因而必然超出了对差异的传统哲学理解，这种理解从柏拉图开始一直至少持续到黑格尔（甚至更晚）。

杜撰新词采用了一种不同但相关的策略。"杜撰新词"是一个相当古老的词，也同样包含了拉丁语词根，指的是发明新词以命名新的概念。例如，德里达的 *différance*[延异] 就是一种杜撰新词，以表达一种从字面上看就不同于差异（difference）的非概念或准概念，或者说，这个新词标记了与一种哲学史上已有的对差异的思考的连接点和分化点。德里达（1981, 44）解释道："我已经尝试将 *différance*（其中的 *a* 的一个功能是：标明它的生产性特征和冲突性特征）与黑格尔的差异（difference）区分开来。这个区分恰恰体现在，在《大逻辑》中，黑格尔将差异规定为矛盾，其目的只是为了解决它、内化它，并把它提升到（按照一种思辨性辩证法的三段论过程）一种本体－神学或本体－目的论综合的自身在场之中去。"在德里达看来，

différance，这个长得就和 *difference* 不一样的词，表明了一种思考和书写差异的不同方式，这种方式超出了黑格尔的差异概念。因此，由于机器问题挑战了现有的哲学信条、理论概念以及既有的术语，它就要求一种语言上的扭曲，而在常规做法的视角看来，这种语言上的扭曲似乎是古怪的且过于复杂的。无论我们采用的是旧词新义还是杜撰新词的策略，阐明和处理机器问题都会将语言推至它的极限，从而强迫现有的词汇去表达超出了被认为是可能之物或恰当之物的东西。[1]

其次，正因如此，处理另类之物的尝试不可避免地面临着重新陷入既定的结构与协议并被它们重新俘获的风险。无论是采用旧词新义的策略还是杜撰新词的策略，以不同方式进行思考与书写的努力总是要与现有结构的引力作斗争；可以理解的是，这些现有结构当

1　应该指出，这种对"超出"和"超出之物"的强调既是故意的，也是完全恰当的。最早的一些哲学文本（至少根据苏格拉底在《普罗泰戈拉》[*Protagoras*] 中的描述）是以两个简洁的命令的形式出现在德尔斐的神庙中的：γνῶθι σεαυτόν，"认识你自己"，以及 μηδέν ἄγαν，"凡事勿过度 / 无超出之物（Nothing in Excess）"（Plato 1977, 343b）。通常情况下，这些陈述被解读为道德指令或道德准则。第一条规定，人应该寻求获得自我认识。也就是说，"爱智者"不仅应该追求对事物的认识，还应该追求有关如何认识事物的认识——一种自我觉察的和自我反省的理解使自己认识事物的方法对自己来说成为一个问题。第二条通常被解释为一项禁令，它规定一切事物，甚至是这种自我认识，都应该在正确的尺度之内来从事和追求。这意味着，任何事情都不应该走向极端；一切都应该被控制在其适当的限度和边界内。然而，还有另一种解读这两句话的方式，它提供了另一种说法和视角。特别是，第二句话可以从本体论上进行解读，而不是解读为一个禁令。这样一来，"无超出之物"就意味着，凡是超出自我的自我认识的把握的东西——凡是抗拒和超出了"认识你自己"的能力和范围的东西——都将是无物。换句话说，凡是超出自我认识的把握，处在这种特定类型的知识外部的，都将被视为无物，并被视作无关紧要的（这不正是笛卡尔从 *cogito ergo sum*[我思故我在] 中引申出来的后果吗？）。因此，正是这种操作，这种决定性的切割，建立了排斥并使排斥常规化。哲学在其开端之处，伴随着对德尔斐神谕的关注，就决定要进行一项排他性的事业，把一切超出了哲学自我认识把握的事物都转变为无物。

然会试图驯化这些非凡的努力并让它们去为"常规科学"的既定系统的持续成功而效力。这就是齐泽克（2008b, vii）所说的"托勒密化（Ptolemization）"（这显然是对库恩的借鉴，尽管齐泽克没有承认这一点）。由于这个原因，任何对现状的批判性挑战都不可能是"一次性的"，一锤定音的，或一劳永逸的。它是而且必然是德里达（1981, 42）所说的"无止境的分析"——一种无穷尽的质疑模式，不断让自身的成就与进步接受更多的质疑。尽管黑格尔（1969, 137）将这种递归[1] 称之为"坏的或虚假的无限（*das Schlecht-Unendliche*）"，但它是一切批判性努力的必要且无法摆脱的条件。

由于这个原因，机器问题不会也不可能结束于一个明确的答案，甚至也不可能结束于佯装要给出答案的姿态。因此，这个问题并不能够被某种结论性的、终极的结果一劳永逸地解决。相反，结果是对问题本身的更加复杂的追问。我们从追问机器在伦理学中的地位开始。至少在一开始，这似乎是一个相当简单和直接的问题。机器、人工智能、机器人和其他机制要么是合法的道德行动者和（或）受动者，要么不是。也就是说，这些越来越自主的机器要么需要为它们的决定和行为承担责任并被追究责任，要么只是服务于其他利益和行动者的纯粹工具，要么占据了某种混合了两者的中间地位。反过来，我们要么对这些机械化的他者负有合法的道德责任，要么可以随心所欲地使用和剥削它们，要么与它们合作，形成新的分布式道德主体性。

1　虽然黑格尔不是计算机科学家，但他的"坏的或虚假的无限"的概念与"递归"非常相似，递归是计算操作的一个基本方面，通过使用一个有限的表达式来定义无限数量的实例。尼克拉斯·卢曼（Niklas Luhmann）(1995, 9) 也阐明了一个类似的概念，他认为："'封闭'系统和'开放'系统之间的区分被这一问题所取代：自我指涉的封闭性如何能创造开放性?"

然而，在探索这一问题并追踪其各种影响与后果的过程中，其他一切都变得可疑和有问题了。事实上，正是在机器面前（in the face of the machine）（假如我们可以使用这个明显带有列维纳斯色彩的表述的话），道德哲学的整个结构和运作都被暴露在危险之中。因此，机器问题不是什么伴随着计算机、人工智能、机器人学、人工生命、生物技术等领域的当代进展而出现的特定的反常现象或最近才有的危机。它是一个根本性的哲学问题，其后果在整个西方思想史中回荡不息。

　　从某个角度来看，这种结果很难不被视为一种无定论的收尾，这或许很难使那些预期能够获得并且想要获得答案或者一系列清清楚楚写下来的行为准则的人满意。事实上，这正是人们通常期待从一部伦理学作品中获得的东西，尤其是一部应用伦理学作品。这种期待有着某种直观上的吸引力："我们这些在'现实世界'中生活、工作、需要做各种日常决定的人，想要知道应该怎么做。我们想要知道和需要知道的是道德问题的答案，或者，如果不是答案，至少也是帮助我们解决这些重要问题的指导原则。"本书并没有满足这一期待，而是以另外的方式收场。这项研究并不仅仅试图回答计算机、机器人、人工智能系统以及其他机制是否具有以及在多大程度上具有道德重要性。相反，或者说除此之外，它还带来了一连串批判性的探究，介入并追问道德思考本身的限度与可能性。这样一来，机器就不一定是一个伦理学**所面临的**问题（a question *for* ethics）；它首先是一个**有关伦理学**的问题（a question *of* ethics）。

　　根据这种理解，机器提出了一种根本性的、无法解决的追问——它使伦理学的基础本身成为问题，促使我们在探索一条更具包容性的对待他者的进路时不断追问伦理学的伦理性。换句话说，追问机器问题的目的并不一定是要一劳永逸地把它搞对。相反，其目的是一次又一次地追问我们认为我们已经搞对了的东西究竟是什么，并且追问，为了"搞对"我们不得不遗漏、排除、边缘化了哪些东西。如果套用弗洛里迪（2008, 43）的观点并以一种超出了他本人所提供的有限诠释的方式支持他的分析的话，我们可以说，机器问题不仅为老问题增添了有趣的新维度，而且还引导我们在方法论上重新思考我们的伦理立场所依赖的基础。

最后，这对伦理学来说意味着，笛卡尔（在研究的一开始，他扮演的是"坏蛋"的角色）可能实际上搞对了（抛开他本人对其作品的诠释和我们通常对其作品的 [误] 诠释）。众所周知，在《谈谈方法》这部哲学自传中，笛卡尔试图拆毁他所接受的或视为理所当然的一切真理直至它们的基础。这种方法在《第一哲学沉思集》中被称为"怀疑的方法"，它针对的是一切事物，包括公认的伦理真理。对笛卡尔来说，有一件事是确定的：他不想被欺骗也不会容忍被欺骗。然而，追求并坚持这种不尊重任何既定边界的极端形式的批判性探究，这种做法有非常实际的代价和影响。出于这个原因，笛卡尔决定采用一种"临时性的道德规范"，它拥有一种临时但却稳固的结构，能在他对一切事物进行彻底质疑的过程中为他提供支持和庇护：

> 现在，在开始重建房屋之前，把旧房子拆掉、准备好材料、请好建筑师（或者把自己训练为一个建筑师）、仔细绘出图纸，但仅仅这些是不够的；还必须另外给自己准备某个其他地方，好在造房子期间舒舒服服地住着。同样，当我受到理性的驱使，在判断上持犹疑态度的时候，为了防止我在行动上也犹疑不决，为

了在此期间还能尽可能幸福地活着，我给自己定下了一套临时性的道德规范，一共只有三条或四条准则，我愿意把它分享给你。（Descartes 1988, 31）

这四条准则包括：（1）遵守其国家的法律和习俗，从而能够成功地与他人共同生活；（2）在行动中保持坚定和果断，贯彻任何已被采纳的意见，以观察它的发展方向；（3）只求掌控自身，不求掌控财富或世界的秩序；以及（4）投身于哲学事业，培养理性并追寻真理（Ibid., 31–33）。由于这套规范被理解和表述为"临时性的"，或许有人会认为这套规范会在未来的某个时刻被更加确定和持久的规范所取代。但不论出于何种理由，笛卡尔从未明确地回到这份规范清单以敲定最终的非临时性规范。尽管乍看上去并非如此，但这并不是一种缺陷、失败或疏忽。事实上，或许这就是事情的真相——"我们所采用的一切道德都是临时性的"（Žižek 2006a, 274）[1]，或者，如果你愿意，也可以说伦理学自始至终都是临时性的。那么，在这种情况下，通常会被视作"失败"的东西（即从未踩到道德确定性的坚实土地 [terra firma]），现在则被重新理解为一种成功和进步。因此，齐泽克主张，"失败不再被视为成功的反面，因为成功本身仅仅在于英勇地承担起失败本身的全部维度，把失败作为'自己的'失败来重复它"（Ibid.）。换句话说，伦理学的临时性本质并不是一种相对于某个被假定为"成功"的结果而言的失败。相反，只有通过承担和肯定这种所谓的"失

1　本书已有中译本：《视差之见》，齐泽克著，季广茂译，浙江大学出版社，2014年。——编者注

败",被称为伦理学的东西才能够获得成功。

然而,在这么说的时候,我们立即遇到了所谓的**相对主义**的问题——"不存在任何普遍有效的信念或价值"(Ess 1996, 2004)。直接地说,如果一切道德都是临时性的并且允许我们在不同的时间、出于不同的理由做出有关差异的不同决定,那么我们难道不是有可能肯定了一种极端形式的道德相对主义吗?针对这一指控,我们并不试图寻求某种明确的、普遍接受的回应(这种做法显然只是通过求助于相对主义的对立面并认可相对主义的对立面来回应相对主义的指控),而是遵循齐泽克(2000, 3)的策略,即"完全赞同被指控的东西"。所以,是的,是相对主义,但却是一种极端的、被谨慎阐明的相对主义。也就是说,这种相对主义不再能够被理解为普遍主义的纯粹否定或对立面。因此,这种对"相对"的理解将类似于从阿尔伯特·爱因斯坦(Albert Einstein)开始的、在物理学中得到发展的那种理解,也就是说,这种对"相对"的理解能够承认一切事物(包括这句话在内)都处在运动之中,也能够承认不存在也不可能存在一个固定点让我们能够从这个点出发去观察和评估一切事物。或者用笛卡尔式的话来说,任何有关"固定点"的决定都只能是**临时性的**。根据这种理解,相对主义并不是普遍主义的纯粹对立面,而是使得"普遍"和"相对"这两个术语能够在一开始被表述和使用的基础(当然,这不是通常意义上的"基础",而是某种类似于"可能性之条件"的东西)。

如果我们最终寻求和珍视的是一种通过形而上学确定性(这种确定性由某个超验的形象[例如神]所提供)而得以固定和保障的道德,那么上述结果就和"老一套的相对主义"没什么区别。但是,一旦我们认识到这个概念之锚已被割断——在一切传统的道德权威的形象

（如，尼采 [1974] 那里的上帝，巴特 [1978] 那里的作者，以及海德格尔 [1977c] 和福柯 [1973] 那里的人类主体）都已经死亡或终结之后——那么一切事物似乎都可以被重新塑造和重新评估了。正如尼采（1974,279）就"上帝之死"所写的那样，只有当我们始终认可并且依然认可存在着一个固定、不可动的视角（一个道德的托勒密体系）时，这种情况才能够被视为一种缺陷和问题。但如果我们从另一个不同的角度出发，这一处境就可以被视为一种开放的、动态的机遇。用尼采的话来说："而这些最初的后果，对我们自己的后果，和人们可能预期的完全相反：它们一点也不悲惨和忧伤，而是很像一种新的、很难描述的光明、幸福、宽慰、欢欣、鼓舞和曙光。"（Ibid., 280）

因此，我们不一定要消极地看待相对主义，也不一定要像齐泽克（2003, 79; 2006a, 281）经常做的那样把它谴责为失控的后现代多元文化主义的缩影。它也可以且应该以另类的方式被理解。例如，罗伯特·斯科特（Robert Scott）就不把"相对主义"当作贬义词来看待："据说相对主义意味着一个没有标准的社会，或者至少是一座充满不同标准的迷宫，因此是一片由迥然不同的、大概率自私的利益所构成的刺耳的喧嚣。但相对主义所指的环境，是那些在其中标准需要以合作的方式建立起来并被反复更新的环境，而不是一个无标准的社会（无标准的社会相当于根本没有社会）。"（Scott 1967, 264）或者像詹姆斯·凯瑞（James Carey）在其影响深远的文章《传播的文化进路》（A Cultural Approach to Communication）中所说："所有人类活动都像是在化圆为方。我们首先通过符号性的工作制造了这个世界，而后又在我们制造的这个世界中定居下来。呜呼，我们的自我欺骗是有魔力的。"（Carey 1989, 30）

在完全赞同这种形式的相对主义并将其贯彻到底的过程中，我们所获得的不一定是我们所预期的，即一个什么事情都可以做或者"任何事情都是被允许的"（Camus 1983, 67）的处境。相反，我们所获得的是一种更具回应性的、更加负责的伦理思考。根据这种理解，伦理学事关决定而非发现（Putnam 1964, 691）。我们各自又相互合作地（不仅仅是与那些被认为与我们非常相似的他者合作）决定谁是、谁不是道德共同体的一员——谁实际上能够被纳入这个第一人称复数的代词"我们"中来。正如安妮·福尔斯特（Benford and Malartre 2007, 163）所指出的，这个决定从来都不是确定的；它始终是临时性的。实际上，套用凯瑞的话来说，我们为自己和那些被我们视作他者的事物制定规则，然后遵守这些规则行事……或者不遵守这些规则行事。

人工智能、机器人和其他自主系统这样的机器应该被纳入道德主体的共同体、被承认为合法的道德行动者吗？它们应该被承认为合法的道德受动者吗？还是说两者皆是？我们无法给这个问题一个"是"或"否"的明确的最终答案。这个问题需要在不同的特定情况中被反复询问和回答。但是，这个问题需要被问出来并得到明确的处理，而不是在沉默中被忽略，就好似它根本不重要一样。正如诺伯特·维纳在半个多世纪以前所预测的那样："只有通过对信息和通信设施的研究才能理解社会；而……在这些信息和通信设施的未来发展中，人与机器之间、机器与人之间、机器与机器之间的信息交换将注定要发挥越来越重要的作用。"（Wiener 1954, 16）[1]那么，重要的是，在面对所

1　本书已有中译本：《人有人的用处》，N. 维纳著，陈步译，商务印书馆，1978 年。——编者注

有这些他者时，要如何回应这些他者，如何决定这些关系的条款和条件，以及如何阐明责任。

因此，我们，而且只有我们，负责确定道德责任的范围和边界，负责在日常实践中做出这些决定，负责评估它们的成果和后果。实际上，我们负责决定谁或什么被纳入这个"我们"中，谁或什么不被纳入"我们"中。尽管我们经常试图把这些决定和责任推卸到别处（通常是推给上天，或者推到其他尘世权威那里）从而获得对它们的批准认可，并且（或者）摆脱对它们的责任，但归根结底，我们才是唯一的责任方。这是一种**兄弟会逻辑**，但我们必须对这个逻辑负全责。这当然意味着，任何被授权做出这些决定的人必须对如下事项保持警惕和批判：做出了怎样的分配；谁或什么被包容在内，为什么被包容在内；谁或什么被排除在外，为什么被排除在外；以及这一切对我们来说意味着什么，对他者来说意味着什么，对伦理的主体来说意味着什么。而且正如卡拉柯（2008, 77）所指出的，"无法保证我们搞对了"。错误和过失肯定会发生。然而，重要的是，我们要为这些失败承担起全部责任，而不是通过把它们推卸给某个先验权威或普世价值的方式来为自己开脱。因此，我们不仅要负责按照伦理来负责地行动；我们还要为伦理本身负责。换句话说，机器不仅只是呼唤我们并要求我们给出适当的道德回应的另一种类型的他者。机器使得"对他者的追问"（Levinas 1969, 178）本身成为问题，并要求我们无休止地不断重新思考"什么是回应"（Derrida 2008, 8）。

参考文献

Note: All documented URLs valid as of February 2012.

Achebe, Chinua. 1994. *Things Fall Apart*. New York: Anchor Books.

Adam, Alison. 2008. Ethics for things. *Ethics and Information Technology* 10:149–154.

Allen, Colin, Iva Smit, and Wendell Wallach. 2006. Artificial morality: Top-down, bottom-up, and hybrid approaches. *Ethics and Information Technology* 7:149–155.

Allen, Colin, Gary Varner, and Jason Zinser. 2000. Prolegomena to any future artificial moral agent. *Journal of Experimental & Theoretical Artificial Intelligence* 12:251–261.

Allen, Colin, Wendell Wallach, and Iva Smit. 2006. Why machine ethics? *IEEE Intelligent Systems* 21 (4):12–17.

Anderson, Michael, and Susan Leigh Anderson. 2006. Machine ethics. *IEEE Intelligent Systems* 21 (4):10–11.

Anderson, Michael, and Susan Leigh Anderson. 2007a. Machine ethics: Creating an ethical intelligent agent. *AI Magazine* 28 (4):15–26.

Anderson, Michael, and Susan Leigh Anderson. 2007b. The status of machine ethics: A report from the AAAI Symposium. *Minds and Machines* 17 (1):1–10.

Anderson, Michael, Susan Leigh Anderson, and Chris Armen. 2004. Toward machine ethics. *American Association for Artificial Intelligence*. http://www.aaai.org/Papers/ Workshops/2004/WS-04-02/WS04-02-008.pdf.

Anderson, Michael, Susan Leigh Anderson, and Chris Armen. 2006. An approach to computing ethics. *IEEE Intelligent Systems* 21 (4):56–63.

Anderson, Susan Leigh. 2008. Asimov's "Three Laws of Robotics" and machine metaethics. *AI & Society* 22 (4):477–493.

Apel, Karl-Otto. 2001. *The Response of Discourse Ethics*. Leuven, Belgium: Peeters.

Arrabales, Raul, Agapito Ledezma, and Araceli Sanchis. 2009. Establishing a roadmap and metric for conscious machines development. Paper presented at the 8th IEEE International Conference on Cognitive Informatics, Hong Kong, China, June 15–17. http://www.conscious-robots.com/raul/papers/Arrabales_ICCI09_preprint.pdf.

Asaro, Peter M. 2007. Robots and responsibility from a legal perspective. In *Proceedings of the IEEE Conference on Robotics and Automation, Workshop on Roboethics*. Rome, Italy, April 14. http://www.cybersophe.org/writing/ASARO%20Legal%20Perspective.pdf.

Asimov, Isaac. 1976. *The Bicentennial Man and Other Stories*. New York: Doubleday.

Asimov, Isaac. 1983. *Asimov on Science Fiction*. New York: HarperCollins.

Asimov, Isaac. 1985. *Robots and Empire*. New York: Doubleday.

Asimov, Isaac. 2008. *I, Robot*. New York: Bantam Books.

Atterton, Peter, and Matthew Calarco, eds. 2010. *Radicalizing Levinas*. Albany, NY: SUNY Press.

Augustine, Saint. 1963. *The Confessions of St. Augustine*. Trans. Rex Warner. New York: New American Library.

Balluch, Martin, and Eberhart Theuer. 2007. Trial on personhood for chimp "Hiasl." *ALTEX* 24 (4):335–342. http://www.vgt.at/publikationen/texte/artikel/20080118Hiasl.htm.

Balthasar, Hans Urs von. 1986. On the concept of person. *Communio: International Catholic Review* 13 (spring):18–26.

Barthes, Roland. 1978. *Image, Music, Text*. Trans. Stephen Heath. New York: Hill & Wang.

Bates, J. 1994. The role of emotion in believable agents. *Communications of the ACM* 37:122–125.

Bateson, M. 2004. Mechanisms of decision-making and the interpretation of choice tests. *Animal Welfare* 13 (supplement):S115–S120.

Bateson, P. 2004. Do animals suffer like us? *Veterinary Journal* 168:110–111.

Battlestar Galactica. 2003–2009. NBC Universal Pictures.

Bayley, Barrington J. 1974. *The Soul of the Robot*. Gillette, NJ: Wayside Press.

Beauchamp, T. L., and J. F. Childress. 1979. *Principles of Biomedical Ethics*. Oxford: Oxford University Press.

Bechtel, W. 1985. Attributing responsibility to computer systems. *Metaphilosophy* 16 (4):296–305.

Bell, Charles. 1806. *The Anatomy and Philosophy of Expression: As Connected with the Fine Arts.* London: R. Clay, Son & Taylor.

Benford, Gregory, and Elisabeth Malartre. 2007. *Beyond Human: Living with Robots and Cyborgs.* New York: Tom Doherty.

Benso, Silvia. 2000. *The Face of Things: A Different Side of Ethics.* Albany, NY: SUNY Press.

Bentham, Jeremy. 2005. *An Introduction to the Principles of Morals and Legislation.* Ed. J. H. Burns and H. L. Hart. Oxford: Oxford University Press.

Birch, Thomas H. 1993. Moral considerability and universal consideration. *Environmental Ethics* 15:313–332.

Birch, Thomas H. 1995. The incarnation of wilderness: Wilderness areas as prisons. In *Postmodern Environmental Ethics*, ed. Max Oelschlaeger, 137–162. Albany, NY: SUNY Press.

Birsch, Douglas. 2004. Moral responsibility for harm caused by computer system failures. *Ethics and Information Technology* 6:233–245.

Blackmore, S. 2003. *Consciousness: An Introduction.* London: Hodder & Stoughton.

Block, Ned Joel, Owen J. Flanagan, and Güven Güzeldere. 1997. *The Nature of Consciousness: Philosophical Debates.* Cambridge, MA: MIT Press.

Blumberg, B., P. Todd, and M. Maes. 1996. No bad dogs: Ethological lessons for learning. In *Proceedings of the 4th International Conference on Simulation of Adaptive Behavior* (SAB96), 295–304. Cambridge, MA: MIT Press.

Boethius. 1860. *Liber de persona et duabus naturis contra Eutychen et Nestorium, ad Joannem Diaconum Ecclesiae Romanae*: c. iii (*Patrologia Latina* 64). Paris.

Bostrom, Nick. 2003. Ethical issues in advanced artificial intelligence. In *Cognitive, Emotive and Ethical Aspects of Decision Making in Humans and Artificial Intelligence*, vol. 2, ed. Iva Smit, Wendell Wallach, and George E. Lasker, 12–17. International Institute for Advanced Studies in Systems Research and Cybernetics. http://www.nickbostrom.com/ethics/ai.pdf.

Breazeal, Cynthia, and Rodney Brooks. 2004. Robot Emotion: A Functional Perspective. In *Who Needs Emotions: The Brain Meets the Robot*, ed. J. M. Fellous and M. Arbib, 271–310. Oxford: Oxford University Press.

Brey, Philip. 2008. Do we have moral duties towards information objects? *Ethics and Information Technology* 10:109–114.

Bringsjord, Selmer. 2006. Toward a general logicist methodology for engineering ethically correct robots. *IEEE Intelligent Systems* 21 (4):38–44.

Bringsjord, Selmer. 2008. Ethical robots: The future can heed us. *AI & Society* 22:539–550.

Brooks, Rodney A. 1999. *Cambrian Intelligence: The Early History of the New AI*. Cambridge, MA: MIT Press.

Brooks, Rodney A. 2002. *Flesh and Machines: How Robots Will Change Us*. New York: Pantheon Books.

Butler, Judith. 1990. *Gender Trouble: Feminism and the Subversion of Idenity*. New York: Routledge.

Bryson, Joanna. 2010. Robots should be slaves. In *Close Engagements with Artificial Companions: Key Social, Psychological, Ethical and Design Issues*, ed. Yorick Wilks, 63–74. Amsterdam: John Benjamins.

Calarco, Matthew. 2008. *Zoographies: The Question of the Animal from Heidegger to Derrida*. New York: Columbia University Press.

Calverley, David J. 2006. Android science and animal rights: Does an analogy exist? *Connection Science* 18 (4):403–417.

Calverley, David J. 2008. Imaging a non-biological machine as a legal person. *AI & Society* 22:523–537.

Camus, Albert. 1983. *The Myth of Sisyphus, and Other Essays*. Trans. Justin O'Brien. New York: Alfred A. Knopf.

Čapek, Karel. 2008. *R.U.R. and The Robber: Two Plays by Karl Čapek*. Ed. and trans. Voyen Koreis. Brisbane: Booksplendour Publishing.

Capurro, Rafael. 2008. On Floridi's metaphysical foundation of information ecology. *Ethics and Information Technology* 10:167–173.

Carey, James. 1989. *Communication as Culture: Essays on Media and Society*. New York: Routledge.

Carrithers, Michael, Steven Collins, and Steven Lukes, eds. 1985. *The Category of the Person: Anthropology, Philosophy, History*. Cambridge: Cambridge University Press.

Chalmers, David J. 1996. *The Conscious Mind: In Search of a Fundamental Theory*. New York: Oxford University Press.

Channell, David F. 1991. *The Vital Machine: A Study of Technology and Organic Life*. Oxford: Oxford University Press.

Cherry, Christopher. 1991. Machines as persons? In *Human Beings*, ed. David Cockburn, 11–24. Cambridge: Cambridge University Press.

Chopra, Samir, and Laurence White. 2004. Moral agents—Personhood in law and philosophy. In *Proceedings from the European Conference on Artificial Intelligence (ECAI)*,

August 2004 Valencia, Spain, ed. Ramon López de Mántaras and Lorena Saitta, 635–639. Amsterdam: IOS Press.

Christensen, Bill. 2006. Asimov's first law: Japan sets rules for robots. *LiveScience* (May 26). http://www.livescience.com/10478-asimov-law-japan-sets-rules-robots.html.

Churchland, Paul M. 1999. *Matter and Consciousness*, rev. ed. Cambridge, MA: MIT Press.

Clark, David. 2001. Kant's aliens: The Anthropology and its others. *CR* 1 (2):201–289.

Clark, David. 2004. On being "the last Kantian in Nazi Germany": Dwelling with animals after Levinas. In *Postmodernism and the Ethical Subject*, ed. Barbara Gabriel and Suzan Ilcan, 41–74. Montreal: McGill-Queen's University Press.

Coeckelbergh, Mark. 2010. Moral appearances: Emotions, robots, and human morality. *Ethics and Information Technology* 12 (3):235–241.

Cohen, Richard A. 2000. Ethics and cybernetics: Levinasian reflections. *Ethics and Information Technology* 2:27–35.

Cohen, Richard A. 2001. *Ethics, Exegesis, and Philosophy: Interpretation After Levinas.* Cambridge: Cambridge University Press.

Cohen, Richard A. 2003. Introduction. In *Humanism of the Other*, by Emmanuel Levinas, vii–xliv. Urbana, IL: University of Illinois Press.

Cohen, Richard A. 2010. Ethics and cybernetics: Levinasian reflections. In *Radicalizing Levinas*, ed. Peter Atterton and Matthew Calarco, 153–170. Albany, NY: SUNY Press.

Cole, Phillip. 1997. Problem with "persons." *Res Publica* 3 (2):165–183.

Coleman, Kari Gwen. 2001. Android arete: Toward a virtue ethic for computational agents. *Ethics and Information Technology* 3:247–265.

Coman, Julian. 2004. Derrida, philosophy's father of "deconstruction," dies at 74. *Telegraph*, October 10. http://www.telegraph.co.uk/news/worldnews/europe/france/1473821/Derrida-philosophys-father-of-deconstruction-dies-at-74.html.

Computer Ethics Institute. 1992. Ten commandments of computer ethics. http://computerethicsinstitute.org.

Copland, Jack. 2000. What is artificial intelligence. AlanTuring.net. http://www.alanturing.net/turing_archive/pages/Reference%20Articles/what_is_AI/What%20is%20AI09.html.

Cottingham, John. 1978. A brute to the brutes? Descartes's treatment of animals. *Philosophy* 53 (206):551–559.

Critchley, Simon. 2002. Introduction. In *The Cambridge Companion to Levinas*, ed. Simon Critchley and Robert Bernasconi, 1–32. Cambridge: Cambridge University Press.

Danielson, Peter. 1992. *Artificial Morality: Virtuous Robots for Virtual Games*. New York: Routledge.

Darwin, Charles. 1998. *The Expression of the Emotions in Man and Animals*. Oxford: Oxford University Press. Originally published 1872.

Dawkins, Marian Stamp. 2001. Who needs consciousness? *Animal Welfare* 10:319–329.

Dawkins, Marian Stamp. 2008. The science of animal suffering. *Ethology* 114 (10):937–945.

DeGrazia, David. 2006. On the question of personhood beyond Homo sapiens. In *Defense of Animals: The Second Wave*, ed. Peter Singer, 40–53. Oxford: Blackwell.

Deleuze, Gilles. 1994. *Difference and Repetition*. Trans. Paul Patton. New York: Columbia University Press.

Dennett, Daniel C. 1989. *The Intentional Stance*. Cambridge, MA: MIT Press.

Dennett, Daniel C. 1994. The practical requirements for making a conscious robot. *Philosophical Transactions of the Royal Society* A349:133–146.

Dennett, Daniel C. 1996. *Kinds of Minds: Toward an Understanding of Consciousness*. New York: Basic Books.

Dennett, Daniel C. 1997. When HAL kills, who's to blame? Computer ethics. In *Hal's Legacy: 2001's Computer as Dream and Reality*, ed. David G. Stork, 351–366. Cambridge, MA: MIT Press.

Dennett, Daniel C. 1998. *Brainstorms: Philosophical Essays on Mind and Psychology*. Cambridge, MA: MIT Press.

Derrida, Jacques. 1973. *Speech and Phenomena*. Trans. David B. Allison. Evanston, IL: Northwestern University Press.

Derrida, Jacques. 1976. *Of Grammatology*. Trans. Gayatri Chakravorty Spivak. Baltimore, MD: The Johns Hopkins University Press.

Derrida, Jacques. 1978. *Writing and Difference*. Trans. Alan Bass. Chicago: University of Chicago Press.

Derrida, Jacques. 1981. *Positions*. Trans. Alan Bass. Chicago: University of Chicago Press.

Derrida, Jacques. 1982. *Margins of Philosophy*. Trans. Alan Bass. Chicago: University of Chicago Press.

Derrida, Jacques. 1988. *Limited Inc*. Trans. Samuel Weber. Evanston, IL: Northwestern University Press.

Derrida, Jacques. 2005. *Paper Machine*. Trans. Rachel Bowlby. Stanford, CA: Stanford University Press.

Derrida, Jacques. 2008. *The Animal That Therefore I Am*. Ed. Marie-Louise Mallet. Trans. David Wills. New York: Fordham University Press.

Descartes, Rene. 1988. *Selected Philosophical Writings*. Trans. John Cottingham, Robert Stoothoff, and Dugald Murdoch. Cambridge: Cambridge University Press.

Dick, Philip K. 1982. *Do Androids Dream of Electric Sheep?* New York: Ballantine Books.

DJ Danger Mouse. 2004. *The Grey Album*. Self-released.

Dodig-Crnkovic, Gordana, and Daniel Persson. 2008. Towards trustworthy intelligent robots—A pragmatic approach to moral responsibility. Paper presented to the North American Computing and Philosophy Conference, NA-CAP@IU 2008. Indiana University, Bloomington, July 10–12. http://www.mrtc.mdh.se/~gdc/work/NACAP-Roboethics-Rev1.pdf.

Dolby, R. G. A. 1989. The possibility of computers becoming persons. *Social Epistemology* 3 (4):321–336.

Donath, Judith. 2001. Being real: Questions of tele-identity. In *The Robot in the Garden: Telerobotics and Telepistemology in the Age of the Internet*, ed. Ken Goldberg, 296–311. Cambridge, MA: MIT Press.

Dracopoulou, Souzy. 2003. The ethics of creating conscious robots—life, personhood, and bioengineering. *Journal of Health, Social and Environmental Issues* 4 (2):47–50.

Dumont, Étienne. 1914. *Bentham's Theory of Legislation*. Trans. Charles Milner Atkinson. Oxford: Oxford University Press.

Ellul, Jacques. 1964. *The Technological Society*. Trans. John Wilkinson. New York: Vintage Books.

Ess, Charles. 1996. The political computer: Democracy, CMC, and Habermas. In *Philosophical Perspectives on Computer-Mediated Communication*, ed. Charles Ess, 196–230. Albany, NY: SUNY Press.

Ess, Charles. 2008. Luciano Floridi's philosophy of information and information ethics: Critical reflections and the state of the art. *Ethics and Information Technology* 10:89–96.

Feenberg, Andrew. 1991. *Critical Theory of Technology*. Oxford: Oxford University Press.

Floridi, Luciano. 1999. Information ethics: On the philosophical foundation of computer ethics. *Ethics and Information Technology* 1 (1):37–56.

Floridi, Luciano. 2002. On the intrinsic value of information objects and the infosphere. *Ethics and Information Technology* 4:287–304.

Floridi, Luciano. 2003. Two approaches to the philosophy of information. *Minds and Machines* 13:459–469.

Floridi, Luciano. 2004. Open problems in the philosophy of information. *Metaphilosophy* 35 (4):554–582.

Floridi, Luciano. 2008. Information ethics: Its nature and scope. In *Information Technology and Moral Philosophy*, ed. Jeroen van den Hoven and John Weckert, 40–65. Cambridge: Cambridge University Press.

Floridi, Luciano. 2010. Information ethics. In *Cambridge Handbook of Information and Computer Ethics*, ed. Luciano Floridi, 77–100. Cambridge: Cambridge University Press.

Floridi, Luciano, and J. W. Sanders. 2001. Artificial evil and the foundation of computer ethics. *Ethics and Information Technology* 3 (1):56–66.

Floridi, Luciano, and J. W. Sanders. 2003. The method of abstraction. In *Yearbook of the Artificial: Nature, Culture, and Technology: Models in Contemporary Sciences*, 117–220. Bern: Peter Lang. http://citeseerx.ist.psu.edu/viewdoc/download?doi=10.1.1.66.3827&rep=rep1&type=pdf.

Floridi, Luciano, and J. W. Sanders. 2004. On the morality of artificial agents. *Minds and Machines* 14:349–379.

Foucault, Michel. 1973. *The Order of Things: An Archaeology of the Human Sciences*. Trans. Alan Sheridan. New York: Vintage Books.

Franklin, Stan. 2003. IDA: A conscious artifact? In *Machine Consciousness*, ed. Owen Holland, 47–66. Charlottesville, VA: Imprint Academic.

French, Peter. 1979. The corporation as a moral person. *American Philosophical Quarterly* 16 (3):207–215.

Freitas, Robert A. 1985. The legal rights of robots. *Student Lawyer* 13:54–56.

Friedenberg, Jay. 2008. *Artificial Psychology: The Quest for What It Means to Be Human*. New York: Taylor & Francis.

Georges, Thomas M. 2003. *Digital Soul: Intelligent Machines and Human Values*. Boulder, CO: Westview Press.

Gibson, William. 2005. God's little toys: Confessions of a cut and paste artist. *Wired* 13 (7):118–119.

Gizmodo. 2010. Shimon robot takes over jazz as doomsday gets a bit more musical. http://gizmodo.com/5228375/shimon-robot-takes-over-jazz-as-doomsday-gets-a-bit-more-musical.

Godlovitch, Stanley, Roslind Godlovitch, and John Harris, eds. 1972. *Animals, Men and Morals: An Enquiry into the Maltreatment of Non-humans*. New York: Taplinger Publishing.

Goertzel, Ben. 2002. Thoughts on AI morality. *Dynamical Psychology: An International, Interdisciplinary Journal of Complex Mental Processes* (May). http://www.goertzel.org/dynapsyc/2002/AIMorality.htm.

Goodpaster, Kenneth E. 1978. On being morally considerable. *Journal of Philosophy* 75:303–325.

Grau, Christopher. 2006. There is no "I" in "robot": Robots and utilitarianism. *IEEE Intelligent Systems* 21 (4):52–55.

Grodzinsky, Frances S., Keith W. Miller, and Marty J. Wolf. 2008. The ethics of designing artificial agents. *Ethics and Information Technology* 10:115–121.

Guarini, Marcello. 2006. Particularism and the classification and reclassification of moral cases. *IEEE Intelligent Systems* 21 (4):22–28.

Gunkel, David J. 2007. *Thinking Otherwise: Philosophy, Communication, Technology.* West Lafayette, IN: Purdue University Press.

Güzeldere, Güven. 1997. The many faces of consciousness: A field guide. In *The Nature of Consciousness: Philosophical Debates*, ed. Ned Block, Owen Flanagan, and Güven Güzeldere, 1–68. Cambridge, MA: MIT Press.

Haaparanta, Leila. 2009. *The Development of Modern Logic.* Oxford: Oxford University Press.

Habermas, Jürgen. 1998. *The Inclusion of the Other: Studies in Political Theory.* Trans. and ed. Ciaran P. Cronin and Pablo De Greiff. Cambridge, MA: MIT Press.

Habermas, Jürgen. 1999. *Moral Consciousness and Communicative Action.* Trans. Christian Lenhardt and Shierry Weber Nicholsen. Cambridge, MA: MIT Press.

Haikonen, Pentti O. 2007. *Robot Brains: Circuits and Systems for Conscious Machines.* Chichester: Wiley.

Hajdin, Mane. 1994. *The Boundaries of Moral Discourse.* Chicago: Loyola University Press.

Haley, Andrew G. 1963. *Space Law and Government.* New York: Appleton-Century-Crofts.

Hall, J. Storrs. 2001. Ethics for machines. KurzweilAI.net, July 5. http://www.kurzweilai.net/ethics-for-machines.

Hall, J. Storrs. 2007. *Beyond AI: Creating the Consciousness of the Machine.* Amherst, NY: Prometheus Books.

Hallevy, Gabriel. 2010. The criminal liability of artificial intelligent entities. *Social Science Research Network* (SSRN). http://ssrn.com/abstract=1564096.

Hanson, F. Allan. 2009. Beyond the skin bag: On the moral responsibility of extended agencies. *Ethics and Information Technology* 11:91–99.

Haraway, Donna J. 1991. *Simians, Cyborgs, and Women: The Reinvention of Nature.* New York: Routledge.

Haraway, Donna J. 2008. *When Species Meet*. Minneapolis, MN: University of Minnesota Press.

Harman, Graham. 2002. *Tool-Being: Heidegger and the Metaphysics of Objects*. Chicago: Open Court.

Harrison, Peter. 1991. Do animals feel pain? *Philosophy* 66 (255):25–40.

Harrison, Peter. 1992. Descartes on animals. *Philosophical Quarterly* 42 (167):219–227.

Haugeland, John. 1981. *Mind Design*. Montgomery, VT: Bradford Books.

Hayles, N. Katherine. 1999. *How We Became Posthuman: Virtual Bodies in Cybernetics, Literature, and Informatics*. Chicago: University of Chicago Press.

Hegel, G. W. F. 1969. *Science of Logic*. Trans. A. V. Miller. Atlantic Highlands, NJ: Humanities Press International.

Hegel, G. W. F. 1977. *Phenomenology of Spirit*. Trans. A. V. Miller. Oxford: Oxford University Press. Originally published 1801.

Hegel, G. W. F. 1986. *Jenaer Schriften 1801–1807*. Frankfurt: SuhrkampTaschenbuch Verlag.

Hegel, G. W. F. 1987. *Hegel's Logic: Being Part One of the Encyclopaedia of the Philosophical Sciences (1830)*. Trans. William Wallace. Oxford: Oxford University Press.

Hegel, G. W. F. 1988. *Hegel's Philosophy of Mind: Being Part Three of the Encyclopaedia of the Philosophical Sciences (1830)*. Trans. William Wallace. Oxford: Oxford University Press.

Heidegger, Martin. 1962. *Being and Time*. Trans. John Macquarrie and Edward Robinson. New York: Harper & Row.

Heidegger, Martin. 1967. *What Is a Thing?* Trans. W. B. Barton, Jr., and Vera Deutsch. Chicago: Henry Regnery.

Heidegger, Martin. 1971a. The origin of the work of art. In *Poetry, Language, Thought*, 15–88. Trans. Albert Hofstadter. New York: Harper & Row.

Heidegger, Martin. 1971b. The thing. In *Poetry, Language, Thought*, 163–186. Trans. Albert Hofstadter. New York: Harper & Row.

Heidegger, Martin. 1977a. The question concerning technology. In *The Question Concerning Technology and Other Essays*, 3–35. Trans. William Lovitt. New York: Harper & Row.

Heidegger, Martin. 1977b. The end of philosophy and the task of thinking. In *Martin Heidegger Basic Writings*, ed. David F. Krell, 373–392. Trans. Joan Stambaugh. New York: Harper & Row.

Heidegger, Martin. 1977c. Letter on humanism. In *Martin Heidegger Basic Writings*, ed. David F. Krell, 213–266. New York: Harper & Row.

Heidegger, Martin. 1996. *The Principle of Reason*. Trans. Reginald Lilly. Indianapolis, IN: Indiana University Press.

Heidegger, Martin. 2010. Only a god can save us: Der Spiegel Interview (1966). In *Heidegger: The Man and the Thinker*, 45–68. Ed. and trans. Thomas Sheehan. New Brunswick, NJ: Transaction Publishers.

Heim, Michael. 1998. *Virtual Realism*. Oxford: Oxford University Press.

Herzog, Werner. 1974. *Every Man for Himself and God Against All*. München: ZDF.

Himma, Kenneth Einar. 2004. There's something about Mary: The moral value of things qua information objects. *Ethics and Information Technology* 6 (3):145–195.

Himma, Kenneth Einar. 2009. Artificial agency, consciousness, and the criteria for moral agency: What properties must an artificial agent have to be a moral agent? *Ethics and Information Technology* 11 (1):19–29.

Hoffmann, Frank. 2001. The role of fuzzy logic control in evolutionary robotics. In *Fuzzy Logic Techniques for Autonomous Vehicle Navigation*, ed. Dimiter Driankov and Alessandro Saffiotti, 119–150. Heidelberg: Physica-Verlag.

Holland, Owen. 2003. Editorial introduction. In *Machine Consciousness*, ed. Owen Holland, 1–6. Charlottesville, VA: Imprint Academic.

Ihde, Don. 2000. Technoscience and the "other" continental philosophy. *Continental Philosophy Review* 33:59–74.

Ikäheimo, Heikki, and Arto Laitinen. 2007. Dimensions of personhood: Editors' introduction. *Journal of Consciousness Studies* 14 (5–6):6–16.

Introna, Lucas D. 2001. Virtuality and morality: On (not) being disturbed by the other. *Philosophy in the Contemporary World* 8 (spring):31–39.

Introna, Lucas D. 2003. The "measure of a man" and the ethics of machines. *Lancaster University Management School Working Papers*. http://eprints.lancs.ac.uk/48690/.

Introna, Lucas D. 2009. Ethics and the speaking of things. *Theory, Culture & Society* 26 (4):398–419.

Introna, Lucas D. 2010. The "measure of a man" and the ethos of hospitality: Towards an ethical dwelling with technology. *AI & Society* 25 (1):93–102.

Johnson, Barbara. 1981. Translator's introduction. In Jacques Derrida, *Disseminations*, vii–xxxiii. Chicago: University of Chicago Press.

Johnson, Deborah G. 1985. *Computer Ethics*. Upper Saddle River, NJ: Prentice Hall.

Johnson, Deborah G. 2006. Computer systems: Moral entities but not moral agents. *Ethics and Information Technology* 8:195–204.

Johnson, Deborah G., and Keith W. Miller. 2008. Un-making artificial moral agents. *Ethics and Information Technology* 10:123–133.

Kadlac, Adam. 2009. Humanizing personhood. *Ethical Theory and Moral Practice* 13 (4):421–437.

Kant, Immanuel. 1965. *Critique of Pure Reason.* Trans. Norman Kemp Smith. New York: St. Martin's Press.

Kant, Immanuel. 1983. *Grounding for the Metaphysics of Morals.* Trans. James W. Ellington. Indianapolis, IN: Hackett.

Kant, Immanuel. 1985. *Critique of Practical Reason.* Trans. Lewis White Beck. New York: Macmillan.

Kant, Immanuel. 2006. *Anthropology from a Pragmatic Point of View.* Trans. Robert B. Louden. Cambridge: Cambridge University Press.

Kerwin, Peter. 2009. The rise of machine-written journalism. *Wired.co.uk*, December 9. http://www.wired.co.uk/news/archive/2009-12/16/the-rise-of-machine-written-journalism.aspx.

Kiekegaaard, Søren. 1987. *Either/Or, Part 2.* Trans. Howard V. Hong and Edna H. Hong. Princeton, NJ: Princeton University Press.

Kokoro, L. T. D. 2009. http://www.kokoro-dreams.co.jp/.

Koch, C. 2004. *The Quest for Consciousness. A Neurobiological Approach.* Englewood, CO: Roberts.

Kubrick, Stanley (dir.). 1968. *2001: A Space Odyssey.* Hollywood, CA: Metro-Goldwyn-Mayer (MGM).

Kuhn, Thomas S. 1996. *The Structure of Scientific Revolutions.* Chicago: University of Chicago Press.

Kurzweil, Ray. 2005. *The Singularity Is Near: When Humans Transcend Biology.* New York: Viking.

Lang, Fritz. 1927. *Metropolis.* Berlin: UFA.

Lavater, Johann Caspar. 1826. *Physiognomy, or the Corresponding Analogy between the Conformation of the Features and the Ruling Passions of the Mind.* London: Cowie, Low & Company in the Poultry.

Leiber, Justin. 1985. *Can Animals and Machines Be Persons? A Dialogue.* Indianapolis, IN: Hackett.

Leibniz, Gottfried Wilhelm. 1989. *Philosophical Essays.* Trans. Roger Ariew and Daniel Garber. Indianapolis, IN: Hackett.

Leopold, Aldo. 1966. *A Sand County Almanac.* Oxford: Oxford University Press.

Levinas, Emmanuel. 1969. *Totality and Infinity: An Essay on Exteriority.* Trans. Alphonso Lingis. Pittsburgh, PA: Duquesne University.

Levinas, Emmanuel. 1987. *Collected Philosophical Papers*. Trans. Alphonso Lingis. Dordrecht: Martinus Nijhoff.

Levinas, Emmanuel. 1990. *Difficult Freedom: Essays on Judaism*. Trans. Seán Hand. Baltimore, MD: Johns Hopkins University Press.

Levinas, Emmanuel. 1996. *Emmanuel Levinas: Basic Philosophical Writings*. Ed. Adriaan T. Peperzak, Simon Critchley, and Robert Bernasconi. Bloomington, IN: Indiana University Press.

Levinas, Emmanuel. 2003. *Humanism of the Other*. Trans. Nidra Poller. Urbana, IL: University of Illinois Press.

Levy, David. 2009. The ethical treatment of artificially conscious robots. *International Journal of Social Robotics* 1 (3):209–216.

Lippit, Akira Mizuta. 2000. *Electric Animal: Toward a Rhetoric of Wildlife*. Minneapolis: University of Minnesota Press.

Llewelyn, John. 1995. *Emmanuel Levinas: The Genealogy of Ethics*. London: Routledge.

Llewelyn, John. 2010. Pursuing Levinas and Ferry toward a newer and more democratic ecological order. In *Radicalizing Levinas*, ed. Peter Atterton and Matthew Calarco, 95–112. Albany, NY: SUNY Press.

Locke, John. 1996. *An Essay Concerning Human Understanding*. Indianapolis, IN: Hackett.

Lovelace, Ada Augusta. 1842. Translation of, and notes to, Luigi F. Menabrea's Sketch of the analytical engine invented by Charles Babbage. *Scientific Memoirs* 3: 691–731.

Lovgren, Stefan. 2007. Robot code of ethics to prevent android abuse, protect humans. *National Geographic News*, March 16. http://news.nationalgeographic.com/news/pf/45986440.html.

Lucas, Richard. 2009. *Machina Ethica: A Framework for Computers as Kant Moral Persons*. Saarbrücken: VDM Verlag.

Luhmann, Niklas. 1995. *Social Systems*. Trans. John Bednarz and Dirk Baecker. Stanford, CA: Stanford University Press.

Lyotard, Jean-François. 1984. *The Postmodern Condition: A Report on Knowledge*. Trans. Geoff Bennington and Brian Massumi. Minneapolis, MN: University of Minnesota Press.

Maner, Walter. 1980. *Starter Kit in Computer Ethics*. Hyde Park, NY: Helvetia Press and the National Information and Resource Center for Teaching Philosophy. Originally self-published in 1978.

Marx, Karl. 1977. *Capital: A Critique of Political Economy*. Trans. Ben Fowkes. New York: Vintage Books.

Mather, Jennifer. 2001. Animal suffering: An invertebrate perspective. *Journal of Applied Animal Welfare Science* 4 (2):151–156.

Matthias, Andrew. 2004. The responsibility gap: Ascribing responsibility for the actions of learning automata. *Ethics and Information Technology* 6:175–183.

Mauss, Marcel. 1985. A category of the human mind: The notion of person; the notion of self. Trans. W. D. Halls. In *The Category of the Person*, ed. Michael Carrithers, Steven Collins, and Steven Lukes, 1–25. Cambridge: Cambridge University Press.

McCarthy, John. 1979. Ascribing mental qualities to machines. http://www-formal .stanford.edu/jmc/ascribing/ascribing.html.

McCauley, Lee. 2007. AI armageddon and the Three Laws of Robotics. *Ethics and Information Technology* 9 (2):153–164.

McFarland, David. 2008. *Guilty Robots, Happy Dogs: Question of Alien Minds*. Oxford: Oxford University Press.

McLaren, Bruce M. 2006. Computational models of ethical reasoning: Challenges, initial steps, and future directions. *IEEE Intelligent Systems* 21 (4):29–37.

McLuhan, Marshall. 1995. *Understanding Media: The Extensions of Man*. Cambridge, MA: MIT Press.

McPherson, Thomas. 1984. The moral patient. *Philosophy* 59 (228):171–183.

Miller, Harlan B. 1994. Science, ethics, and moral status. *Between the Species: A Journal of Ethics* 10 (1):10–18.

Miller, Harlan B., and William H. Williams. 1983. *Ethics and Animals*. Clifton, NJ: Humana Press.

Minsky, Marvin. 2006. Alienable rights. In *Thinking about Android Epistemology*, ed. Kenneth M. Ford, Clark Glymour, and Patrick J. Hayes, 137–146. Menlo Park, CA: IAAA Press.

Moor, James H. 2006. The nature, importance, and difficulty of machine ethics. *IEEE Intelligent Systems* 21 (4):18–21.

Moore, George E. 2005. *Principia Ethica*. New York: Barnes & Noble Books. Originally published 1903.

Moravec, Hans. 1988. *Mind Children: The Future of Robot and Human Intelligence*. Cambridge, MA: Harvard University Press.

Mowbray, Miranda. 2002. Ethics for bots. Paper presented at the 14th International Conference on System Research, Informatics, and Cybernetics. Baden-Baden, Germany. July 29–August 3. http://www.hpl.hp.com/techreports/2002/HPL-2002- 48R1.pdf.

Mowshowitz, Abbe. 2008. Technology as excuse for questionable ethics. *AI & Society* 22:271–282.

Murdock, Iris. 2002. *The Sovereignty of Good*. New York: Routledge.

Nadeau, Joseph Emile. 2006. Only androids can be ethical. In *Thinking about Android Epistemology*, ed. Kenneth M. Ford, Clark Glymour, and Patrick J. Hayes, 241–248. Menlo Park, CA: IAAA Press.

Naess, Arne. 1995. *Ecology, Community, and Lifestyle*. Cambridge: Cambridge University Press.

Nealon, Jeffrey. 1998. *Alterity Politics: Ethics and Performative Subjectivity*. Durham, NC: Duke University Press.

Nietzsche, Friedrich. 1966. *Beyond Good and Evil*. Trans. Walter Kaufmann. New York: Vintage Books.

Nietzsche, Friedrich. 1974. *The Gay Science*. Trans. Walter Kaufmann. New York: Vintage Books.

Nietzsche, Friedrich. 1986. *Human, All Too Human*. Trans. R. J. Hollingdale. Cambridge: Cambridge University Press.

Nissenbaum, Helen. 1996. Accountability in a computerized society. *Science and Engineering Ethics* 2:25–42.

Novak, David. 1998. *Natural Law in Judaism*. Cambridge: Cambridge University Press.

O'Regan, Kevin J. 2007. How to build consciousness into a robot: The sensorimotor approach. In *50 Years of Artificial Intelligence: Essays Dedicated to the 50th Anniversary of Artificial Intelligence*, ed. Max Lungarella, Fumiya Iida, Josh Bongard, and Rolf Pfeifer, 332–346. Berlin: Springer-Verlag.

Orwell, George. 1993. *Animal Farm*. New York: Random House/Everyman's Library.

Partridge, Derek, and Yorick Wilks, eds. 1990. *The Foundations of Artificial Intelligence: A Sourcebook*. Cambridge: Cambridge University Press.

Paton, H. J. 1971. *The Categorical Imperative: A Study in Kant's Moral Philosophy*. Philadelphia, PA: University of Pennsylvania Press.

Peperzak, Adriaan T. 1997. *Beyond the Philosophy of Emmanuel Levinas*. Evanston, IL: Northwestern University Press.

Petersen, Stephen. 2006. The ethics of robot servitude. *Journal of Experimental & Theoretical Artificial Intelligence* 19 (1):43–54.

Plato. 1977. *Protagoras*. Trans. W. R. M. Lamb. Cambridge, MA: Harvard University Press.

Plato. 1982. *Phaedrus*. Trans. Harold North Fowler. Cambridge, MA: Harvard University Press.

Plato. 1990. *Apology*. Trans. Harold North Fowler. Cambridge, MA: Harvard University Press.

Plourde, Simmone. 2001. A key term in ethics: The person and his dignity. In *Personhood and Health Care*, ed. David C. Thomasma, David N. Weisstub, and Christian Hervé, 137–148. Dordrecht, Netherlands: Kluwer Academic Publishers.

Postman, Neil. 1993. *Technopoly: The Surrender of Culture to Technology*. New York: Vintage Books.

Powers, Thomas M. 2006. Prospects for a Kantian machine. *IEEE Intelligent Systems* 21 (4):46–51.

Putnam, Hilary. 1964. Robots: Machines or artificially created life? *Journal of Philosophy* 61 (21):668–691.

Ratliff, Evan. 2004. The crusade against evolution. *Wired* 12 (10):156–161.

Regan, Tom. 1983. *The Case for Animal Rights*. Berkeley, CA: University of California Press.

Regan, Tom. 1999. Foreword to *Animal Others: On Ethics, Ontology, and Animal Life*, ed. Peter Steeves, xi–xiii. Albany, NY: SUNY Press.

Regan, Tom, and Peter Singer, eds. 1976. *Animal Rights and Human Obligations*. New York: Prentice Hall.

Rifelj, Carol de Dobay. 1992. *Reading the Other: Novels and the Problems of Other Minds*. Ann Arbor, MI: University of Michigan Press.

Ross, William David. 2002. *The Right and the Good*. New York: Clarendon Press.

Rousseau, Jean-Jacques. 1966. *On the Origin of Language*. Trans. John H. Moran and Alexander Gode. Chicago: University of Chicago Press.

Rushing, Janice Hocker, and Thomas S. Frentz. 1989. The Frankenstein myth in contemporary cinema. *Critical Studies in Mass Communication* 6 (1):61–80.

Sagoff, Mark. 1984. Animal liberation and environmental ethics: Bad marriage, quick divorce. *Osgoode Hall Law Journal* 22:297–307.

Sallis, John. 1987. *Spacings—Of Reason and Imagination in Texts of Kant, Fichte, Hegel*. Chicago: University of Chicago Press.

Sallis, John. 2010. Levinas and the elemental. In *Radicalizing Levinas*, ed. Peter Atterton and Matthew Calarco, 87–94. Albany, NY: State University of New York Press.

Savage-Rumbaugh, Sue, Stuart G. Shanker, and Talbot J. Taylor. 1998. *Apes, Language, and the Human Mind*. Oxford: Oxford University Press.

Scorsese, Martin. 1980. *Raging Bull*. Century City, CA: United Artists.

Schank, Roger C. 1990. What is AI anyway? In *The Foundations of Artificial Intelligence: A Sourcebook*, ed. Derek Partridge and Yorick Wilks, 3–13. Cambridge: Cambridge University Press.

Scott, G. E. 1990. *Moral Personhood: An Essay in the Philosophy of Moral Psychology*. Albany, NY: SUNY Press.

Scott, R. L. 1967. On viewing rhetoric as epistemic. *Central States Speech Journal* 18: 9–17.

Searle, John. 1980. Minds, brains, and programs. *Behavioral and Brain Sciences* 3 (3):417–457.

Searle, John. 1997. *The Mystery of Consciousness*. New York: New York Review of Books.

Searle, John. 1999. The Chinese room. In *The MIT Encyclopedia of the Cognitive Sciences*, ed. R. A. Wilson and F. Keil, 115–116. Cambridge, MA: MIT Press.

Shamoo, Adil E., and David B. Resnik. 2009. *Responsible Conduct of Research*. New York: Oxford University Press.

Shapiro, Paul. 2006. Moral agency in other animals. *Theoretical Medicine and Bioethics* 27:357–373.

Shelley, Mary. 2000. *Frankenstein, Or the Modern Prometheus*. New York: Signet Classics.

Sidgwick, Henry. 1981. *The Methods of Ethics*. Indianapolis, IN: Hackett.

Singer, Peter. 1975. *Animal Liberation: A New Ethics for Our Treatment of Animals*. New York: New York Review of Books.

Singer, Peter. 1989. All animals are equal. In *Animal Rights and Human Obligations*, ed. Tom Regan and Peter Singer, 148–162. New Jersey: Prentice-Hall.

Singer, Peter. 1999. *Practical Ethics*. Cambridge: Cambridge University Press.

Singer, Peter. 2000. *Writings on an Ethical Life*. New York: Ecco Press.

Siponen, Mikko. 2004. A pragmatic evaluation of the theory of information ethics. *Ethics and Information Technology* 6:279–290.

Sloman, Aaron. 2010. Requirements for artificial companions: It's harder than you think. In *Close Engagements with Artificial Companions: Key Social, Psychological, Ethical, and Design Issues*, ed. Yorick Wilks, 179–200. Amsterdam: John Benjamins.

Smith, Barry, Hans Albert, David Armstrong, Ruth Barcan Marcus, Keith Campbell, Richard Glauser, Rudolf Haller, Massimo Mugnai, Kevin Mulligan, Lorenzo Peña,

Willard van Orman Quine, Wolfgang Röd, Edmund Ruggaldier, Karl Schuhmann, Daniel Schulthess, Peter Simons, René Thom, Dallas Willard, and Jan Wolenski. 1992. Open letter against Derrida receiving an honorary doctorate from Cambridge University. *Times (London)* 9 (May). Reprinted in *Cambridge Review* 113 (October 1992):138–139 and Jacques Derrida, 1995. *Points . . . Interviews 1974–1994*, ed. Elisabeth Weber, 419–421. Stanford, CA: Stanford University Press.

Smith, Christian. 2010. *What Is a Person? Rethinking Humanity, Social Life, and the Moral Good from the Person Up*. Chicago: University of Chicago Press.

Solondz, Todd (dir.). 1995. *Welcome to the Dollhouse*. Sony Pictures Classic.

Sparrow, Robert. 2002. The march of the robot dogs. *Ethics and Information Technology* 4:305–318.

Sparrow, Robert. 2004. The Turing triage test. *Ethics and Information Technology* 6 (4):203–213.

Stahl, Bernd Carsten. 2004. Information, ethics, and computers: The problem of autonomous moral agents. *Minds and Machines* 14:67–83.

Stahl, Bernd Carsten. 2006. Responsible computers? A case for ascribing quasi-responsibility to computers independent of personhood or agency. *Ethics and Information Technology* 8:205–213.

Stahl, Bernd Carsten. 2008. Discourse on information ethics: The claim to universality. *Ethics and Information Technology* 10:97–108.

Star Trek: The Next Generation. 1989. "Measure of a Man." Paramount Television.

Stone, Christopher D. 1974. *Should Trees Have Standing? Toward Legal Rights for Natural Objects*. Los Altos, CA: William Kaufmann.

Stork, David G., ed. 1997. *Hal's Legacy: 2001's Computer as Dream and Reality*. Cambridge, MA: MIT Press.

Sullins, John P. 2002. The ambiguous ethical status of autonomous robots. American Association for Artificial Intelligence. Paper presented at the AAAI Fall 2005 Symposia, Arlington, VA, November 4–6. http://www.aaai.org/Papers/Symposia/Fall/2005/FS-05-06/FS05-06-019.pdf.

Sullins, John P. 2005. Ethics and artificial life: From modeling to moral agents. *Ethics and Information Technology* 7:139–148.

Sullins, John P. 2006. When is a robot a moral agent? *International Review of Information Ethics* 6 (12):23–30.

Taylor, Charles. 1985. The person. In *The Category of the Person*, ed. Michael Carrithers, Steven Collins, and Steven Lukes, 257–281. Cambridge: Cambridge University Press.

Taylor, Paul W. 1986. *Respect for Nature: A Theory of Environmental Ethics*. Princeton, NJ: Princeton University Press.

Taylor, Thomas. 1966. *A Vindication of the Rights of Brutes*. Gainesville, FL: Scholars' Facsimiles & Reprints. Originally published 1792.

Thoreau, Henry David. 1910. *Walden, Or Life in the Woods*. New York: Houghton Mifflin.

Torrance, Steve. 2004. Could we, should we, create conscious robots? *Journal of Health, Social and Environmental Issues* 4 (2):43–46.

Torrance, Steve. 2008. Ethics and consciousness in artificial agents. *AI & Society* 22:495–521.

Turing, Alan M. 1999. Computing machinery and intelligence. In *Computer Media and Communication*, ed. Paul A. Mayer, 37–58. Oxford: Oxford University Press.

Turkle, Sherry. 1995. *Life on the Screen: Identity in the Age of the Internet*. New York: Simon & Schuster.

United States of America. 2011. *1 USC Section 1*. http://uscode.house.gov/download/pls/01C1.txt.

Verbeek, Peter-Paul. 2009. Cultivating humanity: Toward a non-humanist ethics of technology. In *New Waves in Philosophy of Technology*, ed. J. K. Berg Olsen, E. Selinger, and S. Riis, 241–263. Hampshire: Palgrave Macmillan.

Velásquez, Juan D. 1998. When robots weep: Emotional memories and decision-making. In *AAAI-98 Proceedings*. Menlo Park, CA: AAAI Press.

Velik, Rosemarie. 2010. Why machines cannot feel. *Minds and Machines* 20 (1): 1–18.

Velmans, Max. 2000. *Understanding Consciousness*. London: Routledge.

Vidler, Mark. 2007. "Ray of Gob." Self-released.

Villiers de l'Isle-Adam, Auguste. 2001. *Tomorrow's Eve*. Trans. Martin Adams. Champaign, IL: University of Illinois Press.

von Feuerbach, Anselm, and Paul Johann. 1832. *Kaspar Hauser: An Account of an Individual Kept in a Dungeon, Separated from all Communication with the World, from Early Childhood to about the Age of Seventeen*. Trans. Henning Gottfried Linberg. Boston, MA: Allen & Ticknor.

Wachowski, Andy, and Larry Wachowski (dir.). 1999. *The Matrix*. Burbank, CA: Warner Home Video.

Wallach, Wendell. 2008. Implementing moral decision making faculties in computers and robots. *AI & Society* 22:463–475.

Wallach, Wendell, and Colin Allen. 2005. Android ethics: Bottom-up and top-down approaches for modeling human moral faculties. Paper presented at Android Science: A CogSci 2005 Workshop, Stresa, Italy, July 25–26. http://androidscience.com/proceedings2005/WallachCogSci2005AS.pdf.

Wallach, Wendell, and Colin Allen. 2009. *Moral Machines: Teaching Robots Right from Wrong*. Oxford: Oxford University Press.

Wallach, Wendell, Colin Allen, and Iva Smit. 2008. Machine morality: Bottom-up and top-down approaches for modeling human moral faculties. *AI & Society* 22:565–582.

Welchman, Alistair. 1997. Machinic thinking. In *Deleuze and Philosophy: The Difference Engineer*, ed. Keith Ansell-Pearson, 211–231. New York: Routledge.

Weizenbaum, Joseph. 1976. *Computer Power and Human Reason: From Judgment to Calculation*. San Francisco, CA: W. H. Freeman.

Wiener, Norbert. 1954. *The Human Use of Human Beings*. New York: Da Capo.

Wiener, Norbert. 1996. *Cybernetics: Or Control and Communication in the Animal and the Machine*. Cambridge: MIT Press.

Winner, Langdon. 1977. *Autonomous Technology: Technics-out-of-Control as a Theme in Political Thought*. Cambridge, MA: MIT Press.

Winograd, Terry. 1990. Thinking machines: Can there be? Are we? In *The Foundations of Artificial Intelligence: A Sourcebook*, ed. Derek Partridge and Yorick Wilks, 167–189. Cambridge: Cambridge University Press.

Wollstonecraft, Mary. 1996. *A Vindication of the Rights of Men*. New York: Prometheus Books.

Wollstonecraft, Mary. 2004. *A Vindication of the Rights of Woman*. New York: Penguin Classics.

Wolfe, Cary. 2003a. Introduction to *Zoontologies: The Question of the Animal*. Ed. Cary Wolfe, ix–xxiii. Minneapolis, MN: University of Minnesota Press.

Wolfe, Cary, ed. 2003b. *Zoontologies: The Question of the Animal*. Minneapolis, MN: University of Minnesota Press.

Wolfe, Cary. 2010. *What Is Posthumanism?* Minneapolis, MN: University of Minnesota Press.

Yeats, William Butler. 1922. *"The Second Coming": Later Poems*. Charleston, SC: Forgotten Books.

Žižek, Slavoj. 1997. *The Plague of the Fantasies*. New York: Verso.

Žižek, Slavoj. 2000. *The Fragile Absolute or, Why Is the Christian Legacy Worth Fighting For?* New York: Verso.

Žižek, Slavoj. 2003. *The Puppet and the Dwarf: The Perverse Core of Christianity*. Cambridge, MA: MIT Press.

Žižek, Slavoj. 2006a. *The Parallax View*. Cambridge, MA: MIT Press.

Žižek, Slavoj. 2006b. Philosophy, the "unknown knowns," and the public use of reason. *Topoi* 25 (1–2):137–142.

Žižek, Slavoj. 2008a. *For They Know Not What They Do: Enjoyment as a Political Factor*. London: Verso.

Žižek, Slavoj. 2008b. *The Sublime Object of Ideology*. New York: Verso.

Zylinska, Joanna. 2009. *Bioethics in the Age of New Media*. Cambridge, MA: MIT Press.

关键词列表

environmental ethics
ethics of ethics
information ethics (IE)
Judeo-Christian ethics
land ethics
machine ethics (ME)
macroethics
metaethics
normative ethics
ontocentric ethics
roboethics
of things
utilitarian ethics
virtue ethics
"Ethics for Machines " (Hall)
Ethology
Exclusion
Existence
Expression of the Emotions in Man and Animals, The (Darwin)
Extended agency theory
Exterior
Extraterrestrial
Eyes

Face
Face of Things, The (Benso)
Face-to-face
Failure
Fault
Feenberg, Andrew
Flesh and Machines: How Robots Will Change Us (Brooks)
Floridi, Luciano
Foerst, Anne
Foucault, Michel

Foundations of Artificial Intelligence, The (Partridge and Wilks, eds.)
Fourfold
Frage nach dem Ding, Die (Heidegger)
Frame
Frankenstein (Shelley)
Frankenstein complex
Franklin, Stan
Fraternal logic
Free
choice
will
Freedom
Frentz, Thomas, S.
Friedenberg, Jay
Functionalism
Functional morality

Gelassenheit
Georges, Thomas M.
Geworfen
Gibson, William
Gips, James
Gizmodo
Godlovitch, Roslind
Godlovitch, Stanley
Goertzel, Ben
Good
Good and evil
Goodpaster, Kenneth
Grey Album (DJ Danger Mouse)
Grounding for the Metaphysics of Morals (Kant)
Guattari, Félix
Güzeldere, Güven

译后记

　　简单来说，"机器问题"是这样一个问题：机器能够被纳入道德共同体吗？由于道德共同体的成员要么是"道德行动者"（道德行动的发起方）、要么是"道德受动者"（道德行动的接受方）、要么两者皆是，机器问题又可以被进一步细化为：机器能够被视为道德行动者吗？以及，机器能够被视为道德受动者吗？

　　对这两个问题的探讨将不可避免地牵涉诸多其他理论问题和实践问题。首先，我们通常认为，道德行动者必须拥有人格和理性；而道德受动者必须拥有感受的能力、拥有受苦或享乐的能力。这把我们引向了有关机器智能和机器意识的理论问题。其次，如果机器是道德行动者，那么机器将需要对它自身的决策和行动负有责任；而如果机器是道德受动者，那么我们在行动中则需要对机器负有责任。这把我们引向了一系列实践问题：如何追究机器的责任？如何保护机器的权利？如何设计出更加合乎伦理的机器人和人工智能？如何善待机器？……

　　随着人工智能伦理学和人工智能哲学的兴起，上述问题近年来在学界和公众当中都得到了广泛的讨论。本书的与众不同之处在于：它并不试图回答这些问题。本书的作者贡克尔虽然详细考察了各种解答机器问题的可能方案，但他到最后也没有告诉我们机器到底"能"还是"不能"被纳入道德共同体。这是否再次印证了"哲学家只负责提出问题但从不负责解决问题"的刻板印象呢？而且，贡克尔甚至认为，我们根本"无法给这个问题一个'是'或'否'的明确的最终答案"。我们为什么要讨论一个没有明确答案的问题呢？

要回应这些疑问，就需要对这本书的性质和宗旨有一个整体的把握。在序言中，贡克尔明确表达了对康德意义上"批判哲学"的赞同。根据这种批判哲学的传统，哲学的任务不在于回答任何现有的问题，而在于对**问题本身**进行批判性的考察：考察这些问题的基础、前提、意义和后果，并对人们理解和阐明这些问题的方式进行发问和质疑。在这个意义上，哲学是**反思性**的。它的首要目标并不是解答问题，而是要对这些问题本身进行发问。正是通过对问题本身进行发问，我们才得以揭示出这些问题依赖于怎样的概念框架和理论体系，以及，这些框架和体系本身有着怎样的限度与可能性。

不过，贡克尔之所以会选择对机器问题本身进行批判性考察而非直接回答机器问题，并非只是出于他个人对批判哲学的偏好。在贡克尔看来，这种选择是机器问题自身的内在要求。要理解这一点，就需要比较一下机器问题和所谓的"动物问题"。

简单来说，"动物问题"是这样一个问题：动物是否能够被纳入、如何能够被纳入道德共同体？动物权利理论家和动物解放主义者在讨论动物问题时所思考的是：我们是否应该扩大道德共同体的"包容性"，从而将动物的福祉也纳入考量？这种对于包容性的诉求有着深远的历史脉络。曾几何时，道德共同体的唯一成员是部分男性。奴隶、女性和"有色人种"等等都曾是被排除在外的"他者"。经过长时间的努力和斗争，这些曾经被排除在外的他者都已经被纳入或正在被纳入道德共同体之中。在这个意义上，动物与奴隶、女性和有色人种非常类似。动物也曾是被排除在外的他者。随着动物权利哲学和动物解放运动的发展，动物似乎也正在被纳入或将要被纳入道德共同体之中。如果把机器也放进这个脉络之中，那么我们可能会很自然地认为，机器和动物一样，是众多被排除在外的他者中的一员。因此，或许我们会期待，随着理论、技术和道德的发展，有朝一日机器也能够被纳入道德共同体之中。

然而，这个思路忽略了机器与动物之间的一个重大差异。虽然机器和动物都是被排除在外的他者，但是，**机器并不仅仅是众多被排除在外的他者中的一员**。在贡克尔看来，机器构成了"**排除的机制本身**"。也就是说，道德共同体恰恰是通过对机器的排斥才获得了自身的规定性和统一性。在这个意义上，机器构成了道德共同体的"**构成性例外**"：一方面，机器被排除在道德共同体之外，但另一方面，道德共同体的形成又依赖于它对机器的排斥。打一个非常粗略的比方：有一群人，其中某些人通过排斥和孤立某个人来形成了一个小团体；任何与这个被孤立之人亲近的人也同样会被小团体所排斥，而任何想要加入小团体的人都需要和那个被孤立之人拉开距离。这时候，虽然被孤立的那个人并不属于这个小团体，但是这个小团体自身的凝聚力却依赖于对那个人的排斥。机器就类似于这个被孤立的人。[1]

　　1　贡克尔在其最近的一篇论文中用齐泽克的"症状"概念来刻画机器的这种"构成性例外"的地位："机器构成了伦理学的症状"。参见 David J. Gunkel, "The Symptom of Ethics: Rethinking Ethics in the Face of the Machine", *Human-Machine Communication* 4 (2022): 67-83。

因而，对机器的排斥和对动物的排斥是不同的。对动物的排斥在某种意义上是偶然的、暂时的。我们可以期待动物有朝一日会被包容进道德共同体之中。但对机器的排斥则要彻底得多。这体现在，当人们想要将某类动物排除在道德共同体之外时，人们往往会强调这类动物与机器之间的相似性；而当人们想要将某类动物包容进道德共同体之中时，人们又往往会强调这类动物与机器之间的差异性。在此过程中，机器充当了排除的标准和机制。因而，对机器的排斥在某种意义上是必然的、自始至终的，因为道德共同体恰恰是通过对机器的排斥才得以建立。[1]

在这个意义上，机器不仅仅是一个他者。机器始终是**他者的他者**。机器构成了我们包容或排除他者时所依赖的坐标系。这意味着，机器问题不是一个应该被简单地回答"是"或"否"的问题。我们很难像设想动物有朝一日会被纳入道德共同体中那样去设想机器有朝一日会被纳入道德共同体中，因为道德共同体总是需要借助对机器的排斥来界定其自身的边界。因此，机器问题并不像动物问题那样是一个关于"什么应该被包容进道德共同体之中、什么应该被排除在道德共同体之外"的问题；机器问题是一个关于**包容 – 排除**这一机制本身的问题。或者换句话说，机器问题并非伦理学内部有待解决的一个问题；机器问题使得**伦理学本身**成为问题。这也进一步解释了为什么贡克尔选择不对机器问题给出一个明确的回答，而是试图通过对机器问题本身进行批判性考察来反思伦理学的限度与可能性。

---

1 虽然本书中所考察的绝大部分伦理学进路都将机器排除在道德共同体之外，但有一个值得注意的例外，即弗洛里迪的"信息伦理学"。但信息伦理学也有其内在的问题。参见本书第 2.4 节对此的讨论。

这也意味着，《机器问题》并非一部**关于机器**的伦理学著作。机器并不是众多伦理学主题中的一个。只要伦理学仍然关涉道德共同体的边界问题，那么机器就将始终被排除在边界之外。但我们或许可以说，《机器问题》是一部**以机器为视角**的伦理学著作。正是由于机器自始至终都是伦理学的他者，机器因而也就能够持续地为我们提供一个"不合时宜的视角"。从这个视角出发，我们能够对伦理学本身的根基和限度进行持续的发问和反思。

以上便是我对《机器问题》性质与宗旨的基本理解。我之所以要在译后记中尽量直白地展示我对本书的理解，并不全然是因为这样做或许能够帮助一些读者去更好地把握这本书的整体思路。更重要的理由是，我相信译者应当尽量清晰明确地向读者展示自己对所译文本的理解。译者翻译的理想目标是使自己的翻译成为一种"透明的介质"，以使得读者的目光能够直接穿透翻译的中介，看到所译文本自身的样子。然而，翻译这一介质是无法做到完全透明的。译者不可避免地会在翻译过程中按照自己的理解对文本进行加工处理（甚至再创作）。因此，在翻译工作的最后，译者也就有必要向读者展示自己是基于怎样的理解来对文本进行加工处理的。

《追忆逝水年华》和《包法利夫人》的英译者莉迪亚·戴维斯在谈及翻译的时候曾说过："一部值得花点功夫的译稿总是一件半成品：因为它总是可以改进的。译者总是可能学到更多的知识来改善他的翻译，或者总是可能想到更好的表达方式。"[1] 既然我翻译的功力远远不

---

1 Lydia Davis, "Buzzing, Humming, or Droning: Notes on Translation and Madame Bovary", in her *Essays Two: On Proust, Translation, Foreign Languages, and the City of Arles*, Farrar, Straus and Giroux: New York, 2021.

及莉迪亚·戴维斯，那么我的译稿也就更加只能是一件可以改进的"半成品"。然而，虽然翻译始终可以不断改进，但出版却是有时限的。因此，我便将这份译稿按照它现在的样子呈现在读者们的面前，以期待各位的指正。

最后，许多人也对本书的翻译给予过帮助或做出过贡献。感谢北京大学哲学系的刘哲老师，他最早建议我关注并翻译本书。感谢本书的作者贡克尔教授，我曾就某些概念的翻译问题请教过他并得到了他的细心回复。感谢北京大学博古睿研究中心对书稿的支持。不过，最重要的是要感谢北京大学出版社的编辑老师们，特别是田炜老师以及本书的责编延城城老师。编辑的工作（其中包括了许多创造性的工作）对于一部书的面世来说是至关重要的，但却是极其容易被读者们忽略的。写作或翻译仅仅只是做书的诸多环节中的一环而已。从前期的选题策划，到之后的联系作者或译者、到后期的编校成书等等，都是编辑老师们的贡献而非作者或译者的贡献。

朱子建

2023 年 7 月 7 日